엣지쌤 전현실의

한눈에 사로잡는
한국지리 개념편

엣지쌤 전현실의
한눈에 사로잡는 한국지리
ⓒ전현실 2015

초판 1쇄 발행일 2015년 1월 29일

지 은 이 전현실
펴 낸 이 이정원

출판책임 박성규
기획실장 선우미정
편집진행 구소연
편   집 김상진 · 유예림
디 자 인 김지연 · 김세린
마 케 팅 석철호 · 나다연
경영지원 김은주 · 이순복
제   작 송세언
관   리 구법모 · 엄철용

펴 낸 곳 도서출판 들녘
등록일자 1987년 12월 12일
등록번호 10-156
주   소 경기도 파주시 회동길 198번지
전   화 마케팅 031-955-7374 편집 031-955-7381
팩시밀리 031-955-7393
홈페이지 www.ddd21.co.kr

I S B N 978-89-7527-067-3(43980)

「이 도서의 국립중앙도서관 출판예정도서목록(CIP)은 서지정보유통지원시스템 홈페이지(http://seoji.nl.go.kr)와 국가
자료공동목록시스템(http://www.nl.go.kr/kolisnet)에서 이용하실 수 있습니다.(CIP제어번호: CIP2015001445)」

엣지쌤 전현실의
한눈에 사로잡는
한국지리 개념편

전현실 지음

들녘

지리(地理)에 어두운 자,
교양(敎養)을 논하지 마라!

'지리'라 하면 대부분의 학생들은 지루하고 어렵고 너무 외울 것이 많은 과목으로 생각하는 경우가 많습니다. 외울 게 많은 것도 사실이고, 어떤 이야기가 자연스럽게 쭉 연결되는 것도 아니라고 생각할 수 있어요. '자연지리' 단원을 보면 지구과학 시간에 배운 내용과 겹치기도 하고, '인문지리' 단원을 보면 역사나 사회문화 혹은 경제 시간에 배운 내용이 겹치기도 합니다. 그래서 저는 수업시간에 늘 "지리는 잡학이다"라고 말합니다. 이것은 지리가 어려울 수도 있지만 달리 생각하면 지리야말로 우리 생활 속에 밀접히 들어와 있는 분야라는 것은 의미이기도 합니다. 생각보다 쉬울 수도 있다는 뜻이지요.

수업을 하다 보면 재미있는 현상을 보게 됩니다. 지리 용어를 꺼내면 다들 어려워하는데 막상 설명을 시작하면 다들 "아! 그거 알아요!"하고 반응하거든요. 그런 학생들, 참 많죠? 결국 그 뜻이나 현상은 아는데 지칭하는 정확한 용어를 몰라서 어렵다고 느끼는 것입니다. 하지만 지리 용어는 어떤 현상을 줄여서 사용하는 말인 경우가 많으므로 뜻만 확실하게 이해한다면 용어와 개념, 그리고 지리적 특성을 쉽게 받아들일 수 있을 것입니다.

우리는 살면서 죽을 때까지 공간 속에서 살아갑니다. 또한 끊임없이 다른 공간을 접하게 되고요. 그리고 공간 속에 들어 있는 많은 현상과 특성도 만나게 됩니다. 그러면서 자연스레 "왜 이 지역은 이런 모습일까?"라는 궁금증을 갖게 되지요. 지리는 바로 이런 궁금증을 해소시켜주는 학문입니다. 그 지역의 특성은 자연적 특성과 인문적 특성 그리고 역사적 특성까지 더해져 나타나는 것이니까요. 그래서 선생님이 앞에서 언급한 것처럼 '지리학은 잡학(雜學)이자 만물학(萬物學)'인 것입니다.

여러분, "아는 만큼 보인다"는 말 많이 들어보셨지요? 여러분이 어느 지역으로 여행을 떠났을 때를 생각해보면 이해가 쉬울 거예요. 그 지역에 대해 미리 공부하고 이것저것 정보를 모아 어느 정도 이해하고 가면, 분명 더 많은 것이 보일 거예요. 하지만 아무런 준비 없이 사전 지식 하나 없이 낯선 곳을 접한다면 그 지역이 가진 특성을 제대로 파악하기 어려울 것입니다.

"까짓 것 다 이해하고 공부해주마. 어디 덤벼봐라~"하면서 책장을 넘겨봅시다. "어려우면 어쩌지……, 지도를 못 읽으면 어쩌지……"하는 걱정이나 두려움일랑 접어두고 우선 부딪혀보자고요. 처음부터 주눅이 들어버리면 제대로 볼 수 없으니까요!

이제 선생님과 함께 엣지 있는 지리수업 시작해봅시다!!

강의를 시작하며_ 지리(地理)에 어두운 자, 교양을 논하지 마라!

1강

세계화 시대의 국토 인식

지형 환경과 생태계

2강

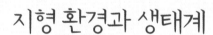

기후와 주민 생활

3강

거주와 여가 공간

생산과 소비의 공간

우리나라 지역의 이해

국토의 지속 가능한 발전

세계화 시대의
국토 인식

1강

1 인간과 자연의 관계

인간과 자연은 서로 떼려야 뗄 수 없는 관계를 맺고 있습니다. 과학 문명이 발달하기 전에는 거의 대부분의 사람들이 자연 법칙과 자연 현상에 영향을 받았어요. 일거수일투족(一擧手一投足)을 말입니다. 인간의 삶도 다른 종의 삶처럼 자연에 지배당했지요. 하지만 과학기술의 발달에 어깨가 으쓱해진 인간들은 "우리가 자연을 조종할 수 있어"라며 거드름을 피우게 되었습니다. 한때 '자연 정복'이라는 말이 유행했을 만큼요. 자연이라는 최상위 범주 안에 인간을 넣는 게 아니라 '인간 vs. 자연'이라는 양분법을 사용했고요. 여러분, 그 잘난 척의 결과에 대해서는 길게 말하지 않겠습니다. 이미 짐작하실 테니까요. 그리고 뒤늦게나마 사람들은 진지하고 심각하게 인간과 자연의 관계를 연구하게 되었습니다. 제가 여러분에게 인간과 자연의 관계에 대한 이야기를 가장 먼저 꺼내는 것도 이런 맥락입니다.

인간과 자연과의 관계는 크게 네 가지 개념으로 살펴볼 수 있어요.

먼저 **환경 결정론**입니다. 환경 결정론은 "환경이 결정한다, 인간의 삶의 방식을"의 줄임말이라고 생각하면 이해가 쉬울 거예요. 다시 말해 인간이 자연의 법칙에 순응하고, 자연에 따라 인간의 삶이 달라진다고 보는 것이 환경 결정론입니다. 한국 사람들은 주식으로 쌀밥을 먹지만, 유럽 사람들은 빵을 먹습니다. 우리나라는 기후 특성상 벼가 잘 자라고, 유럽에서는 빵의 원료인 밀이 잘 재배되기 때문이지요. 결국 자연환경이 우리가 먹는 것을 결정한 것이지요. 우리 민족에게 익숙한 풍수지리 사상도 환경 결정론의 한 가지 예입니다. 풍수지리 사상은 자연의 뜻을 잘 파악하여 좋은 터전을 찾고자 하는 관점에서 나온 것이죠? 예전 사람들은 풍수지리 사상을 매우 중요하게 생각해서 명당을 찾아다녔습니다. 명당에 집을 짓거나 마을을 만들거나 묘자리를 썼어요. 그러면 자손이 잘되고 훌륭한 사람이 나온다고 생각했거든요. 인간의 노력이나 의지보다는 자연의 뜻—땅의 뜻—을 더 강하게 인식하고 있었던 것이지요.

인간이 자연의 이용을 결정하고 지배한다고 본 두 번째 개념은 **환경 가능론**입니다. "환경은 변화가 가능하다, 인간에 의해서"의 줄임말로 이해하면 됩니다. 이것은 환경 가능론과 정반대 개념입니다. **환경 결정론이 자연이 인간을 지배하는 관계라면, 환경 가능론은 인간이 자연을 지배하는 관계**겠지요. 결국 환경 가능론은 인간이 자연을 개발·변형의 대상으로 보고 있다는 거예요. 다목적 댐을 만들어 물의 흐름을 바꾸거나 조절하는 것, 추운 겨울에 채소를 재배하기 위해서 비닐하우스를 만드는 것, 갯벌을 간척하여 육지 면적을 넓혀서 농경지나 주거지 등으로 이용하는 것 등등이 환경 가능론의 예입니다.

세 번째로 **생태학적 관점**이 있습니다. 요즘 들어 생태학이라는 말이 자주 언급되는데요, 생태학이란 생물 상호 간의 관계 및 생물과 환경과의 관계를 연구하여 이치를 밝혀내는 학문을 말합니다. 결국 생태학적 관점은 인간과 자연은 상호보완적인 관계이며, 서로 영향을 주고받는다는 입장입니다. 인간과 자연은 서로 균형과 조화를 이루어야 하고, 인간이 자연을 보호하고 보전해야 한다는 입장이지요. 인간이 자연을 변형하거나 이용하는 과정에서 자연 파괴로 인한 문제가 발생하면 그 결과가 다시 인간에게 부메랑이 되어 돌아온다는 것이 바로

TIP
공부할 때 '인간과 자연의 조화와 균형'이라든가 '환경 보전'이라는 단어가 나오면 모두 생태학적 관점을 언급하는 것이라고 보면 된다. 인간에 의해 환경이 변화하고 그 변화로 인해 문제가 발생하거나 그 문제를 인식하고 있다면 그것 역시 생태학적 관점이다.

생태학적 관점입니다. 예를 들어 "수력 발전을 위해 다목적 댐을 건설했는데 그 후 안개 일수가 증가하여 농작물 수확량이 감소했다"는 문장을 봅시다. 여기서 "수력 발전을 위해 다목적 댐을 건설했다"만 보면 분명 환경 가능론적 입장입니다. 하지만 이에 그치지 않고 "댐 건설로 인해 안개 일수가 증가하고, 농작물 수확량이 감소했다"까지 인식했다면 이것은 생태학적 관점이지요.

인간과 자연 둘 사이의 직접적인 관계에 대한 관점은 환경 결정론(인간 〈 자연), 환경 가능론(인간 〉 자연), 생태학적 관점(인간 = 자연)이 있습니다. 그런데 이 세 가지 관점과 조금 다른 것이 하나 있어요. 바로 문화 결정론입니다. 문화 결정론을 앞에서 이야기한 것처럼 풀어보면 "문화가 결정한다, 인간이 자연을 대하는 방식을"이 될 것입니다. 한국이나 미국 등에 있는 차이나타운이 그 대표적인 예이지요. 한국의 차이나타운은 한국이라는 새로운 공간에 중국 사람들이 가지고 있는 문화가 그대로 적용되어 나타나는 공간입니다.

미국의 신개척지인 서부의 캘리포니아에는 매우 다양한 농업 패턴이 나타나는데요, 그 이유는 정착한 사람들이 가지고 있는 서로 다른 농업 문화 때문입니다. 지중해 일대의 남부 유럽 출신 정착민들은 올리브나 포도·레몬 등을 재배하는 지중해식 농업을, 영국을 중심으로 하는 서유럽 출신 정착민들은 혼합 농업을, 중국 남부 출신 정착민들은 벼농사를, 중국 북부 출신 정착민들은 밭농사를 주로 실시했어요. 이 현상이야말로 서로 다른 농업 문화를 가진 사람들이 같은 조건의 농경지를 본인이 가진 농업 문화에 맞게 이용하고 있다는 좋은 예입니다. 외국 영화를 보면 사람들이 신발을 신고 집 안을 돌아다니죠? 하지만 우리나라에서는 일단 현관에서 신발을 벗고 집 안으로 들어갑니다. 방바닥에 앉거나 뒹굴기도 하면서 이를 생활공간으로 활용하지요. 이 같은 문화를 가진 한국 사람들은 한국을 떠나 다른

TIP
인간과 자연과의 관계에는 환경 결정론, 환경 가능론, 생태학적 관점, 문화 결정론의 네 가지가 있다. 네 가지 관점의 이름과 그 의미, 그리고 각각의 예를 꼭 연결시켜 확인해야 한다. 그중 최근 가장 많이 언급되는 것은 생태학적 관점이다.

인천 차이나타운

샌 프란시스코 차이나타운

나라에 가서 살아도 방바닥을 생활공간으로 사용합니다. 외국에서
아무리 오래 살아도 쌀밥과 김치를 찾는 것처럼 말이지요.

2 … 우리 조상들은 국토를 어떻게 인식했을까?

한국지리는 한국, 혹은 한반도라는 공간의 자연현상과 인문현상을 파악하여 우리가 살고 있는 공간을 이해하고 이 땅에서 우리 선조들이 어떻게 살아왔는지, 또 우리는 어떻게 살아가야 할 것인지를 생각하게 해주는 학문입니다. 국가 구성 3요소인 국민·주권·영토 중 영토에 해당하는 국토는 우리 삶의 터전으로서 과거 선조들의 삶을 고스란히 담고 있습니다. 국토란 사전적 정의에 따르면 '한 나라의 통치권이 미치는 지역'을 이르는데요, 여러분의 현재 그리고 미래의 생활공간이기도 합니다. 국토의 의미를 올바르게 이해하려면 무엇보다 먼저 우리 선조들이 국토를 어떻게 인식해왔는지 살펴볼 필요가 있습니다.

풍수지리 사상이 뭐지?

'풍수지리'라는 말을 모르는 사람은 없을 거예요. 하지만 그것이 무엇이냐고 물으면 대부분 "좋은 묘 자리 찾기, 명당 자리 찾기"를 이야기합니다. 풍수지리가 과연 무엇인지, 선생님과 함께 자세히 들여다볼까요?

풍수지리는 '바람 풍(風), 물 수(水), 땅 지(地), 이치 리(理)'라는 글자로 구성된 단어입니다. '풍수'라는 말은 "바람을 막고 물을 얻는다"라는 뜻의 장풍득수(藏風得水)에서 풍(風)과 수(水)를 따온 것입니다. 풍수지리를 쉽게 한자 뜻 그대로 풀이하면 바람과 물을 통하여 땅의 이치를 파악하는 것입니다. 산의 모양과 기복, 바람, 물의 흐름 등을 통해 자연의—특히 땅의— 뜻을 파악하여 좋은 터전(명당)을 찾고자 하는 것이 바로 풍수지리입니다. 여기서 좋은 터전이란 살아 있는 사람을 위한 공간과 죽은 사람을 위한 공간 모두 해당됩니다. 풍수지리 사상의 배경은 대지모(大地母) 사상과 음양오행설(陰陽五行說)인데요, 대지모 사상이란 말 그대로 땅을 '모든 만물의 근원으로서 살아 있는 생명체'로 인식하는 것입니다. 인간은 땅에서 태어나 죽을 때 다시 땅으로 돌아간다고 말하는 것도 대지모 사상에서 비롯된 생각입니다. 음양오행설은 음(月)과 양(日), 그리고 오행(火, 水, 木, 金, 土)의 상호보완적인 힘이 서로 작용하여 세상 모든 만물을 발생시키고 변화·소멸시킨다는 사상입니다. 결국 **풍수지리 사상은 자연의 힘을 중요하게 생각하고 세상 만물의 조화와 균형을 중요시하는 사상**인 것입니다. 풍수지리는 도읍지나 마을 입지 선정, 묘 자리 선정 등에 많은 영향을 줍니다. 고려의 수도인 개경, 조선의 수도 한양은 풍수지리 사상을 기

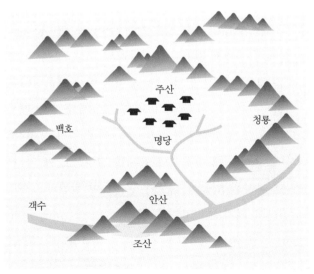

풍수지리 명당도
산(山)을 등지고(背) 물(水)을 내려다본다(臨).

주산

백호

명당

청룡

안산

객수

조산

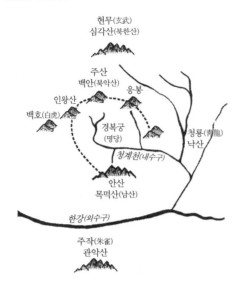

조선시대 한양의 모습
풍수지리에 따른 한양의 모습이다.

현무(玄武)
삼각산(북한산)

주산
백안(북악산)

응봉

인왕산

백호(白虎)

경복궁
(명당)

청룡(靑龍)
낙산

청계천(내수구)

안산
목멱산(남산)

한강(외수구)

주작(朱雀)
관악산

반으로 선택된 도읍지입니다.

　풍수지리에서 자주 이야기하는 '명당'이란 배산임수(背山臨水)의 특징을 지닌 곳입니다. **배산임수란 뒤에는 산이 있고 앞에는 물이 있는 지형을 의미**하지요. 배산임수의 특징을 지닌 곳은 사상적으로 좋은 기(氣)가 많이 모이는 명당이기도 하지만 실생활에 있어서도 유익한 점이 많은 곳입니다. 우리나라는 북반구에 위치한 탓에 남쪽을 향하고 있어야 햇빛을 많이 받습니다. 집이나 마을의 입구가 남쪽을 향해 있다면 뒤에 있는 산은 북쪽에 위치한다는 뜻이겠죠. 뒤에 있는 산은 겨울에 부는 북서계절풍을 막아주는 역할을 하고, 겨울바람을 막아준다는 것은 추위를 피할 수 있다는 이야기가 됩니다. 가정용 연료였던 나무도 쉽게 얻을 수 있었을 테고요. 결국 뒤에 있는 산이 겨울 추위를 막아주고 연료를 공급해주는 역할을 했다는 것입니다. 그리고 앞에 물이 있으면 농업용수나 생활용수를 얻기가 수월해집니다. 우리나라의 전통 마을이 대개 배산임수의 특징을 보이는 공간에 있는 것도 이런 이유 때문입니다.

　이번에는 우리 선조들이 마을과 도읍지를 정할 때 굳이 명당을 찾았던 이유를 생각해보겠습니다. 예, 이것 역시 풍수지리 사상 때문입니다. 좋은 터전에 마을과 도읍지를 결정하고 묘 자리를 쓰면 나라가 잘되고 훌륭한 인물이 나오며 후손들이 잘된다고 여긴 것이지요. 결국 인간의 의지보다 자연의 힘과 뜻을 중요하게 생각했다는 뜻인데요, 이런 관점이 바로 환경 결정론에 해당합니다. 하지만 풍수지리 사상의 배경을 살펴보면 음양의 조화 등 세상 만물의 조화를 중요하게 생각했다는 것을 알 수 있는데요. 세상 만물의 조화와 균형을 중요시 했다는 점에서 이것은 생태학적 관점에도 해당됩니다. "풍수지리 사상은 환경 결정론이라더니 갑자기 생태학적 관점이라고도 하네…….. 이게 뭐야?" 싶겠지만 실은 둘 다 맞는 말입니다. 인간의 힘보다 자연의 힘과 뜻을 파악하고 그 뜻을 따라야 나라도 잘되고 훌륭한 인물도 배출된다는 것이 풍수지리 사상이므로 이 사상의 기본은 환경 결정론적 입장이 맞습니다. 하지만 완벽한 명당이란 존재하지 않기 때문에 우리 선조들 역시 부족한 부분이 있으면 채우고 과한 부분이 있으면 줄이려고 노력했지요. 예를 들어 배산임수 특징을 지닌 지역에서 산의 높이나 규모가 너무 작아 부족함이 있다면 흙을 쌓아 언덕을 만들거나 나무를 심었거든요. 이런 예들은 생태학적 관점의 특징을 보여줍니다.

풍수지리 사상은 기본적으로 환경 결정론적 입장이지만 부분적으로 생태학적 관점을 보인다.

우리 선조들의 고문헌

우리 선조들도 지표면과 각 지역에 대한 기록을 책으로 제작하여 남겨놓았답니다. 조선시대 전기와 후기의 문헌들이 대표적인데요, 이 두 시기의 책들은 많은 차이를 보여줍니다. 조선시대 전기의 문헌들은 국가 통치와 왕권 강화를 목적으로 국가에서 제작했어요. 이런 지리책을 **관찬(官撰) 지리지**라고 합니다(관(官)은 '관청(官廳)' 할 때의 관입니다). 국가 통치를 위해 지역에 대한 상세한 정보가 필요했기 때문에 백과사전처럼 지역 정보를 모아 그대로 체계적으로 나열하며 기술했습니다. 하지만 안타깝게도 이런 지리서는 국가에서는 필요했을지 몰라도 일반 백성들에게는 별로 필요가 없었어요. 그다지 도움이 되지도 않았고요. **조선 전기 관찬 지리지로는 세종실록지리지와 동국여지승람, 신증동국여지승람이 대표적입니다.**

이제 조선 후기 지리책들을 볼까요? 조선 후기에는 외국에서 서양 문물이 들어오고 실학사상이 발달하면서 일반 백성들에게 필요한 지리서들이 나타나게 됩니다. 지식을 보급하는 동시에 실생활에서 이용하는 것을 목적으로 개인(주로 실학자)이 제작했는데요, 주로 관찰이나 실험 등을 통해 지리(지역) 지식을 설명하는 방식이 특징입니다. 조선 후기 지리서는 개인이 책을 저술했다는 뜻으로 **사찬(私撰) 지리지**라고 합니다(사(私)는 '사생활(私生活)' 할 때의 사입니다). 사찬 지리지가 무엇인지 이해할 수 있겠지요? **조선 후기 사찬 지리지로는 택리지(이중환), 산수고·도로고(신경준), 아방강역고(정약용), 대동지지(김정호) 등이 대표적입니다.** 조선 전기 지리서는 국가에서 제작했기 때문에 특정 지은이를 확인할 수 없지만, 조선 후기 사찬 지리지는 개인이 제작한 덕분에 책마다 지은이를 확인할 수 있습니다.

위에 언급한 지리서 중 가장 중요한 것은 이중환의 택리지입니다. 그러면 잠시 택리지에 대해 함께 알아보겠습니다. 택리지는 우리나라 최초의 과학적인 인문 지리서로, 실제 답사를 통해 도로·하천·산줄기 등을 체계적으로 기술함과 동시에 인간이 살 만한 곳을 탐색한 책입니다. **이중환**은 인간이 살 만한 곳을 **가거지(可居地)**라 지칭했는데요, 가거지에는 **지리(地理-풍수적 자연환경)**, **생리(生利-경제환경)**, **인심(人心-인문환경)**, **산수(山水-아름다운 자연환경)** 네 가지 조건을 제시하였습니다. 경제적 환경(생리)을 중요하게 생각했다는 점에서 볼 때 실학적 요소가 고려되었음을 알 수 있지요. 택리지에는 그 밖에도 환경 결정론적 입장과 환경 가능론적 입장이 함께 나타납니다.＊ 우리나라 고(古) 지리서 중 가치가 가장 높은 택리지에도 비과학적인 전설을 수록했다는 점, 그리고 전권을 통틀어 지도 한 장 수록되어 있지 않다는 결점이 있습니다만, 택리지만큼은 꼭 기억해두어야 한답니다.

우리 선조들의 고지도

우리 선조들은 우리 땅을 글로만 기록한 것이 아니라 그림, 즉 지도를 제작하여 기록했답니다. 선조들이 만든 고지도를 조선시대를 중심으로 살펴보겠습니다.

먼저 조선 전기 지도에는 대표적으로 혼일강리역대국도지도가 있습니다. 혼일강리역대국도지도는 1402년에 김사형, 이무, 이회가 제작한 지도로 동양에서 현존하는 최고(最古)의 세계지도입니다(여기서의 '최고'는 '짱'이 아닙니다.^^ '가장 오래된'이라는 뜻이죠).

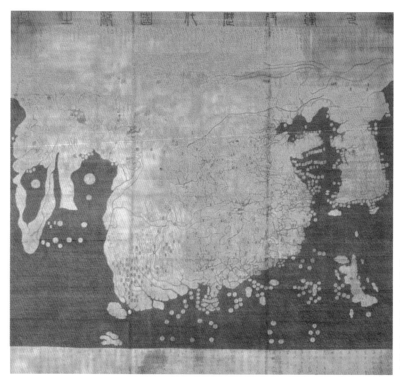

혼일강리역대국도지도
(混一疆理歷代國都之圖)
1402년(태종 2년) 조선에서 제작된 세계지도로 '역대 나라의 수도를 표기한 지도'라는 뜻이다. 원본은 현재 전하지 않으며 일본에 필사본 2점이 보관되어 있다. 6백 년 전 이미 아시아와 유럽, 아프리카까지 아우른 세계지도를 작성했다는 점이 놀랍다. '강리도'라 줄여 부르기도 한다.

이 지도를 보면 지도 한가운데 아주 크게 떡 하니 중국이 자리 잡고 있습니다. 중국을 중심으로 오른쪽(동쪽)에 한반도가 있고, 그 오른쪽으로 한반도보다 작은 크기의 일본이 있답니다. 그리고 중국을 중심으로 왼쪽(서쪽)으로 가면 인도 반도, 아라비아 반도, 유럽, 아프리카까지 있지요. 그 시대 사람들이 구대륙을 인식하고 있었다는 뜻이겠지요?

그럼 여기서 질문 하나~!! 왜 신대륙은 인식하지 못했을까요? 그것은 바로 이 지도를 제작할 당시에는 신대륙이 발견되지 않았기 때문입니다. 신대륙은 콜럼버스가 1492년에 발견했는데 혼일강리역대국도지도는 1402년에 제작되었거든요. 두 번째 질문~!! 위의 세 분은 실제로 저 먼 데까지 가서 일일이 확인한 뒤 지도를 만들었을까요? 조선 전기에 그게 가능했을까요? 절대 아니죠. 사람의 시야에는 한계가 있어서 각자 사는 동네를 돌고 또 돌아봐도 그 형태를 알 수가 없답니다. 그러니 저 넓은 반도와 대륙의 형태를 파악한다는 것은 아예 불가능한 일이겠지요. 그렇다면…… 대체 어떻게 해서 이런 지도를 만들 수 있었을까요? 답은 바로 여러 지도를 짜깁기하는 편집에 있습니다. 이 같은 과정을 거쳐 만든 지도를 **편찬도**라고 합니다.

그런데 지도에 나타난 각 지역의 크기는 실제 크기와 매우 다릅니다. 왜 그럴까요? 또 중국은 왜 저렇게 크고, 실제 한반도보다 큰 일본 섬들은 왜 작은 걸까요? 이유를 말씀드릴게요. 혼일강리역대국도지도를 제작하던 당시에는 축척의 개념이 없었답니다. 그러니 실제 크기대로 제작할 수 없었겠지요. 중국이 한가운데 놓여 있고 매우 커다랗게 그려진 것은 중화사상 때문입니다. 당시만 해도 중국을 매우 중요한 나라, 세계의 중심인 나라라고 생각했거든요. 우리 선조들이 가장 잘 아는 곳이기도 했고요. 실제로 일본은 한반도보다 크지만 조선 전기만 해도 일본은 그리 중요한 나라도 아니었고, 잘 알지 못하는 나라였으므로 작고 간략하게 그린 것입니다. 중국에서부터 서쪽에 그려진 지역들의 크기가 작고 간략한 이유는 따로 설명하지 않아도 알겠죠?

조선 중기 지도의 대표 선수는 **천하도**입니다. 작자 미상이고 실제로는 조선 중기에 제작된 지도이지만 그 특징이 조선 전기 지도와 유사하여 조선 전기 지도로 분류하기도 합니다.

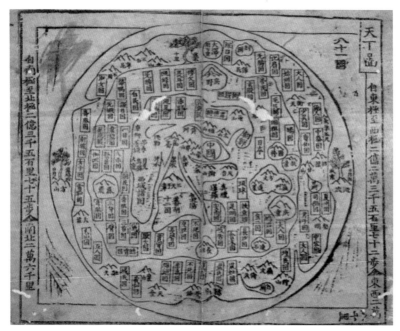

천하도는 상상의 세계지도로 하늘은 둥글고 땅은 네모지다는 천원지방(天圓地方) 사상에 입각한 원형 지도입니다. 이 지도에도 중심에는 중국이 있고, 그 동쪽에 조선과 일본이 있어요. 상상의 지도인 천하도에도 **중화사상**이 담겨 있다니, 참 놀랍지요. 지도 안을 들여다보면 삼신산(三神山)이 있는데요, 이 삼신산에서 '삼신'은 아기를 점지해 준다는 바로 삼신할머니의 삼신입니다. 뿐만 아니에요. 중국 지리서인 산해경에 등장하는 상상의 지명까지 등장하는 것을 보면 **도교사상**이 깃들어 있다는 것도 알 수 있지요. 천하도의 큰 특징은 **중세 유럽의 T-O 지도와 형태 면에서 유사**하다는 점입니다. 특정 사상을 담고 있다는 점도 매우 유사하고요. T-O 지도는 기독교 사상을 담고 있는 원형의 지도인데요, 서로 멀리 떨어져 있고 교류도 없었던 지역에서 비슷한 형태의 지도가 제작되었다는 게 참 신기하지요.

조선 전기와 중기를 대표하는 두 지도에 대해 알아보았는데요. 이를 통해 **두 지도의 특징**을 끄집어낼 수 있겠지요? 바로 **중화사상이 담겨 있고 축척의 개념이 없고 부정확하여 실제 사용이 어려운 관상용** 세계지도라는 겁니다. 혼일강리역대국도지도나 천하도를 실제 이용해 우리가 원하는 장소에 갈 수 있을까요? 원하는 곳의 인문적·자연적 특징을 확인할 수 있을까요? 불가능하겠죠. 그래서 실제 사용이 어려운 관상용이라고 하는 것입니다.

이제 **조선 후기 지도**로 넘어가겠습니다. 이 시기의 대표적인 지도에는 **동국지도, 대동여지도**가 있습니다. 조선 후기는 고지리서 부분에서 언급했듯이 실용적이고 실제적 학문인 실학이 발달한 시기입니다. 실학은 지도 제작에도 큰 영향을 끼쳤지요. 그러므로 **조선 후기 지도의 특징은 과학적이고 정교하며 다양한 목적에 따라 실제로 사용이 가능하도록 제작되었다**는 점을 들 수 있겠네요. **축척의 개념이 도입되어 실제 우리 땅의 모습과 유사하게 제작되었다**는 점도 있고요. 이제 하나하나 살펴볼까요?

먼저 정상기의 **동국지도**는 우리나라 최초로 축척의 개념이 도입된 지도입니다. 정상기는 '백리척'이라는 축척을 사용했는데요, 이것은 100리를 1척으로 표현한 지도로, 지도에 표시된 제척(축척)의 실제 거리는 9.5cm이므로 100리를 9.5cm로 표현한 것입니다. 두 번째로 '우리나라 옛날 지도' 하면 거의 모든 사람이 떠올리는 것, 바로 김정호의 **대동여지도**입니다. 대동여지도 하면 또 청구도가 따라오는데요, **청구도는 대동여지도의 기초가 된 것으로 김정호가 제작한 지도입니다.**

대동여지도는 그 축척이 약 1:160,000~1:216,000(10리를 4km로 볼 때는 1:160,000, 10리를 5.4km로 볼 때는 1:216,000)정도로 고지도 가운데 그

*
관상용(觀賞用) : 두고 보면서 즐기는 데 씀. 또는 그런 물건

형태가 우리 한반도와 가장 유사하고 정교한 지도입니다. 이 축척으로 한반도 전체 지도를 만들면 크기가 6.6m×3.1m입니다. 그런데 이렇게 큰 지도를 한 장으로 만들었다면 지도를 사용할 때 어떤 문제점이

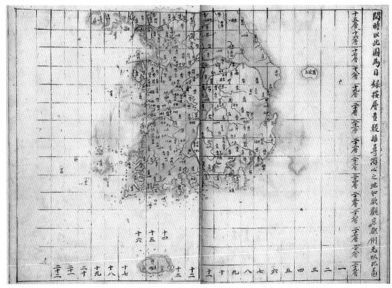

청구도
현존하는 옛 지도 중에서 가장 큰 것(가로 462cm, 세로 870cm)으로 이후 제작된 대동여지도의 기초가 된 채색필사본이다. (국립중앙도서관)

동국대지도(좌)
동국대지도는 동국지도를 참고하여 제작한 지도로 동국지도는 원본이 현존하지 않아 동국대지도를 통해 동국지도를 유추할 수 있다.
동국지도는 축척과 방위가 매우 정확하여, 김정호가 지도를 제작할 때 중요한 자료로 삼았을 만큼 한국 지도 역사에 결정적으로 기여했다. 1장의 전국도(全國圖)와 8장의 도별도(道別圖)로 구성되었다.)

대동여지도(우)
고산자(古山子) 김정호가 1861년 제작한 한반도의 지도. 1985년 대한민국의 보물 제850호로 지정되었다. 근대적 측량이 이루어지기 전 제작된 한반도의 지도 중 가장 정확한 지도이며 (청구도)의 자매편이다. (서울대학교 규장각 한국학연구원)

발생했을까요? 맞아요. 매우 불편했겠지요. 평소에는 지도를 잘 접어두었다가 꺼내서 보려면 지도를 다 펴고 원하는 지역을 찾아봐야 했을 것입니다. 필요하지 않은 부분까지 들고 다녀야 하니 휴대하기에도 불편하고 보관하기도 불편했겠죠. 그래서 김정호는 지도를 **분첩절첩식(分疊折帖式)**으로 22개로 나누어 쪼개고 접어서 제작했답니다. 나무판에 지도를 조각하여 찍어내는 방식(목판본-木版本)을 취하여 여러 장의 지도를 제작할 수 있게 하고, 수정이나 보완도 가능하게 했지요. 이렇게 제작된 목판은 약 60여 개로 추정되는데요, 현재 십여 개의 목판이 남아 있습니다. 대동여지도는 **축척을 사용하고, 거리 10리마다 점(방점)을 찍어서 거리 계산도 가능**하게 만든 것입니다. 또 **자연·인문 현상을 기호로 표현한 뒤 이것을 설명하기 위해 지도표를 제작**했지요. 하천(河川)만 해도 **배가 다닐 수 있는 하천은 두 줄로, 그렇지 못한 하천**

대동여지도의 지도표와 해석

지 도 표							標 圖 地						
7) 목소 牧 牧 속장	6) 창고 ■ 무성 ■ 유성	5) 역참 ①	4) 진보 □ 무성 □ 유성	3) 성지 ◉ 산성 ◉ 궐성	2) 읍치 ○ 무성 ◎ 유성	1) 영아 □ 염재유치즉무표	牧所 牧 牧羊場	瘡庫 ■ 圓 城有	驛站 ①	鎭堡 □ 城無 □ 城有	城地 ◉ 山城 城關	邑治 無城 ○ 城有	營衙 □ 塋在邑治即無漂
14) 도로 10 20 30 40 50리	13) 고산성 ▲	12) 고진보 ◆ 유성	11) 고현 ● 유성 ◎ 구읍지 유성	10) 방리 ○	9) 능침 ○ 시뭉히흐서권내	8) 봉수 ✦	道路 一 二 三 四 五	古山城 ▲	古鎭堡 ▲ 城有	古縣 ● 城有 ◎ 舊邑止 城有	坊里 ○	陵寢 ○ 始奉凌嫊書圈內	烽燧 ✦

26

은 한 줄로 구분하여 표현했고요.

그런데 이렇듯 과학적이고 실용적이며 다양한 장점을 지닌 대동여지도에서도 확인할 수 없는 것이 있답니다. 바로 해발고도, 즉 높이입니다. 그 당시에는 등고선의 개념이 존재하지 않아서 지도에는 등고선이 나와 있지 않아요. 그저 산줄기의 선이 굵게 표시되고 산줄기가 크게 그려지면 "높고 험한 산 혹은 산줄기구나" 하고, 산줄기의 선이 가늘고 산줄기가 작게 그려지면 "낮고 완만한 산 혹은 산줄기구나" 하는 정도로만 파악할 수 있었어요. 그리고 토지 이용 여부도 확인할 수 없었고요. 지금 우리가 사용하는 지도에는 그 땅이 주거지인지, 논인지 밭인지, 과수원인지 등을 구분할 수 있잖아요? 그런데 대동여지도에는 토지 이용에 대한 자료가 수록되어 있지 않았답니다. 하지만 대동여지도가 우리나라를 대표하는 고지도임에는 틀림없습니다.

각 시기별 지도의 특징과 종류를 잘 구분해서 기억해야 한다. 특히 대동여지도는 필수! 대동여지도를 보고 그 특징을 읽어 낼 수 있어야 한다.

3 지역의 이해

　'지역의 이해'와 '지도 읽기'는 교과서마다 조금 다르긴 하지만 대개 'VI강 우리나라 지역의 이해' 부분에 나옵니다. 하지만 지리에서 가장 기본인 지역의 구분, 지리 정보, 그리고 지도 읽기에 대한 내용이므로 선생님은 이 부분을 앞으로 끄집어내어 먼저 이야기하고자 해요. 다음에 나오는 단원이 지형에 대한 것인데 지형 학습에서 빠지지 않는 것이 바로 지형의 형태를 담은 지도 읽기거든요. 그럼 시작해볼까요?

등질(동질) 지역과 기능(결절) 지역은 어떻게 다르며 그 특징은 무엇일까?

　지리의 기본 대상은 지표 공간, 즉 지역입니다. 지역은 등질(동질) 지역과 기능(결절) 지역으로 구분할 수 있어요. 등질(동질) 지역은 말 그대로 일정 기준을 바탕으로 유사한 특징을 보이는 지역이에요. 농업이라는 기준으로 지역을 구분하면 논, 밭, 과수원 등으로 나누어지죠. 논의 한가운데든 논의 가장자리 경계선이든 벼를 키우는 논이라는 같은 특징이 나타나죠. 벼를 심은 밀도가 달라지는 것도 아니고요. 이렇게 같은 특징을 보이는 지역이 바로 등질(동질) 지역입니다. 등질 지역의 예로 **농업지역, 기후지역, 종교지역, 문화지역(문화권)** 등이 있어요. 문화권을 제외하고 등질 지역은 대부분 '~~지역'이란 표현으로 끝납니다. 이 같은 등질(동질) 지역은 자연 환경에 영향을 많이 받습니다.

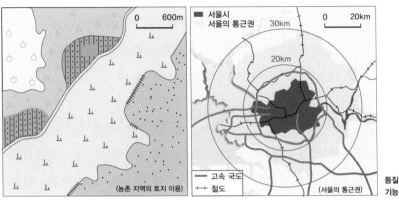

등질 지역(좌)
기능 지역(우)

기능(결절*) 지역은 (중심지의) 특정 기능이 미치는 공간적 범위를 말합니다. 여러분, 한번 생각해보세요. 중국 음식점에는 배달의 한계가 있을까요, 없을까요? 당연히 있지요. 왜죠? 다 아시는 것처럼 멀리 가면 음식이 식고 불어서 팔 수 없을 뿐더러 배달비와 시간도 많이 들 테니까요. 그러니까 중국 음식점은 음식을 파는 데 공간적 한계가 있다는 뜻이겠죠? 즉 중국 음식점이 음식을 판매할 수 있는 범위, 그것이 바로 기능(결절) 지역입니다. **통학권, 통근권, 신문 배달권, 상권** 등이 기능(결절) 지역에 속합니다. 기능(결절) 지역은 **대부분 '~~권'으로 표현**됩니다. 이제 등질(동질) 지역과 기능(결절) 지역을 구분할 수 있겠지요?

기능(결절) 지역은 중심부에서 영향력이 가장 강한 반면 거리가 멀어질수록 정도가 약해져서 어느 지점부터는 그 영향력이 제로가 됩니다. 기능(결절) 지역의 중심지는 교통과 통신이 잘 발달된 곳에 형성되는데요, 기능(결절) 지역의 범위는 교통·통신이 발달하면 확대됩니다.

*
결절 : '맺을 결(結)과 마디 절(節)을 합한 말이다. 즉 마디를 묶었다는 뜻이다. 그러니까 통신과 교통의 마디가 묶여 있는 곳 즉 교통·통신의 중심지·발달지가 바로 결절이다. 이것이 왜 기능 지역과 관련이 있는가 하면, 앞에서 설명했듯이 기능 지역의 중심지는 교통·통신이 발달한 결절에 입지하고, 기능 지역의 범위는 교통·통신 발달 정도에 따라 달라지기 때문이다.

그런데 등질(동질) 지역 간 또는 기능(결절) 지역 간의 특징이 섞여서 경계가 모호한 곳도 있어요. 예를 들어 터키는 유럽의 문화와 서남아시아 문화의 특성이 함께 보이는 곳이지요. 한 지역 안에서도 상권이나 통학권이 일부 겹치는 곳이 있는데 이처럼 인접한 지역의 특징이 겹쳐서 함께 나타나면 이를 **점이지대**라고 부릅니다.

전라남도와 충청도 사이에 있는 전라북도의 방언은 충청도 방언의 영향을 받아 전라남도 사람들이 쓰는 방언보다 억양이 강하지 않고 말의 속도도 좀 느리답니다. 전라북도는 전라남도와 충청도의 특징이 함께 나타나는 점이지대라고 할 수 있겠지요? 점이지대는 등질(동질) 지역에서나 기능(결절) 지역에서나 다 나타날 수 있으니 유의하세요.

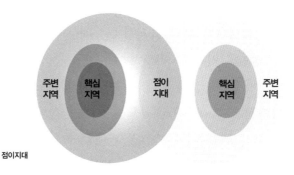

점이지대

지리 정보란 무엇일까?

우리는 어느 지역에 가든 그곳에 대한 아주 많고 다양한 종류의 정보를 얻을 수 있는데요, 이것을 지리 정보라고 합니다. 즉 어떤 지역에 대한 모든 정보가 바로 **지리 정보**인 것입니다. **지리 정보**는 공간 정보, 속성 정보, 관계 정보로 구분합니다. 복잡하지 않아요. 그냥 쉽게 생각해보세요.

먼저 **공간 정보**는 말 그대로 공간, 그러니까 그 지역의 위치나 형태를 알려주는 정보지요. 인터넷 위성 지도에서 어느 지역에 마우스를 갖다 대면 N 또는 S와 E, 또는 W로 끝나는 숫자가 나타나는데 이것이 바로 위도와 경도입니다. **위도와 경도**는 가장 대표적인 공간 정보입니다. 그리고 여러분이 살고 있는 **행정 구역의 경계선과 형태** 등도 공간 정보에 속합니다. 공간 정보는 주로 **점·선·면**으로 표시됩니다.

속성 정보는 그 지역의 특색을 나타내는 정보로, A 지역에서 **고랭지 농업**을 실시한다, B 지역은 **제철 공업**이 발달했다, C 지역은 **벼농사 중심의 평야 지역**이다 등등 각 지역이 가지고 있는 특색을 보여주는 정보가 바로 속성 정보입니다.

마지막으로 관계 정보는 다른 지역과 어떤 관계가 있느냐를 알려주는 정보로, (가) 구가 어느 시에 속해 있느냐, (가) 구 주변에는 어떤 구가 있느냐 등 **인접성과 계층성을 보여주는 자료**입니다.

지리 조사는 어떻게 하는 것일까?

지금까지 지리 정보의 종류를 알아보았습니다. 이번에는 지리 정보를 어떻게 수집할 것인가에 대해 이야기해볼게요. 정보를 수집하는 방법에는 **전통적 지리 조사와 원격 탐사 기법, 그리고 지리 정보 체계**(GIS)가 있습니다.

전통적 지리 조사를 수행하는 순서는 친구들과 여행을 떠나는 과정과 연결시키면 이해가 훨씬 빠를 거예요. 그럼 시작해 볼까요? 현실이는 친구들과 좋은 추억을 만들기 위해 여행을 가기로 했어요. 목적지는 바다! 자, 그러면 바다라는 대상이 나왔네요. 이것은 전통적 지리 조사의 과정에서 보면 무엇을 조사할 것이냐에 해당하는 것으로 주제 선정입니다. 현실이와 친구들은 동해에 가고 싶었어요. 그래서 이런저런 이야기 끝에 경포대 해수욕장에 가기로 결정했지요.

이 부분을 공부할 때는 반드시 공간 정보·속성 정보·관계 정보라는 각각의 명칭과 뜻, 그리고 이에 걸맞은 예들을 연결해서 알아두어야 한다. 의미도 알고 그에 해당하는 예도 아는데 용어를 연결시키지 못해 문제를 틀리는 경우가 많은 탓이다. 이를 테면 "A 지역에서는 주로 시설 농업을 실시한다"라는 제시문이 있다고 하자. 여러분은 이 문장을 보자마자 쉽게 "아! 이건 그 지역의 특징을 보여주는 정보야"라고 생각할 것이다. 하지만 "이 설명은 공간 정보야"라고 말하면 십중팔구 고개를 갸우뚱거리고 주저한다. 용어와 의미, 그리고 해당하는 예를 함께 연결시키지 못했기 때문이다. 위의 제시문은 어떤 정보일까? 답은 '공간 정보가 아닌 속성 정보'이다.

이번에는 경포대 해수욕장이라는 구체적 지역이 나왔지요? 이것은 어디에 있는 무엇을 조사할 것이냐에 대한 이야기겠죠. 이때 '어디'에 해당하는 것이 바로 **지역 선정**입니다.

경포대 해수욕장에 가기로 한 현실이와 친구들은 곧장 경포대 해수욕장으로 고고씽 했을까요? 아니겠죠? 그럼 뭘 했을까요? 아마 지도를 찾아보고, 인터넷 검색도 하고, 주변에 뭐가 있는지도 알아보고, 언제 갈 것인지, 가서 얼마나 오래 있을 건지, 뭘 타고 갈 건지, 어디서 자고 뭘 먹을 건지, 어떤 코스로 여행할 건지 미리 탐색하고…… 교통편이나 숙소 등 예약할 게 있으면 하고 그러면서 필요한 것을 미리 준비하겠죠?

지리 조사도 마찬가지입니다. 주제와 지역이 선정되었다 해서 바로 정보를 찾으러 떠나는 무모한 짓은 하지 않을 겁니다. 우선은 실내에서 사전 준비를 하겠죠. 주로 책 등의 문헌을 통해서요. 그래서 이 단계를 **실내 조사 혹은 문헌 조사**라고 부릅니다. 책도 찾아보고, 지도도 확인하고, 인터넷도 확인하고……. 그 지역에 가서 직접 정보를 수집하기 전에 실내에서 찾을 수 있는 정보를 미리 찾고, 조사 경로도를 작성하고, 설문지를 제작하고, 면담이 필요하다면 면담할 때 필요한 질문도 만들고.

이렇게 사전 준비가 다 되고 나면 비로소 선정된 지역으로 가서 직접 자료를 수집하게 됩니다. 실내 조사 내용을 확인하고, 수정·보완하는 단계로서 **야외 조사 또는 현지 조사**를 일컫습니다. 주로 사진 촬영, 스케치, 면담, 설문 조사, 실측, 조사 주제와 관련된 기관에서의 브리핑 등이 해당합니다. **지리 조사에서 실질적으로 지리 정보를 수집하는 과정은 세 번째와 네 번째인 실내(문헌) 조사와 야외(현지) 조사 단계입니다.**

야외(현지) 조사에서 꼭 기억할 것이 있어요. 야외(현지) 조사는 조사

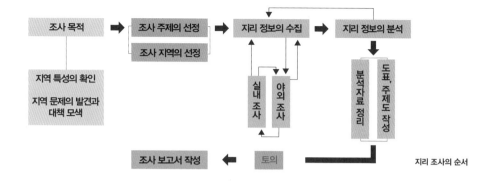

조사 목적 → 조사 주제의 선정 / 조사 지역의 선정 → 지리 정보의 수집 → 지리 정보의 분석

지역 특성의 확인

지역 문제의 발견과 대책 모색

실내 조사 / 야외 조사

분석 자료 정리 / 도표, 주제도 작성

조사 보고서 작성 ← 토의

지리 조사의 순서

지역으로 선정된 곳에 가서 직접 조사하는 것을 의미합니다. 예를 들어 '울릉도의 겨울 강수 특징'을 조사하기로 했을 때, 여기서의 야외(현지) 조사는 울릉도에 가서 조사하는 것만 해당합니다. 서울에 있는 기상청을 찾아가 울릉도의 기후 특징을 확인하는 것은 야외(현지) 조사가 아니라 실내(문헌) 조사에 해당합니다. 꼭 기억해두세요.^^

하지만 실내(문헌) 조사와 야외(현지) 조사를 통해 자료를 많이 수집했다고 해서 지리조사가 끝난 것은 아닙니다. 수집된 자료를 그냥 두면 아무 소용이 없으니까요. 그래서 수집한 정보들을 다 모아 분류·분석하고, 도표화·지도화하는 과정을 거치게 되는데요, 이것이 바로 자료의 분석 및 정리 단계입니다. 그리고 이를 바탕으로 결론을 도출하고 보고서를 작성하지요. 따라서 전통적 지리 조사의 마지막 단계는 결론 도출 및 보고서 작성이 되겠지요? 여행을 다녀와서 하는 작업들을 떠올리면 좋겠습니다. 디지털 카메라나 휴대폰 카메라로 찍은 사진을 열어 지울 건 지우고 남길 건 남기고, 친구들에게 줄 사진을 분류해서 정리하고, 다이어리나 블로그 등에 여행 사진과 함께 간단하게라도 글을 올리는 일들 말입니다.

그냥 지리를 공부한다고 생각하면 지루하고 어려웠겠지만 이렇게 실제 생활과 연결시키니 훨씬 재미있지 않나요? 그렇죠!! 지금까지

전통적 지리 조사에 관련된 문제는 대개 조사 활동을 나열해주고 순서대로 배열하라는 것과 해당 단계와 조사 활동을 옳게 연결하라는 식으로 나온다. 요즈음에는 주로 후자를 더 많이 묻는 편이다.

우리가 이야기한 내용인 **전통적 지리 조사**의 과정을 **조사 주제 선정 – 조사 지역 선정 – 실내(문헌) 조사 – 야외(현지) 조사 – 자료의 분석 및 정리 – 결론 도출 및 보고서 작성**…… 이렇게 암기식으로만 공부했다면 정말 지루했을 거예요. 선생님이 봐도 지루한걸요. 하지만 이 내용을 친구들과 여행 가기에 빗대어 생각한다면 훨씬 쉽겠죠?

전통적 지리 조사가 아날로그 방식이라면 이제 디지털 방식을 봐야겠죠. 바로 원격 탐사 기법입니다. 원격 탐사 기법은 항공기나 인공위성을 이용하여 정보를 수집하는 방식으로 항공사진이나 위성사진을 이용하여 정보를 얻는 것이지요. 사람의 시야에는 한계가 있게 마련이라 아무리 높은 곳에 올라가서 눈을 씻고 본들 우리 동네가 어떻게 생겼는지, 우리 동네의 토지는 어떻게 이용되는지 알 수가 없습니다. 시간에 따라 나타나는 변화도 다 확인하기 힘들고요. 또 우리가 접근하지 못하는 지표면도 많으므로 필요한 정보를 얻지 못하는 경우도 많고요. 하지만 **원격 탐사 기법을 이용하면 넓은 지역을 반복해서 관찰함으로써 현재 지리 현상의 공간을 분석할 수 있고, 지리 현상의 시**

아리랑 2호가 찍은 잠실 모습

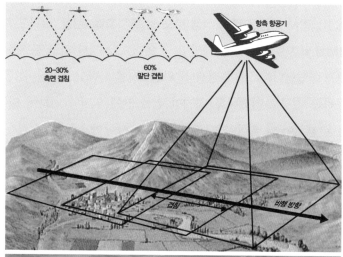

20-30%
측면 겹침

60%
말단 겹침

항측 항공기

겹침

비행 방향

항공사진 촬영법

항공사진

35

간에 따른 변화도 파악할 수 있습니다.

원격 탐사 기법을 통해 우리는 **지하자원의 종류와 매장량을 예측**할 수 있고, **황사 이동 경로나 식생 분포 및 토지 이용 현황**, 그리고 **지질구조(기반암 및 지층 특성)** 등을 파악할 수 있어요. 하지만 인구 분포를 확인하기는 어렵답니다. "에이, 선생님! 위성사진엔 사람도 보이잖아요?"라고 반문하는 친구도 있겠네요. 하지만 건물 안에 있거나 지하에 있는 사람들은 촬영이 안 되잖아요? 길 위에 있는 사람이야 볼 수 있겠지만 모든 사람들이 다 밖에 나와 있는 것은 아니니까 인구 분포 파악은 불가능한 것이지요. 또 우리 같은 일반인에게는 원격 탐사 기법이 그림의 떡이랍니다. 우리가 직접 비행기를 몰고 가서 항공사진을 촬영하거나, 위성을 움직여서 원하는 장소를 찍을 수는 없으니까요. 하지만 원격 탐사 기법은 인간이 하지 못했던 지리 정보 수집을 가능하게 해주고 지리 정보를 더욱 다양하고 풍부하게 얻게 해준 일등공신임에 틀림없습니다.

마지막으로 **지리 정보 체계**, 바로 GIS(Geographic Information System)가 있습니다. 컴퓨터를 이용하여 지리 정보를 수집하고, 분석하고 정리, 보관 및 관리하는 것이죠. 방대한 자료를 저장할 수 있고, 내가 원하는 정보만 뽑아낼 수도 있고, 통계 수치를 그래프로 그리고, 지도(입체 지도)로도 그릴 수 있고, 서로 다른 자료를 담은 지도를 겹쳐서 볼 수도 있고……. 지리 정보 체계는 **각종 최적 입지 선정, 지역 개발, 환경 관리, 농산물 수확량 예측 등 다양한 분야에서 활용이 가능**합니다. 특히 최적 입지 선정은 지리 정보 체계를 통해 제작한 수치 지도를 겹쳐서 봄으로써 가능해지는데요, 이것은 **중첩의 원리**를 이용한 것입니다. 예를 들어 쓰레기 매립장을 건설한다고 할 때 도로와는 가까워야 하고, 지하수 오염을 방지하기 위해서는 물을 통과시키면 안 되는 불투수층이어야 하고, 거주지와는 거리가 멀어야겠죠? 도로망도와 지질도, 토지 이용도를 중첩시켜서 보면 이 조건을 만족하는 장소를 찾을 수 있을 것입니다. 지리 정보 체계에서 제작 가능한 **수치 지도**(digtal map)는 우리가 인터넷에서 보는 지도를 생각하면 됩니다. 인터넷에서 지도를 보면 내 마음대로 확대·축소가 가능하고, 확대를 계속하다 보면 지도에 자료가 더 상세해지잖아요? 특정 표시가 되어 있는 곳에 마우스를 놓으면 근방의 사진이 보이고 주소도 보이죠. 그 뿐인가요? 내가 원하는 장소로 옮겨 다닐 수 있고, 지도의 형식을 바꾸면 입체적으로 볼 수도 있고, 종이에 출력하여 진짜 지도처럼 사용할 수도 있지요.

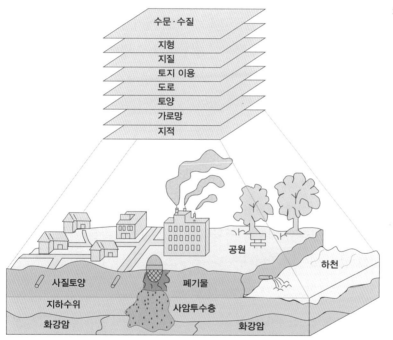

지리 정보 체계의 개념도

지리 정보 체계는 수능 모의고사에 자주 출제된다. 여러 가지 조건을 주고 그 조건을 만족시키는 최적 입지를 찾는 것, 최적 입지를 먼저 일러주고 해당 조건을 찾는 유형이 주로 출제된다. 이런 유형의 문제는 지리 정보 체계의 의미나 특징 등에 대한 기본 지식이 없어도 풀 수 있다. 주어진 문제를 잘 읽고 최적 입지나 조건을 찾으면 되니까.

4 ···· 지도 읽기

지리 정보를 얻는 방법 중에는 지도 읽기가 있어요. 지도에는 다양한 지리 현상들이 수록되어 있답니다. 그런데 우리가 보는 지도는 입체인 광범위한 지표면을 일정 크기의 평면인 종이에 표시한 것이어서 왜곡이 있을 수밖에 없어요. 그래서 약속된 기호를 사용하고, 크기와 거리도 일정한 비율로 줄입니다. 아이들에게 집을 그려보라고 하면 대개 네모 위에 세모를 그리고 작은 창문을 그립니다. 하지만 지도엔 그마저도 표시할 수가 없어서 네모 점만 찍습니다. 학교는 네모 점에 깃발을 꽂고, 교회는 네모 점에 십자가를 꽂아 표현하지요. 그래서 지도를 정확하게 읽으려면 약속된 기호들을 어느 정도 알고 있어야 합니다.

여러가지 기호들
1:50,000 지도의 기호

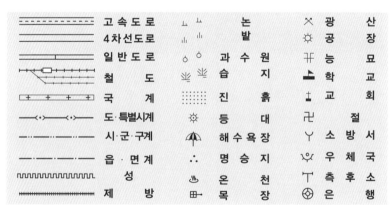

고 속 도 로	논	광	산
4 차 선 도 로	밭	공	장
일 반 도 로	과 수 원	능	묘
철 도	습 지	학 교	교 회
국 계	진 흙	교	
도 · 특별시계	등 대		절
시 · 군 · 구계	해 수 욕 장	소	방 서
읍 · 면 계	명 승 지	우 체 국
성	온 천	측 후 소
제 방	목 장	은	행

38

지도의 종류

먼저, 지도를 어떻게 구분하는지 살펴봅시다. 지도는 제작 방법에 따라 **실측도와 편찬도**, 담고 있는 내용(제작 목적)에 따라 **일반도와 주제도**, 축척에 따라 **대축척·중축척·소축척 지도**로 구분합니다. 지도를 제작할 때 어떤 지역을 답사하여 실제로 측량하는 과정을 거치면 **실측도**이고, 서로 다른 지도를 편집하여 제작하면 **편찬도**라고 합니다. 세계지도나 대륙도 등이 편찬도의 대표적인 예이지요. 그리고 일반적인 자연·인문 현상을 모두 수록하여 누구나 쉽게 이용할 수 있도록 제작된 지도는 **일반도**, 특정 주제를 담고 있어 특정 사용 목적을 가지고 만든 지도는 **주제도**입니다. 부동산이나 중국음식점에 가면 가게 벽면에 번지수만 가득 적어놓은 지도를 볼 수 있는데요, 이런 지도를 **지번도**라고 합니다. 지번도는 주제도에 속합니다. 특정한 주제를 담은 지도, 즉 각 집의 번지수를 알아야 하는 사람들을 위해 만든 것이니까요.

지도는 축척에 따라서 구분하기도 합니다. 1:5,000 축척은 **대축척 지도**, 1:25,000, 1:50,000 축척은 **중축척 지도**, 1:100,000 이하로 축척이 작은 세계지도나 대륙도 등은 **소축척 지도**이죠. 우리가 가장 흔하게 볼 수 있는 지형도는 이름 그대로 설명하면 땅의 모양을 그린 지도인데 지도의 종류로 보면 일반도이자 실측도이며 대축척 및 중축척 지도에 해당합니다.

축척이란 무엇인가?

축척은 지표면을 지도에 표시하기 위해 거리를 일정하게 줄인 비율로, 지도상의 거리÷실제 거리입니다. 예를 들어 축척이 **1:25,000**이라고 할 때, **1은 지도상의 거리 1㎝를, 25,000은 실제 거리 25,000㎝(250m)를 의미**하는 것입니다. 즉 지도상의 1㎝가 실제 거리로 250m라

대축척 지도(좌)
중축척 지도(우)

소축척 지도

는 뜻이지요. 그럼 1:50,000은 무슨 뜻일까요? 지도상의 1cm가 실제 거리로 따지면 500m라는 뜻이겠지요. 축척에 대한 이야기를 할 때 보통 축척이 큰가 작은가를 묻는데요, 축척이 크다는 것은 지도의 내용이 자세하다는 것으로 덜 줄였다는 것입니다. 어렵지 않습니다. 그냥 분수 값을 생각하면 되니까요. 1/25,000과 1/50,000 중에 어떤 것이 더 큰가를 생각하면 되겠죠? 축척에서 실제 거리를 의미하는 뒤에 있는 숫자(25,000, 50,000) 즉 축척의 분모가 크면 클수록 1cm로 표현되는 길이가 길어진다는 겁니다. 즉 많이 줄였다는 것이지요. 축척 1:25,000과 1:50,000 중 어떤 것이 더 클까요? 당연히 1:25,000이겠죠. 1을 25,000으로 나눈 값과 1을 50,000으로 나눈 값을 비교하면 당연히 1:25,000이 크니까요. 더 간단하게 이야기하자면 **같은 크기의 종이에 표현했을 때 뒤의 숫자가 작을수록 더 자세한 지도가 된다는 뜻입니다.**

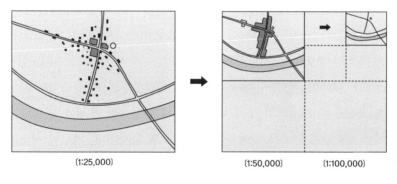

(1:25,000)   (1:50,000)   (1:100,000)

축척의 변화에 따른 거리·면적의 변화

축척을 표현하는 방법은 세 가지입니다. 첫 번째는 **비례법**인데요, 1:○○○처럼 표현하는 것으로 가장 일반적인 방식이에요. 두 번째는 **분수법**입니다. 1/○○○과 같이 분자와 분모를 이용하여 표현합니다. 마지막 방법은 **막대자법**인데요, 이것은 직선을 이용하여 표현하는 것입니다. 직선의 왼쪽 끝에 0, 오른쪽 끝에 ○○○m나 km로 표현되어 있고 일반적으로 그 직선의 길이는 1cm입니다. 결국 지도상의 거리 1cm는 실제 거리 ○○○m 혹은 km라는 거죠. 막대자법이 나와도 축척을 확인할 수 있겠죠?

축척 표시 방법			지도상에서 두 지점 사이의 거리	실제 거리
막대자	비율	분수		
0 ⸺ 1km	1 : 50,000	$\dfrac{1}{50,000}$		500m
0 ⸺ 500m	1 : 25,000	$\dfrac{1}{25,000}$	1cm	250m
0 ⸺ 100m	1 : 5,000	$\dfrac{1}{5,000}$		50m

축척 표시 방법

축척이 일정한 비율로 실제 거리를 줄인 거라면 지도상의 거리를 실제 거리로도 바꿀 수 있어야겠죠? 축척이 1:50,000인 지형도에 지도상의 거리가 2cm로 나온 도로가 있다면 이 도로의 실제 거리는 얼마일까요? 앞에서 설명했듯이 축척에서 1은 지도상의 1cm라 했으니 이것이 2cm가 되면 뒤에 50,000은 100,000이 되겠죠. 100,000cm는 1km이고요. 결국 **실제 거리는 지도상의 거리 × 축척의 분모**입니다. 실제 면적을 구하는 것도 이와 같아요. **실제 면적**은 (지도상의 가로 거리 × 축척의 분모) × (지도상의 세로 거리 × 축척의 분모) = **지도상의 면적 × (축척의 분모)^2**이겠지요. 하지만 이렇게 계산하면 축척의 분모를 제곱하는 과정에서 숫자 단위가 커지고 실수할 우려가 있으므로 먼저 지도상의 거리를 실제 거리로 바꾼 후 실제 거리 가로와 세로를 곱하여 면적을 구하면 훨씬 수월합니다.

난이도를 조금 높여볼게요. 축척이 1:100,000인 지도 한 장에 표현되어 있는 우리 동네를 1:50,000 지도에 표현하려고 합니다. 지도는 몇 장 필요할까요? 축척이 1:100,000이라면 지도상의 거리 1cm가 실제 거리 1km입니다. 그런데 1:50,000 축척에서는 지도상의 거리 1cm가 실제 거리 0.5km입니다. 그러므로 종이의 크기가 같을 때 축척 1:50,000 지도는 1:100,000 지도보다 우리 동네를 가로 1/2, 세로 1/2밖에 포함할 수 없다는 것이죠. 길이는 1/2이지만 면적은 1/2 × 1/2 = 1/4이니까 1:50,000 지도에서는 1:100,000 지도의 면적 1/4밖에 포함할 수 없다는 뜻이네요. 축척이 1:100,000일 때 면적이 1/4이라면 1:50,000일 때는 면적이 1, 면적은 제곱으로 변한다는 것입니다. 결국 지도 4장이 필요한 것이지요. 그럼 축척이 1:100,000인 지도 한 장에 표현되어 있는 지역을 축척 1:25,000인 지도에 표현하려면 몇 장의 지도가 필요한지 감이 오시나요? 예, 바로 16장이겠죠. 좀 더 쉽게 설명해볼까요?

축척	실제 거리	지도상의 거리	실제 면적	지도상의 면적
① 1 : 25,000		4cm		16cm²
② 1 : 50,000	1km	2cm	1km²	4cm²
③ 1 : 100,000		1cm		1cm²

이 표에서 축척이 제일 큰 것은 ①번 1:25,000입니다. 축척이 크다는 것은 상대적으로 좁은 지역을 자세히 표현할 수 있다는 뜻으로 쉽게 말해 '덜 줄였다'는 것입니다. 위 표의 ①~③번 축척 중에서 실제 거리 1km를 지도상의 거리로 환산해보면 축척이 가장 큰 1: 25,000인 지도의 거리가 4cm로 가장 길다는 것을 알 수 있어요. 반대로 축척이 가장 작은 1:100,000은 지도상의 거리가 1cm로 가장 짧지요. 축척의 분모가 커지면(25000→100,000) 축척이 작아지니까 당연히 지도상의 거리는 짧아집니다. 많이 줄였기 때문이지요. 축척의 분모가 2배 커지면 지도상의 거리는 1/2로 줄어들고, 축척의 분모가 4배 커지면 지도상의 거리는 1/4로 줄어듭니다. 이번에는 면적을 살펴볼게요. 면적은 가로×세로이므로 제곱으로 보면 됩니다. 위 표를 보면 지도상의 면적이 제곱으로 변하는 것을 확인할 수 있을 거예요.

자 그러면, 다시 한 번 생각해봅시다. 축척의 분모가 2배 커지면 거리는 1/2이 된다고 했죠? 하지만 지도상의 면적은 1/2이 아니라 1/4

이 됩니다. 축척의 분모가 4배 커지면 지도상의 면적은 1/16이 됩니다. 아래 모눈종이판(한 칸당 1㎝)과 위의 표를 연관시켜 생각하면 훨씬 쉽게 이해할 수 있습니다.

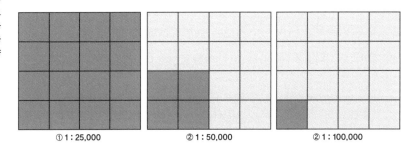

① 1 : 25,000   ② 1 : 50,000   ② 1 : 100,000

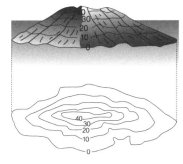

등고선의 개념

등고선을 알면 지역이 보인다

이제 등고선으로 넘어갈게요. 등고선은 평균해수면을 기준으로 고도가 같은 지점을 연결한 선을 말합니다. 해수면은 밀물과 썰물 등의 영향 때문에 표면의 높이가 일정하지 않으므로 항상 평균값을 구하여 이를 기준으로 높이를 측정합니다. 우리나라는 인천 앞바다의 평균해수면을 해발고도의 기준으로 삼습니다. 인하대학교 교정 안에는 "인천 앞바다 평균해수면이 우리나라 해발고도 측정의 기준이다"라는 표석이 있는데요, 그것이 바로 수준원점＊입니다.

다시 돌아와서……^^ 등고선의 특징을 한마디로 말하면 폐곡선입니다. 폐쇄적인 곡선이라는 의미인데요, 절대 교차하지 않고, 절대 끊어지지 않는 선을 의미합니다. 등고선은 높이가 같은 지점을 연결한 선이므로 높이가 다른 선이 절대 교차할 수 없어요. 그러니까 지도상에서 두 개의 선이 서로 교차하고 있다면 그 두 개의 선은 모두 등고선일 수 없다는 뜻입니다. 폐곡선은 절대 끊어지지 않습니다. 지도를 잘 들여다보면 간혹 등고선이 끊어진 것처럼 보이기도 하는데, 그렇다

고 해서 실제 끊어진 것은 아닙니다. 지도 한 장에 표현되지 않은 것일 뿐이죠. 즉 잘려나갔다는 의미인데요, 나머지 부분을 표현한 지도를 가져다 붙이면 등고선은 서로 연결됩니다. 이 같은 특징은 지도에서 등고선을 찾는 데 도움이 되니까 꼭 확인해두기 바랍니다.

이제 등고선에 대해서 좀 더 자세히 알아보겠습니다. 등고선에는 네 가지 종류가 있습니다. 바로 **계곡선, 주곡선, 간곡선, 조곡선**입니다. 우리가 주로 보는 축척 1:25,000 등고선, 1:50,000 등고선 지도에서는 계곡선과 주곡선이 나오므로 이 두 가지를 반드시 기억하고 구분할 줄 알아야 합니다. 간곡선과 조곡선은 깍두기 정도로 봐주시면 될 듯하네요.^^ **계곡선**은 굵은 실선으로 표현되는 등고선으로 숫자 즉 일정 간격의 높이가 표현되어 있다는 특징이 있어요. 지도에서 특정 지점의 높이를 확인할 때 매우 중요한 역할을 합니다. **주곡선**은 얇은 실선으로 표현되는 등고선입니다. 주곡선을 그린 후 다섯 번째 주곡선마다 선을 굵게 그리는데요, 이처럼 **다섯 번째 주곡선마다 굵게 표시된 등고선이 바로 계곡선**입니다. 지도에 나오는 등고선 가운데 계곡선과

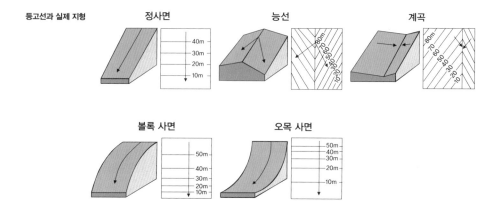

등고선과 실제 지형 정사면 능선 계곡

볼록 사면 오목 사면

주곡선 중 어떤 것이 더 많을까요? 그렇습니다. 얇은 실선으로 그려지는 주곡선입니다. 주곡선은 문자 그대로 '주로 많이 보이는 기본이 되는 등고선'을 의미합니다. 그런데 굵은 실선을 계곡선이라고 부르는 이유는 무엇일까요? 계곡선의 '계'는 '계산(計算)'할 때 계를 의미합니다. 선생님이 앞에서 계곡선에 높이가 표현되어 있다고 한 거 기억하시죠? 그러니까 등고선에 표기된 숫자로 높이를 확인하고 파악할 수 있기 때문에 계곡선이라 부르는 것입니다. 간곡선은 주곡선과 주곡선 사이에 표시하는 점선 등고선을, **조곡선**은 간곡선과 간곡선 사이에 표시하는 점선 등고선을 말하는데요. **점선의 간격이 상대적으로 넓은 것이 간곡선이고, 조밀한 점선으로 표시된 등고선이 조곡선입니다.**

종류 \ 축척	15′ $\frac{1}{50,000}$ (15′)	7′30″ $\frac{1}{25,000}$ (7′30″)
계곡선 ———	100m	50m
주곡선 ——	20m	10m
간곡선 -------	10m	5m
조곡선 ·········	5m	2.5m
1km	축척 2㎝	축척 4㎝

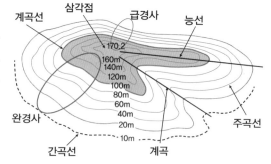

등고선의 종류(좌)
1:50,000 지형도의 등고선 읽기(우)

46

이제 계곡선, 주곡선, 간곡선, 조곡선을 구분할 수 있겠죠? 그런데 **등고선은 축척에 따라 간격이 다릅니다.** 실제 면적이 같은 지역이라도 축척에 따라 지도에 표현되는 크기가 다르기 때문입니다. 축척이 크면 줄인 비율이 작으므로 일정한 크기의 종이에 좁은 지역이 크고 자세하게 표현되지요. 등고선과 등고선 사이의 높이 간격을 좁게 하고, 선도 여러 개 그릴 수 있겠죠. 하지만 축척이 작으면 반대의 상황이 됩니다. 이 점은 앞에 나온 축척에 따른 면적 변화표를 보면 이해하기 쉬울 거예요. ①~③을 보면 실제 면적이 같을지라도 축척에 따라 지도상에 서로 다른 크기로 표현되잖아요? 따라서 등고선 사이의 높이 간격도 다를 수밖에 없는 거고요.

축척이 1:25,000일 때, 주곡선은 10m마다 그립니다. 그리고 다섯 번째 주곡선은 바로 계곡선이니 계곡선은 50m마다 그려지겠죠? 지형도를 분석할 때, 굵은 등고선에 숫자가 50의 배수(50, 100, 150, 200……)로 적혀 있다면 축척이 1:25,000이라는 뜻이 됩니다. **계곡선의 간격을 통해 축척도 확인할 수 있고, 높이도 파악할 수 있다**는 것이지요. 그리고 축척이 1:50,000일 때에는 주곡선을 20m마다 그리고 다섯 번째 주곡선인 계곡선은 100m마다 그립니다. 간곡선과 조곡선은 모두 절반씩 간격이 줄어들고요. 축척이 1:25,000일 때 간곡선은 5m, 조곡선은 2.5m, 그리고 축척이 1:50,000일 때는 간곡선이 10m, 조곡선은 5m입니다.

우리는 등고선을 통해 고도와 높이뿐만 아니라 지형의 경사와 형태도 확인할 수 있어요. 확인해볼까요? **등고선의 간격이 넓으면 경사가 완만하다는 뜻이고, 등고선의 간격이 좁으면 경사가 급하다는 뜻입니다.** 예를 들어볼게요. 등고선(주곡선의 경우) 사이의 고도차는 1:25,000일 때 항상 10m입니다. 이때 등고선의 간격이 넓어지면 10m 올라가는 경사면이 거리가 길어진다는 뜻이고, 같은 높이를 올라가는 데 경사면의 길이가 길다는 것은 결국 경사가 완만하다는 것을 의미하겠지요. 반대로 등고선 간격이 좁다는 것은 고도가 높아지거나 낮아지는 경사면의 거리가 짧다는 것이고, 이는 결국 경사가 급하다는 뜻입니다. 그리고 **산정상(고도가 높은 곳)을 기준으로 등고선이 높은 쪽으로 구부러져 있으면 물이 흐를 수 있는 계곡(골짜기)이라는 뜻이고, 반대로 등고선이 낮은 쪽을 향해 구부러져 있으면 능선(산등성이)이라는 뜻입니다.** 이 내용을 좀 더 쉽게 설명해드릴 테니 잘 보세요! 손가락을 쫙 펴서 손등이 위로 보이게 하세요. 높이가 높은 손가락과 높이가 낮은 손가락 사이가 보일 거예요. 이 위에 물을 뿌린다면 상대적으로 높이가 낮은 손가락 사이에 물이 고이거나 흐르겠죠. 그리고 높이가 높은 손가락은 물의 흐름을 나누는 부분이 되겠고요. 이렇게 하면 계곡이랑 능선을 구분할 수 있답니다.

TIP

1. '지형도 읽기'에서는 종종 하천의 이동 방향을 묻는 예문이 나온다. 이것은 등고선을 판독하라는 뜻이다. 하천이 흐른다는 것은 무조건 그곳의 높이가 낮고, 계곡(골짜기)이라는 뜻이다. 골짜기가 파악되었다면 정상(높은 곳)이 어디인지도 확인할 수 있을 것이다. 주능선이 만나는 곳 가운데 고도가 가장 낮은 부분이 고개(고갯길)이다.
2. 경사도를 묻는 예문이 가끔 출제되는데, 경사도는 두 지점 간의 고도차÷두 지점간의 실제 거리이다.
3. 지형 단원에서 많은 지도가 제시되기 때문에 지형도 특히 등고선 판독법을 숙지하고 있어야 한다.

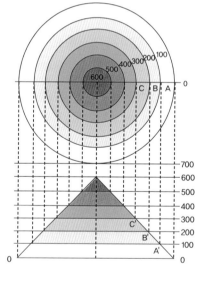
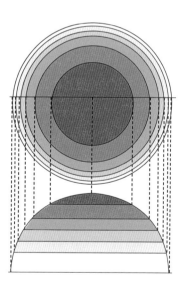

등고선의 간격과 경사

질문 하나! 능선과 계곡 중 시야가 탁 트여 주변 경관을 둘러볼 수 있는 곳은 어디일까요? 그렇죠. 바로 높은 능선(산등성이)입니다. 계곡이냐 능선이냐를 판단할 때 꼭 기억할 게 하나 있어요. 바로 높은 곳 혹은 산정상이 어디인가 하는 점입니다. **등고선의 휘어짐은 산정상이나 높은 곳을 기준으로 판단**하는 것이어서 이것을 잘못 찾으면 지형을 거꾸로 판독하는 불상사가 벌어집니다. 자, 지금까지 일반도인 지형도에 대해 살펴봤습니다. 이제 주제도인 통계지도로 넘어갈게요.

통계지도의 의미와 종류

통계지도는 통계수치를 지도에 표현한 지도로 특정 통계치만 담고 있기 때문에 **주제도**이고, 편집해서 제작했으므로 **편찬도**이고, 넓은 지형을 간략하게 표현한 지도이므로 **소축척 지도**입니다. 통계지도에는 **점묘도, 등치선도, 단계구분도, 도형표현도, 유선도**가 있습니다. 점묘도는 통계수치를 점으로 바꾸어 표현한 지도입니다. 점묘도는 통계치의 **분포 표현 및 파악에 매우 유리**합니다. 하지만 특정 지역에만 점이 집중되어 표현되면 정확한 통계치를 확인하기 어렵겠지요? 대신 "아! ○○이 여기 많구나" 등의 분포 확인은 쉬워지겠지만요. 등치선도는 같은 통계치를 선으로 연결하여 표현한 지도입니다. 앞에서 배운 등고선 기억나시죠? 등고선은 해발고도가 같은 지점을 연결한 선이라고 했지요? 등치선도를 그리려면 같은 통계치가 많이 나와야 해요. 그래야 선으로 연결할 수 있으니까요. 등고선 말고 **등온선(같은 기온), 등심선(같은 수심), 그리고 일기예보를 할 때 볼 수 있는 꽃 피는 시기나 단풍이 물드는 시기를 선으로 연결한 지도**가 바로 등치선도의 예입니다. 단계구분도는 행정구역별로 나타나는 통계치를 일정 간격의 단계로 나누어 면으로 표현한 지도로 전체 면적 분의 얼마, 전체 인구 분의 얼마 등 **비율이나 퍼센트(%) 등의 통계치를 표현할 때 주로 사용**됩니다. 단계구분도는 각 단계에 따라 지정한 색이나 선을 일정한 패턴으로 덮어 면으로 표현합니다. 주로 **행정구역별 비율(%)을 표**

시하거나 인구밀도를 나타내는 데 사용합니다. 유선도는 통계치의 이동량과 방향을 화살표 또는 선의 굵기와 방향으로 표현한 지도로 사람·물자·자본 등의 통계치의 이동량, 그리고 방향에 대한 통계치를 지도화하는 데 사용합니다. 여러분도 지리부도에서 석유와 관련된 지도를 본 적이 있을 거예요. 서남아시아에서 시작한 화살표가 전 세계로 뻗어나가는 패턴의 지도인데, 기억나지요? 이것이 바로 유선도인데요. 화살표의 굵기는 석유의 이동량을, 화살표가 향하는 방향은 석유가 이동하는 지역을 나타내는 것입니다. **도형표현도**는 통계치를 원이나 막대 등의 도형으로 표현한 지도입니다. 도형표현도는 **한 지역의 여러 통계치를 한꺼번에 표현할 수 있다는 장점**이 있습니다.

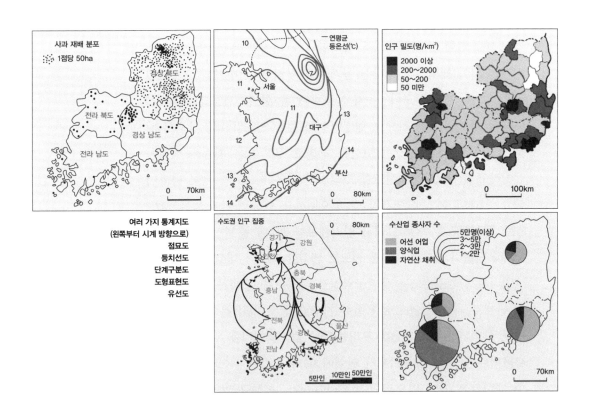

여러 가지 통계지도
(왼쪽부터 시계 방향으로)
점묘도
등치선도
단계구분도
도형표현도
유선도

이제까지 알아본 통계지도를 실생활에 적용시켜볼까요?

여러분이 사는 동네의 유치원·초등학교·중학교 수를 통계지도로 표현한다고 합시다. 점묘도는 유치원·초등학교·중학교를 나타내는 점을 색깔별로 찍어야 하는데 이렇게 점을 찍다 보면 점들이 서로 겹쳐 유치원·초등학교·중학교 수를 정확히 확인하기 어렵겠지요? 같은 통계치를 선으로 연결하는 등치선도는 유치원·초등학교·중학교 수가 각각 같은 지역이 나와야만 선으로 연결할 수 있는데 통계수치가 같게 나오기 어려우니 적합하지 않고요. 그럼 단계구분도는 어떨까요? 행정구역 전체 면적에 색이나 패턴을 덮기 때문에 여러분이 사는 동네 전체를 세 번이나 다른 색 혹은 패턴으로 덮어야 하는 문제가 생기겠지요. 역시 구분이 어렵겠지요? 유선도는 흐름과 양을 한꺼번에 표현하는 것이니 사용할 수 없고요. 결국 여러분이 사는 동네의 유치원·초등학교·중학교를 한꺼번에 표현할 수 있는 지도는 도형표현도밖에 없습니다. 국회의원 선거나 대통령 선거 결과를 보여주는 개표 방송을 보면, 각 후보의 득표율이나 득표수를 지역별·연령별로 표현하는 지도가 나옵니다. 이것이 바로 도형표현도랍니다.

다섯 가지 통계지도의 명칭과 각 지도의 특징을 잘 연결해야 한다. 대개 어떤 통계자료를 주면서 이것을 가장 정확하게 효과적으로 표현할 수 있는 것을 고르라고 하는 문제가 출제되기 때문이다. 주어진 통계지도를 해독하여 가장 적절한 통계자료를 고를 줄 알아야 한다.

세계지도의 역사

미국 조사단이 발견한 고대 바빌로니아의 지도는 4500년 전의 것으로 판명되었는데 이것은 태양열로 구운 벽돌 표면에 나뭇가지로 그린 것으로 현재 대영박물관(大英博物館)에 보관되어 있다. 이것에 의하면 대해(大海)에 둘러싸인 원반 모양의 육지 중심에 수도 바빌론이 있고 그것을 꿰뚫고 유프라테스 강(江)이 그려져 있다.

아리스토텔레스는 높은 곳에 올라감에 따라서 지평선상의 시야가 변하는 것, 월식 때에 달의 면에 비치는 지구의 그림자가 둥근 것 등으로 지구가 구형(球形)이라는 것을 과학적으로 증명하였고, 또 지구의 둘레를 측정한 것으로 알려져 있는 에라토스테네스는 세계지도에 처음으로 경선과 위선을 그려 넣었다.

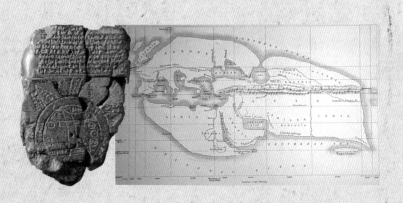

고대 바빌로니아 점토판 지도(좌)
19세기에 다시 만든 에라토스테네스의 지도(우)

프톨레마이오스는 150년 무렵 그리스·로마 시대의 지리적 지식을 집대성하여 유럽에서 중국까지를 포함한 세계의 반구도(半球圖)를 작성하였다. 이 세계지도는 지구의 둘레를 360°로 나누는 경선과 위선을 고안하여 이른바 톨레미 도법(정거원뿔도법)에 의해서 이것을 평면에 투영한 것으로, 근대적인 지도의 바탕을 이루었다.

서(西)로마 제국이 멸망한(476) 후 중세의 유럽에서는 신학이 모든 학문을 지배하게 되

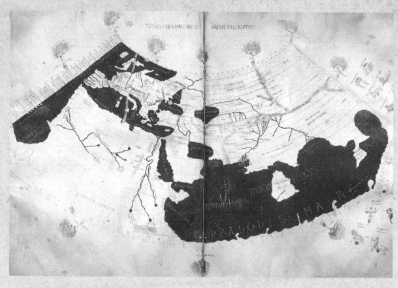

었다. 이에 따라 지도 분야에서도 프톨레마이오스까
지의 과학적인 세계지도의 전통이 금지되어, 세계는
또다시 원반으로 간주되었고 이 생각을 단적으로 표현
한 것이 T-O 지도이다.

중세 후반에 이르자 성지 예루살렘을 이교도로부터
탈환하려는 십자군의 원정을 계기로 지중해를 중심으
로 하는 교통이 다시 성해져서 13세기 무렵부터 포르
토라노라고 불리는 특수한 해도가 만들어졌다.

초기의 T-O 지도(1472년)
세 대륙의 이름과 함께 중세 기독교
에서 각 대륙의 선조로 여겼던 노아
의 세 아들 이름이 쓰여 있다. 아시
아_셈(Sem), 유럽_야벳(Iafeth), 아프
리카_함(Cham)

17세기 초에 에스파냐인 토레스에 의해 오스트레일리아가 발견되고, 또 18세기 후반
J.쿡의 탐험으로 남반구의 대부분이 바다라는 것이 판명되었다. 이로 인해 18세기 말
에는 양극지방을 제외한 세계의 수륙분포가 거의 명백해지고 근대적인 세계지도가 성
립되기에 이르렀다. 프랑스에서는 18~19세기 초에 걸쳐서 카시니 부자(父子)의 삼각측
량으로 전 국토의 8만 6400분의 1의 지도가 완성되었다. 영국에서는 18세기에 많은
카운티 지도가 만들어졌으며, 1791년에 창립된 육지측량부가 삼각측량을 시작하였고,
독일·덴마크 등지에서도 19세기에 이르자 본격적인 삼각측량을 시작하였다.

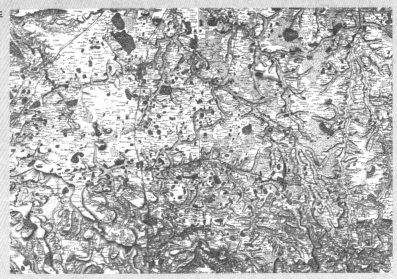

우리나라 지도의 역사

삼국시대의 지도

고구려 : '구당서'에는 고구려 영류왕 11년(628)에 당나라에 사신을 보내면서 〈봉역도〉라는 고구려 지도를 보냈다는 기록이 나온다. 이것을 통해 우리는 고구려에서 그 이전부터 지도가 제작되었음을 알 수 있으며 실제로 1953년 북한의 평남 순천군에서 발견된 고구려 고분에서 요동성시의 그림지도가 발견된 바 있다.

백제 : 백제의 지도와 지리에 대한 관심은 『삼국유사』의 내용을 통해 알 수 있는데 『삼국유사』의 내용으로 미루어보아 『삼국유사』가 편찬되었던 고려 시대에도 백제지리지가 남아 있었음을 알 수 있다.

신라 : 신라의 경우 역시 『삼국사기』 등의 문헌에서 지리지를 편찬했던 것과 신라가 삼국을 통일하던 시기에 지도를 이용했음이 나타나고 있다.

고려시대의 지도

『고려사』에 의하면 목종 5년(1002)에 거란에 고려지도를 보낸 일이 있었고, 의종 2년(1148)에는 이심, 지지용 등이 송나라 사람과 공모하여 고려지도를 송의 진회에게 보내려다가 들켜서 처벌 당한 일이 있다. 현종 때에는 행정구역을 10도에서 5도 양계로 개편한 후에 전국지도를 작성하였는데 이 〈5도양계도〉는 여러 차례에 걸쳐 작성되어 조선 전기 지도 제작에 많은 영향을 주었다. 고려 말에 제작된 나홍유의 〈5도 양계도〉는 조선 태조 5년(1396)에 이첨이 그린 〈삼국도〉와 태종 2년(1402)에 이회가 그린 〈팔도도〉의 기본도가 되었을 것으로 추정된다.

조선시대의 지도

조선시대에는 양성지, 정척에 의해 〈동국지도〉가 완성되었다. 18세기에 정상기는 우리나라 최초로 백리척 축적법을 이용한 과학적인 고지도 〈동국지도〉를 제작하여 고지도의 수준을 한 차원 끌어올렸으며 이후 김정호는 조선 초기부터 19세기까지 제작된 한국 고지도의 장점만을 간추리고, 19세기에 담을 수 있는 최대한의 정보를 수록하여 불후의 명작 〈대동여지도〉를 내놓았다. 그리고 이후 대한제국 시대에는 최초의 현대식 지도인 〈대한전도〉가 1899년에 발간되었다.

대동여지도

(자료 출처 : 국토교통부, 위키피디아)

5 우리나라의 위치

　우리나라의 위치는 수리적 위치, 지리적 위치, 관계적 위치로 구분됩니다. '수리적 위치'라는 개념의 포인트는 '수리'라는 단어에 있어요. '수리' 하면 여러분, 곧바로 수능의 수리영역을 떠올릴 테지요? 맞습니다. 바로 숫자를 의미하는데요. 공간의 위치를 나타내는 것에서 숫자는 무엇일까요? 예, 지도에서 볼 수 있는 경도와 위도입니다. 이제 수리적 위치가 무엇을 말하는지 감이 오지요? 수리적 위치란 경도와 위도로 표현한 위치입니다. 경도와 위도는 지구에 표현된 가상의 선으로서 경도는 지구에 세로로 표시한 선의 숫자, 위도는 지구에 가로로 표시한 선의 숫자를 말합니다. **위선은 지구에 표시된 가상의 선 가운데 가로선을 뜻하고, 경선은 세로선을 의미**하겠지요. 설마…… 이걸 잊어버렸다거나 헷갈리고 있었던 건 아니죠? 그러면 안 됩니다!^^ 우리나라의 수리적 위치는 위도 33°~43°N, 경도 124°~132°E입니다.

　위도부터 살펴볼까요? **위도의 기준은 지구에서 가로 둘레가 가장 긴 부분인 적도**입니다. 위도는 적도를 중심으로 북위90°(90°N), 남위90°(90°S)까지로 나눠지는데요, 위도에 따라서 각 지역의 기후가 달라집니다. 만일 여러분이 "우리나라는 냉온대 기후다", "우리나라 기후는 사계절이 뚜렷하다"라는 설명문을 보았다면 우리나라의 수리적 위치를 설명하는 거라고 이해하면 됩니다. 중학교 때 배워서 알겠지만 기

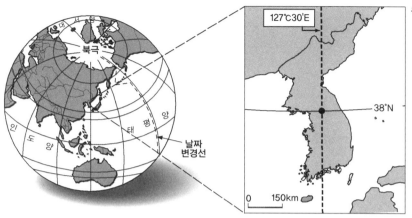

후는 위도에 따라 적도를 중심으로 열대−건조−온대−냉대−한대 기후로 구분됩니다. 우리나라는 북반구 중위도에 위치하기 때문에 냉온대 기후와 사계절이 뚜렷한 기후를 보이는 것입니다. 위도는 결국 기후에 영향을 미치고 기후에 따라서 식생과 토양이 달라지기 때문에 우리나라에는 온대림이 분포한다, 혹은 열대와 냉대림의 중간적 특징을 보이는 혼합림, 낙엽활엽수림이 나타난다고 하면 이것도 수리적 위치에 해당되는 것입니다. 또 토양에 관해 열대의 적색토와 냉대의 회백색토의 중간적 토양인 갈색토 혹은 갈색삼림토가 나타난다고 하면 이것도 수리적 위치를 설명하는 것이지요.

이제 경도를 살펴봅시다. 경도는 지구에 그려진 가상의 선 중 세로선(북극과 남극을 연결한 세로선)의 숫자를 의미합니다. 경도의 기준은 경선의 길이가 모두 같기 때문에 위도와는 다른 방법으로 정해졌답니다. 여러 국가들이 서로 다른 기준의 경도를 사용하던 중 대영제국의 영향력과 태양·달·행성·항성의 위치 관측에 많은 공적을 남긴 영국의 그리니치 천문대를 지나는 경선을 1884년 워싱턴국제회의에서 본초자오선(기준이 되는 경선)으로 지정, 경도의 기준으로 삼았답니다.

영국의 그리니치 천문대를 지나는 경선이 0°이고 이를 기준으로 우리나라가 있는 아시아는 동쪽에 위치하므로 동경(E), 반대로 대서양 건너 아메리카 대륙은 서쪽에 위치하므로 서경(W)이 됩니다. **경도는 지역 간 시간의 차이를 일으킵니다.** 기후·식생·토양의 차이를 일으키는 위도에 비하면 매우 심플하죠!

자, 경도에 대해 조금 더 살펴볼까요? 먼저 경도에 의한 지역별 시간 차이입니다. 하루는 24시간이죠? 지구의 경도는 360°고요. 경도 360°를 하루 24시간으로 나누면 15°/1시간이라는 답이 나옵니다. **즉**

경도 15° 차이가 1시간의 차이를 일으킨다는 뜻입니다. 이해되지요? 1시간의 차이는 1시간이 빠를 수도 있지만 늦을 수도 있다는 뜻이죠? 지구는 서에서 동으로 자전하므로 영국을 기준으로 볼 때 동쪽이 해가 빨리 뜨고, 반대로 서쪽에서는 해가 늦게 뜹니다. 여기서 꼭 기억해야 할 내용이 나옵니다!! 바로 영국 그리니치 천문대를 지나는 본초자오선이 기준이고 이곳의 시간을 세계표준시(G.M.T)라고 한다는 점입니다. 동경 15°는 세계표준시보다 1시간 빠르고, 서경 15°는 1시간 느립니다. 그리고 또 하나……. 본초자오선에서 서쪽으로, 동쪽으로 이동하다 보면 서로 한 지점에서 만나게 되는데요, 어디일까요? 예, 맞아요. 바로 서경 180°, 동경 180°입니다. 하나의 선이지만 본초자오선에서 아시아를 지나 이동하면 동경 180°선에서, 반대로 대서양과 아메리카 대륙을 지나 이동하면 서경 180°선에서 만나게 되겠지요. 동경 180°는 세계표준시(G.M.T)에 비해 시간이 얼마나, 어떻게 차이가 날까요? 그렇습니다. 12시간이 빠릅니다. 왜냐하면 경도 15° 차이는 한 시간의 차이를 일으키는데 우선 동경이니 시간이 빠르겠고, 180°는 15°×12이므로…… 12시간이 빠르겠지요. 그럼 반대로 서경 180°는 12시간이 어떨까요? 예~!! 느립니다. 그러니까 동경 180°, 서경 180°는 +12시간, −12시간이 만나는 지점이 될 터이고, 결국 24시간 차이가 나는 곳입니다. 24시간 차이가 난다는 것은 날짜가 달라진다는 뜻이고요. 그래서 동경·서경 180°선을 날짜변경선이라고 부르는 거지요.

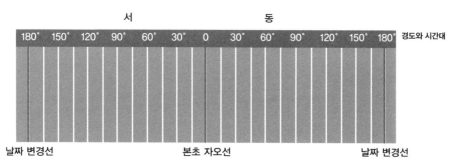

59

이제 우리나라의 경도와 시간을 살펴보겠습니다. 우리나라의 경도는 앞에서 말한 것처럼 동경 124~132°입니다. 국가의 시간은 국제 관례상 편의성을 위해 경도 15° 배수로 결정하여 정각 시간을 표준시로 삼습니다. 그렇지 않으면 다른 지역으로 이동하면서 시간을 변경할 때 분·초까지 바꿔야 하는 번거로움이 따르거든요. **각 지역의 시간을 결정하는 경선을 표준 경선이라고 하는데**, 본초자오선의 시간인 세계 표준시(G.M.T)를 기준으로 동경 15°마다 1시간 빨라지므로 우리나라 근처를 지나는 경선 중 정각 시간을 나타내는 경도는 동경 120°(8시간 빠름), 동경 135°(9시간 빠름)입니다. 하지만 둘 다 우리나라의 그 어디도 지나가지 않습니다. 동경 120°는 중국의 표준시를 나타내는 표준 경선이고, 동경 135°는 일본의 표준시를 나타낸 표준 경선입니다. 근대화 과정에서 우리나라는 양국과의 관계에 따라 변화를 겪다가 결국 동경 135°를 표준 경선으로 정했습니다. 그래서 **우리나라의 표준시는 세계표준시(G.M.T)보다 9시간이 빠릅니다.**

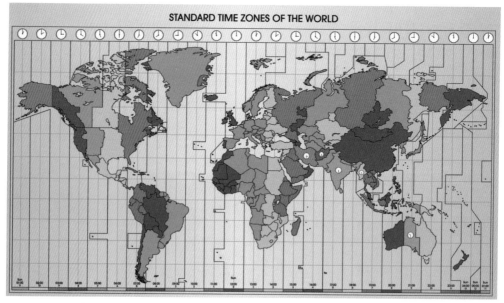

세계의 표준시

한 가지 재미있는 사실이 있는데요(재미있다고 말하기가…… 선생님은 그런데 여러분은 어떠세요?), 바로 우리나라에서 일본으로, 일본에서 우리나라로 이동할 때는 시간을 바꿀 필요가 없다는 것입니다. 시간을 정하는 표준 경선을 동경 135°로 같이 사용하기 때문이지요. 여러분이 잊지 말아야 할 중요한 점이 하나 더 있습니다. 바로 **우리나라는 자연의 시간과 시계의 시간이 일치하지 않는다는 사실**이죠. 자연의 시간은 태양이 남중하는 시간을 생각하면 됩니다. 태양이 남중하는 시간을 낮 12시 정오라고 하는데요. 실제 우리나라에서 시계가 낮 12시를 가리킬 때 태양이 남중할까요? 아닙니다. 왜냐면 우리가 표준시로 결정한 경선이 우리나라를 지나지 않고 우리나라보다 훨씬 동쪽에 있는 동경 135°를 사용하기 때문입니다. 우리나라 한가운데를 지나가는 경선은 동경 127.5°입니다. 현재 우리가 사용하는 표준시의 경선보다 7.5° 서쪽에 위치해 있죠. 우리가 사용하는 표준시가 세계표준시보다 9시간 빠르지만, 실제 우리나라 한가운데를 지나는 경선은 동경 120°와 135° 딱 중간 127.5°이므로 정확하게 말하면 8시간 30분이 빠른 것이죠. 그러니까 **우리나라에서 태양이 남중하는 시간, 즉 그림자의 길이가 가장 짧아지는 시간은 시계로 12시가 아니라 12시 30분**이라는 겁니다. 결국 우리나라는 자연의 시간보다 30분 빨리 살아가고 셈이네요.^^ 이해되시나요? 경도, 혹은 경선은 시간에만 영향을 미치지만 시간과 관련된 내용이 조금 복잡하니 잘 확인해두어야 하겠지요?

하나 더! 우리나라의 표준시는 세계표준시보다 9시간이 빠르다고 했지요? 그러면 우리나라의 표준시는 날짜변경선(동경 180°)과 시간이 얼마나 차이 날까요? 빠를까요, 느릴까요? 예~!! 우선 느리겠죠. 왜냐!! 우리나라 표준시는 세계표준시보다 9시간 빠르다고 했으니 동경 180° 날짜변경선은 우리보다 45° 동쪽에 위치하고 있어서 우리보다 3시간 빠르겠죠. 다시 말해 우리나라는 날짜변경선 동경 180°보다 3시간 느린 거지요. 그럼 하나 더 물어볼게요. 같은 날짜를 기준으로 우리나라보다 시간이 빠른 곳이 있다면 최대 몇 시간이나 빠를까요? 어려운 것 같지만 실은 바로 위에서 물었던 것, 즉 날짜변경선과 몇 시간 차이가 나는가와 같은 질문입니다. **같은 날짜에서 시간은 세계표준시를 기준으로는 12시간까지만 빠르고 12시간까지만 느립니다.** 바로 12시간 빠른 곳이 동경 180° 지점, 12시간 느린 곳은 서경 180° 지점입니다. 우리나라는 세계표준시에 비해 9시간 빠르고, 날짜변경선(동경 180°)에 비해 3시간 느리다고 했던 것 기억나지요? 그러니까 같은 날짜를 기준으로 했을 때 우리나라보다 시간이 빠른 지역이 있다면 그곳의 시각은 아무리 빨라도 3시간을 넘지 않는다는 뜻입니다. 다시 말해 한국 시간으로 7월 1일 13시라면 그곳은 7월 1일 16시인 것이지요. 그런데 한국 시간이 7월 1일 13시일 때 A지역의 시간이 19시라면, 어떻게 생각해야 할까요? 우리나라보다 6시간 빠르다는 건데요…… 위에서 설명한 대로 따라가봅시다. 일단 우리나라보다 최대 3시간 빠르다 했는데 A지역은 6시간이 빠르다고 하네요? 이상하지요? 예, 이런 지

시간 계산하기

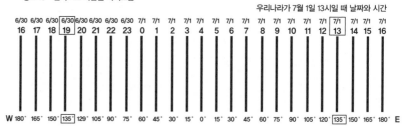

*경도 15° 간격으로 시간을 따져보면

우리나라가 7월 1일 13시일 때 날짜와 시간

우리나라는 135°E이므로 영국 GMT보다 9시간 빠름.

GMT보다 시간이 최대 빠른 곳은 180°E로 12시간 빠름. 그럼 우리나라는 180°E(날짜변경선)보다 3시간이 느린 것임. 다시 말하면 세계에서 우리나라보다 시간이 빠른 곳이 있다면 최대 3시간 빠를 수 있지만 그 이상은 존재할 수 없다는 것임.

예) 7월 1일 13시가 한국 시간(135°E)이라면 180°E는 7월 1일 16시임…….

그런데 어느 지역의 시계가 19시를 가리키고 있다면 절대 7월 1일 19시일 수 없음…….

왜냐하면 우리나라가 7월 1일 13시일 때 시간이 제일 빠른 180°E의 시간이 7월 1일 16시니까…….

위 표를 보면 19시를 가리키는 지역의 날짜는 6월 30일 19시인 것임.

우리나라가 7월 1일 13시이고 어느 지역의 시계 시간은 6월 30일 19시…….

총 18시간 차이가 남. 우리보다 시간이 느리니…… 이 지역은 135°W임.

역은 존재하지 않습니다. 결국 시간 계산하기 박스 내용을 통해서 A 지역 19시라는 것은 7월 1일이 아니라 6월 30일 19시라는 겁니다. 그리고 그 곳의 경도도 알 수 있죠.

마지막으로 **우리나라의 4극**에 대해 알아봅시다. 4극은 동서남북 각 끝에 있는 위치를 말하는 것으로 극동은 경북 독도(131°52′E), 극서는 평북 마안도(124°E), 극북은 함북 온성(43°N), 극남은 제주도 마라도(33°N)입니다. 동서지역은 해가 뜨고 지는 시각의 차이가 나타나고, 남북지역은 기온과 계절의 변화가 보입니다. 즉 극동지역이 극서지역보다 해가 먼저 뜨고 먼저 진다는 뜻이겠지요?

우리나라의 4극

그리고 극남지역은 극북지역에 비해 봄이 빨리 오고, 꽃이 먼저 피고, 장마전선의 영향을 먼저 받겠지요. 겨울은 늦게 오고요.

최남단 마라도

이제 **지리적 위치**를 살펴봅시다. 지리적 위치는 주변 자연환경 즉 대륙과 해양·반도·섬 등 지형지물로 표현하는 위치입니다. 우리나라는 유라시아 대륙 동안(東岸)에 위치해 있기 때문에 연교차가 큰 **대륙성 기후**가 나타나고, 대륙과 해양 사이에 위치하므로 **계절풍 기후**가 나타나지요. 사계절이 뚜렷한 기후와 냉온대 기후가 나타나는 원인과는 다르다는 것, 아시겠죠? 앞에서 언급했듯이 냉온대 기후가 나타나고 사계절이 뚜렷한 것은 우리나라가 북반구 중위도에 위치해 있기 때문에 나타나는 기후 특성입니다. 대륙성 기후나 계절풍 기후는 우리나라의 지리적 위치를 설명하는 특징입니다. 그리고 우리나라는 3면이 바다로 둘러싸인 반도국입니다. 이 같은 특성 덕분에 대륙과 해양 사이의 진출이 유리했고, 대륙의 문화를 수용하여 해양으로 전파하거나 해양의 문화를 수용하여 대륙으로 전파해주는 교량적 역할을 할 수 있었습니다. 또한 임해 공업 발달에 유리했을 뿐만 아니라 해외 무역·수산업(원양어업) 발달에도 유리했답니다. 공부할 때 이런 특성들이 나온다면 그것은 모두 지리적 위치를 설명하고 있다는 것, 기억하세요.

수리적 위치와 지리적 위치는 불변적(절대적) 위치라는 공통점을 가지고 있답니다. 경위도나 자연지물은 변하지 않기 때문이죠. 자연현상이 변하기는 하지만 사람의 시야나 시간의 흐름으로는 일일이 확인할 수 없는 특성이므로 우리는 이것을 변하지 않는 절대적 위치로 파악합니다.

마지막으로 **관계적 위치**입니다. 관계적 위치는 말 그대로 주변 국가와의 관계에 따라 달라지는 위치로 **가변적이고 상대적인 위치**입니다. 6·25 이후부터 1980년대 이전 우리나라는 자유주의 진영과 공산주의 진영이 첨예하게 대립하는 지역(전초적 위치)이었으나 현재는 아시아 태평양 시대의 중심 국가로 성장했어요. 우리나라는 6·25 전쟁 이후만

해도 원조를 받는 국가였지만 지금은 다른 나라를 원조하는 국가로 성장하게 되었습니다. 그리고 88올림픽과, 2002년 월드컵 개최, 2011년 OECD 정상회담 개최, 2018년 평창 동계 올림픽 개최 예정지 지목 등으로 국가의 위상이 높아지고 있어요. 이런 모습들이 모두 우리나라의 관계적 위치를 설명하고 있는 것입니다.

6 우리나라의 영역

이번 시간에는 우리가 살고 있는 국토에 대해 알아볼까 해요. 한 국가의 주권이 미치는 공간적 범위를 **영역**이라 하는데요, 여기엔 **영토**와 **영해**, **영공**이 있습니다. 허가 없이 남의 영역에 들어오는 것은 침략 행위나 다름없지요. 낯선 사람이 허락도 없이 우리 집에 들어오는 것과 마찬가지입니다. 영역을 조금 더 자세하게 살펴볼게요.

영역의 모식도

영역의 범위(좌)
우리나라 해남 땅끝마을 위성사진(우)

영토는 한 국가의 주권이 미치는 땅을 의미합니다. 우리나라의 영토는 한반도와 2,000여 개의 섬으로 구성되어 있습니다. 면적은 약 22만km^2입니다(남한 면적은 약 10만km^2, 북한 면적은 약 12만km^2).

66

영해는 한 국가의 주권이 미치는 바다(해역)를 의미합니다. 일반적으로 **해안선을 기준으로 12해리를 설정**하지요. 이때 해안선은 바닷물이 빠져나가 물의 높이가 가장 낮을 때의 해안선을 의미합니다. 이를 전문용어로 **최저 조위선**이라고 해요. 이와 같이 해안선을 기준으로 영해를 설정하는 것은 매우 일반적이고 통상적인 방법인데요, **해안선이 영해 설정의 기준이 될 때** 이를 **통상기선**이라고 부릅니다. 통상기선은 영어로 'normal base line'으로 표현하는데, 말 그대로 일반적(통상적)인 기준선이라는 뜻이지요. 따라서 "해안선에서 혹은 해안선 기준으로 12해리 영해를 설정했다"는 것은 "통상기선으로부터 12해리 영해를 설정했다"와 같은 뜻입니다. 우리나라에서는 동해안·제주도·울릉도·독도의 영해가 이런 방법으로 설정되었습니다.

하지만 서해안이나 남해안처럼 해안선이 복잡하고 섬이 많은 바다에서는 해안선을 기준으로 영해를 설정하는 데 무리가 따릅니다. 이런 경우에는 영해를 어떻게 설정할까요? 방법이 있답니다. 이처럼 해안선이 복잡하고 섬이 많은 바다의 경우에는 가장 바깥쪽에 있는 섬을 찾아 연결하여 선을 그린답니다. 그런 다음 이 선을 기준으로 12해리를 설정하지요. 이렇듯 **최외곽의 섬을 연결한 선을 기준**으로 삼은 것이 **직선기선**입니다. 영어로는 'straight base line'이라고 표현하고요.

우리나라 영해

"서해안과 남해안은 직선기선으로부터 12해리 영해를 설정했다"고 보면 되어요. 통상기선을 적용한 영해에서는 '해안선(영해 기준선:통상기선)-영해선' 두 개의 선을 볼 수 있지만, 직선기선을 적용한 영해는 '해안선-최외곽 섬을 연결한 선(영해 기준선:직선기선)-영해선'과 같은

TIP

영해에 관한 문제 중 "서해안이나 남해안에 간척사업을 실시하면 영해 면적이 어떻게 될까?" 하는 게 종종 나온다. 답은 "변화 없음"이다. 서해안과 남해안의 영해 기준은 해안선이 아니라 최외곽 섬을 연결한 선이기 때문에 간척사업을 해도 기준선에는 변화가 없다. 그러므로 영해 면적에는 변화가 없는 것이다. 하지만 내수 면적은 감소하고 영토 면적은 늘어난다. 기억 필수!

＊
남동해안 : 남해안의 동쪽을 말한다. 마찬가지로 서남해안은 서해안의 남쪽, 동남해안이라고 하면 동해안의 남쪽을 의미한다.

TIP

1. "우리나라의 모든 영해는 영해기선(영해기준선의 줄인 말)으로부터 12해리까지 설정되어 있다." (×)
2. "영해는 일반적으로 영해기선에서 12해리까지 설정한다." (○)

세 개의 선을 볼 수 있어요. 직선기선을 적용하여 영해를 설정한 수역에서는 **해안선과 직선기선 사이의 수역**이 존재합니다. 이 수역은 영해가 아닙니다. 왜냐하면 영해는 영해 기준선 바깥쪽 12해리이기 때문입니다. 그럼 이 수역은 무엇일까요? 바로 **내수(內水)**입니다. 우리나라에서는 서해안과 남해안에는 내수가 존재하지만 통상 기선을 적용한 해역에서는 내수가 존재하지 않습니다.

하나 더! 영해는 기준선에서―통상기선이든 직선기선이든― 12해리를 설정하는 것이 일반적입니다. 하지만 두 국가 사이에 바다의 폭이 좁아 서로 기준선에서 12해리를 설정할 수 없는 경우도 있겠지요? 그럴 때에는 양쪽 국가가 협의하여 영해를 설정합니다. 우리나라에도 그런 부분이 존재하는데요. 바로 우리나라 남동해안*에 위치한 대한해협입니다. 대한해협, 많이 들어보셨지요? **대한해협**은 우리나라와 일본 사이 좁은 해역인 탓에 영해 기준선에서 12해리가 아니라 3해리까지만 영해로 설정했답니다. 그럼 대한해협은 통상기선을 적용할까요, 직선기선을 적용할까요? 그렇죠. 남해안에 해당하는 바다이므로 직선기선으로부터 3해리를 적용합니다.

영해는 **무해통항권(無害通航權)**을 인정합니다. 선생님이 이번 강의를 시작할 때 말씀드렸다시피 영토와 영해와 영공은 허가 없이 들어오거나 통행할 수 없어요. 그런데 국제 무역이 일반화되면서 선박이 주요 교통수단으로 이용되고, 국제 교통에 바다라는 공간이 매우 중요하게 되었지요. 결국 바다를 원활하게 이용할 수 있도록 무해통항권을 부여하게 되었고요. 무해통항권은 영해에서만 적용되는데요 이는 **외국의 상선이나 여객선 등에게 연안국의 질서와 평화 혹은 안전에 해를 끼치지 않으면 영해를 허가 없이 지나갈 수 있도록 권리를 준 것입니다.** 지나가는 선박은 "우리 지나갑니다"라고 반드시 통보해야 하지만 우리가 이를 거부할 수는 없습니다(단, 북한의 선박과 군함의 경우에는 무해통항권이 인정되지 않습니다). 만일 지나가는 데 그치지 않고 정박하려 한다면 사전에 별도의 허가를 받아야 합니다. 또한 어선의 경우 고기를 잡는 행위를 해서도 안 되고, 잠수함의 경우엔 물 위로 올라와서 국기를 게양하고 지나가야 합니다.

영공은 한 국가의 주권이 미치는 하늘을 뜻합니다. 영공은 일반적으로 영토와 영해의 하늘을 포함하지요. 우리나라처럼 영토와 영해가 모두 존재하는 경우 영공의 면적이 가장 넓답니다. 하지만 스위스처럼 주변이 다른 국가들로 둘러싸인 경우엔 영해가 존재하지 않아서 영토의 면적과 영공의 면적이 같습니다. 고도의 한계는 대기권까지고요.

자, 이제부터 선생님은 영해에 관한 이야기를 좀 더 해볼 생각입니다. 영토·영해·영공 중 출제 빈도가 가장 높은 것이 영해 부분이기도 하거니와 가장 많은 이야기가 담겨 있으니까요.

바다에는 영해와 비슷하면서도 다른 공간이 있는데요, 이것이 바로 **배타적 경제 수역**(EEZ-Exclusive Economic Zone)입니다. 배타적 경제 수역이란 기본적으로 공해*라서 어떤 나라에도 속해 있지 않지만, 자원 채취 및 제한적인 사안에 한해 연안국에게 영해 이외의 일정 바다 공간에 대한 경제적인 주권을 인정해준 수역을 이릅니다. 바다 공간이 교통로로 그리고 자원으로 중요해지면서 바다에 대한 이용 문제가 불거지고 더불어 관리·보호가 필요해지자 마침내 연안국들에게 권리와 의무를 부여하게 된 것이지요. 배타적 경제 수역은 **영해기선에서 200해리까지**인데요, **연안국**은 해양 자원의 탐사·개발·이용에 대한 **경제적 주권**을 지니고 해양 자원을 보호하고 관리해야 합니다. **타국의 선박은 허가 없이 자유로운 통항이 가능**합니다. 그리고 **국가 간 광케이블이나 해저케이블이 지나가는 데도 아무런 제약이 없습니다.** 하지만 타국 선박이 허가 없이 어로 행위를 한다거나 탐사 활동을 할 수

*
공해 : 말 그대로 '공공의 바다'이다. 일반적으로 영해를 제외한 바다가 공해이지만, 공해이면서도 이용에 제한이 있는 바다 공간이 있는데 그곳이 바로 배타적 경제 수역이다. 배타적 경제 수역은 바다의 경제적 주권만 연안국에 인정해주는 공해이다. 개념 이해 필수!!

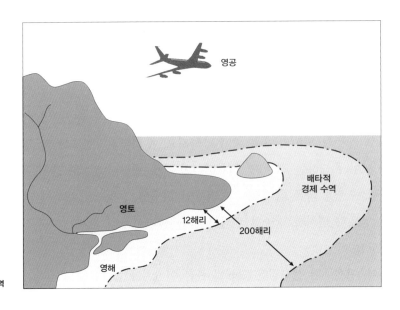

영공

배타적
경제 수역

영토

12해리

200해리

영해

배타적 경제 수역

는 없습니다.

배타적 경제 수역이 영해기선에서 200해리까지이므로 "영해가 배타적 경제 수역 안에 포함된 건가?" 하고 생각할 수도 있겠지만 그렇지 않습니다. 영해는 영해기선에서 12해리까지이고, 배타적 경제 수역은 그 범위가 영해기선에서 200해리까지이지만 정확히 말하면 영해를 제외한 188해리입니다(영해선에서 188해리까지가 배타적 경제 수역입니다). 배타적 경제 수역의 상공은 모두 이용할 수 있는 공간이므로 타국 항공기나 헬기 등도 자유롭게 이동할 수 있지요.

우리나라의 바다를 살펴봅시다. 서해에는 우리나라와 중국이, 동해에는 우리나라와 일본이 위치해 있어요. 그런데 우리나라와 중국 사이에는 좁게는 80해리, 넓게는 350해리의 공간이 있고, 우리나라와 일본 사이에는 좁게는 24해리, 넓게는 450해리의 공간이 있습니다. 중국과 우리나라, 일본과 우리나라의 경우 두 나라 사이에 있는 바다 공간이 400해리가 채 되지 않는 곳이 있어서 배타적 경제 수역 설정시 중복되는 공간이 생겼고, 결국 국가 간 협정을 통해 이를 해결하게 되었습니다. 서해에는 우리나라와 중국 각국의 배타적 경제 수역이 있고 그 사이 중복 구간에는 잠정 조치 수역이 설정되어 있습니다. 그리고 동해에는 우리나라와 일본 각국의 배타적 경제 수역이 있고 그 사이에 중간 수역이 설정되어 있지요. **한중 간 잠정 조치 수역과 한일 간 중간 수역은 지칭하는 이름만 다를 뿐 그 특징은 거의 유사합니다.** 두 공간 모두 한중, 한일 양국 간 공동 사용이 가능합니다. 잠정 조치 수

우리나라의 영해와
한·중·일 어업 수역도

역과 중간 수역은 한중·한일 양국을 제외한 타국 선박들도 통항할 수는 있지만 경제적 활동은 아무것도 할 수 없습니다. **잠정 조치 수역은 한중 간, 중간 수역은 한일 간 공동 사용하는 경제적 배타 수역이라고** 생각하면 됩니다.

그런데 한일 간의 중간 수역은 참 많은 문제를 가지고 있는 곳입니다. 독도 영유권 문제와 관련이 깊은 곳이기 때문이지요. 독도는 우리나라와 일본이 1999년 신(新)한일 어업 협정을 새로 체결하면서 한일 간 공동 수역인 중간 수역 안에 포함되었어요. 여기서 오해하면 안 되는 점이 있어요! 독도는 해안선 기준 12해리까지는 영해이고, 영해 바깥쪽의 바다는 중간 수역에 포함되었다는 점입니다. **독도에도 해안선을 기준으로 12해리까지의 영해가 있다**는 것, 꼭 기억하세요. 다시 돌

아와서 우리나라의 국토 공간인 독도가 한국의 배타적 경제 수역이 아닌 중간 수역에 포함되면서 이때부터 일본은 독도 영유권을 더욱 강하게 주장하게 됩니다. 독도가 한일 중간 수역 안에 포함되면서 독도 영유권 분쟁의 빌미를 제공하고 말았던 것이죠.

우리나라 **울릉도 북동쪽에는 대화퇴(大和堆) 어장**이 있습니다. 해저 지형인 해퇴(뱅크)가 발달되어 있는 수심 300~500m 사이의 동해 최대 황금 어장입니다. 그런데 대화퇴 어장이 신한일 어업협정 이후 절반 정도 일본의 배타적 경제 수역에, 남은 절반은 중간 수역에 포함되고 말았습니다. 결국 일본은 대화퇴 어장의 3/4을, 우리나라는 1/4을 사용하게 되었습니다. 그 전까지는 공해로 주로 우리나라와 일본이 자유롭게 사용할 수 있었으나 신한일 어업협정 후 우리나라는 대화퇴 어장의 면적을 1/2 이상 상실하고 말았습니다.

강의를 마무리할 시점인데요, 독도 이야기를 마저 하고 싶어요. 독도는 우리나라 최동단에 있는 곳으로 동경 131°52′, 해가 가장 먼저 뜨고 지는 곳이었죠? 한반도와 멀리 떨어져 있고 급경사 화산섬이어서 사람이 살기 매우 어려운 지역이죠. 그런데 왜 이 지역을 두고 우리나라와 일본 사이에 영유권 분쟁이 벌어진 걸까요? 도대체 뭐가 있기에……. 바로 **독도의 해저 깊은 곳에 고체 천연가스인 하이드레이트가 있기 때문입니다.** 하이드레이트는 고체 천연 가스로 불을 붙이면 석탄처럼 활활 탑니다. 지하자원이 매우 부족한 우리나라나 일본 입장에서는 해저에 대량으로 매장된 하이드레이트를 무

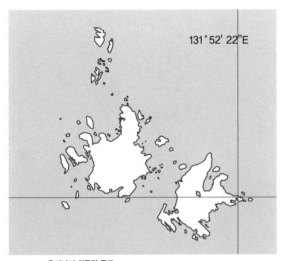

우리나라 최동단 독도

독도

시할 수 없지요. 또 독도 주변 수역은 한류와 난류가 만나는 조경 수역으로 **황금어장**입니다. 결국 수산자원도 무시할 수 없는 매력이 되었겠죠? 게다가 훼손이 덜 되어 천연 자연이 잘 보존되어 있는 **천연 보호구역**이기도 하고요.

마지막으로 우리나라의 영토였으나 구한말 중국의 영토가 되어버린 간도*를 알아보고 마무리하겠습니다. 간도는 일반적으로 백두산의 북쪽 만주 지방을 의미합니다. 이곳은 부여·고구려·발해의 영토였고, 현재 이곳의 옌볜 조선족 자치주는 중국 최대의 조선족 집거지이기도 합니다. 여러분도 '연변'이라는 지명을 많이 들어보았을 텐데요, 간도 '옌볜 조선 자치주'의 옌볜이 바로 우리가 알고 있는 연변입니다. 간도는 비가 적게 오는 소우지(연평균 강수량 500~700mm)이지만 **산지가 많아 하천의 유량이 풍부**하고, 주민은 **농업과 목축업**

*
간도 : 서간도와 북간도(동간도)로 구분되는데 보통 간도라 하면 북간도를 이른다.
간도의 역사 : 간도는 원래 읍루와 옥저의 땅이었다가 후에 고구려와 발해의 영토가 되었다. 고려와 조선 초기에는 수렵과 유목에 종사했던 여진족이 조선에 조공을 바치며 거주했다. 1677년 청나라는 압록강·두만강 이북의 창바이 산 지구를 포함한 500㎞까지를 청의 발상지로 삼아 기타 민족의 거주를 엄금한 봉금령(封禁令)을 내려 200여 년간 지속했다. 그러나 1864년을 전후한 철종 말에서 고종 초가 1869년 대흉년 때 세도 정치의 수탈과 학정에 견디지 못한 농민과 굶주린 백성들이 압록강과 두만강을 건너 간도로 들어갔다. 1883년 어윤중이 북선 6진을 시찰할 때 월강 봉금령이 폐지되어 조선인들은 압록강 중상류와 두만강 중하류에 합법적으로 이주하게 되었다. 일제 강점기에는 토지를 탈취당한 농민과 항일 운동가 및 일제의 대륙 침략에 의한 강제 이주자 등으로 간도 이주민들이 대폭 증가했다.
(자료 출처 : 위키백과)

간도의 위치와 범위

73

을 주로 합니다. **임업도 발달했지요.** 동북아시아의 성장에 힘입어 간도 일대가 전략적 중심지로 각광 받게 되면서 **인근 국가와의 교류에서도 지리적 중심을 차지하는 요새**가 되었습니다.

국경선, 지역 경계선, 지명…… 어떻게 만들어졌나?

국경선은 17~18세기 근대 주권 국가가 형성되면서 호수나 하천, 산맥 등 자연지물을 중심으로 설정되었다. 하지만 근대화되기 이전에는 경계가 명확하지 않았는데 그 이유는 크고 작은 전쟁을 통해 서로 영토를 뺏고 빼앗기는 시기였기 때문이다. 우리나라 삼국시대·통일신라시대·고려시대·조선시대에도 국가 간 국경선, 혹은 북쪽의 국경선은 전쟁과 주민 거주에 따라 달라졌다. 쉬운 예로 조선 세종 때 여진족과 맞닿아 있던 북부 일대를 수호하기 위해 4군6진을 설치하면서 군대와 민간인을 함께 이주시켰다.

우리나라 지역 경계는 자연 지물을 기준으로 한 전통적 지역 구분이 있다. 강원도 고산과 회양 일대 철령이라는 고개가 있는데 철령은 교통 요지라 관문이 설치되어 있었다. 그래서 철령과 관문을 합쳐 철령관이라 부르는데 철령관을 기준으로 북쪽을 관북(함경남북도), 서쪽을 관서(평안남북도), 동쪽을 관동(강원도)으로 구분한다. 그리고 한양 즉 왕도를 둘러싸고 있는 곳을 경기, 한양 또는 경기를 기준으로 바다 건너 서쪽에 있는 지역을 해서(황해도)라 불렀다. 지금의 금강은 호강이라 하였는데 호강 상류의 서쪽은 호서(충청남북도), 남쪽은 호남(전라남북도)로 구분했다. 그런데 호남과 호서의 기준을 의림지라 불리는 호수로 보기도 한다. 영남은 조령 즉 문경새재의 남쪽에 있다 하여 붙여진 이름이다.

조선시대에 이르면 지금 우리가 알고 있는 8도의 지명이 나온다. 우리가 알고 있는 각 도들의 이름은 대부분 조선시대 이전 유명했거나 행정 중심지였던 도시의 이름에서 유래되었다. 경기는 '경'이 왕도를 의미하는 한자이고, '기'는 왕도의 외곽지역을 의미한다. 그래서 한양을 둘러싸고 있는 지역을 경기라고 부르게 된 것이다. 강원은 신라, 고려, 조선시대까지 이어오는 대표 도시인 강릉과 원주에서 따온 이름이다. 충청은 고려시대 번성한 도시 충주와 청주에서, 경상도는 경주(신라, 통일신라의 수도이자 고려시대 큰 도시)와 상주(고려시대 큰 도시)에서, 전라도는 고려시대 큰 도시인 전주와 나주에서 유래된 이름이다. 함경도는 함흥과 경성, 평안도는 평양과 안주, 황해도는 황주와 해주에서 유래된 것이다.

1. 인간과 자연의 관계

① 환경 결정론(인간 〈 자연)

② 환경 가능론(인간 〉 자연)

③ 생태학적 관점(인간 = 자연)

④ 문화 결정론(인간 〈 문화)

2. 풍수지리 사상

– 환경 결정론, 대지모 사상, 음양오행설, 도읍지·촌락 입지 선정에 영향, 배산임수(명당)

3. 고지리지

① 조선 전기 : 관찬 지리지, 백과사전식·나열식 기술

　　　　　　　국가 통치 목적으로 제작

　　　　　　　세종실록지리지, 동국여지승람, 신증동국여지승람 등

② 조선 후기 : 사찬 지리지, 저자의 주관적 관점 개입

　　　　　　　지식 보급·실생활 이용 목적으로 제작

　　　　　　　택리지(이중환)

③ 택리지(이중환) : 가거지(사람이 살기 좋은 땅으로 명당 의미) 제시

　　　　　　　　가거지 조건– 지리(풍수지리), 생리(경제환경),

　　　　　　　　　　　　　　　인심(인문환경), 산수(자연환경)

4. 고지도

① 혼일강리역대국도지도

　: 동양 최고(最古) 세계지도, 조선 전기, 국가에서 제작, 중화사상

　　구대륙 포함(아시아, 아프리카, 유럽), 신대륙 인식 못함(신대륙 발견 이전 제작)

② 천하도

: 상상의 세계 지도, 조선 중기, 민간에서 제작, 중화사상, 도교사상

③ 대동여지도

: 조선 후기, 김정호가 청구도를 바탕으로 제작, 축척 약 1:160,000~1:216,000

　편찬도, 실학사상

　(특징) 목판본, 분첩절첩식, 거리 측정 가능(10리마다 방점 찍음)

　　　　기호 사용(지도표), 토지 이용 확인×

　　　　고도 측정×(등고선×, 산줄기는 선의 굵기로 표현)

　　　　수운 이용 유무로 하천 구분(수운○-두 줄, 수운×-한 줄)

5. 지역 구분

① 등질(동질) 지역 : 유사한(동일한) 특징이 나타나는 지역

② 기능(결절) 지역 : 특정 기능이 미치는 공간적 범위

③ 점이지대 : 인접한 지역의 특징이 함께 나타나는 지역

6. 지리 정보의 종류

① 공간 정보 : 위치나 형태를 알려주는 정보

② 속성 정보 : 지역의 특성을 나타내는 정보

③ 관계 정보 : 주변 지역과 관계를 보여주는 정보

7. 전통적 지리 조사 순서

① 조사 주제 및 지역 선정

② 실내(문헌) 조사 : 야외 조사의 사전 준비 단계

③ 야외(현지) 조사 : 조사 지역을 직접 방문하여 조사

④ 자료 분석 및 정리 : 자료를 지도화·도표화함

⑤ 결론 및 보고서 작성

8. 지도 읽기

① 축척 : 실제 지표면을 지도에 표현하기 위해 줄인 비율

　　　　지도상의 거리/실제 거리

② 등고선 : 평균해수면을 기준으로 고도가 같은 지점을 연결한 선(폐곡선)

　　　　　축척에 따라 계곡선·주곡선의 간격이 다름

　　　　　완경사(등고선 간격 넓음), 급경사(등고선 간격 좁음)

　　　　　계곡(등고선이 고도가 높은(산정상) 쪽으로 구부러짐)

　　　　　능선(등고선이 고도가 낮은 쪽으로 구부러짐)

9. 통계지도

① 점묘도 : 통계치를 점으로 표현(통계치의 분포 파악에 유리)

② 등치선도 : 같은 통계치를 선으로 연결하여 표현

③ 단계구분도 : 통계치를 단계별로 구분

　　　　　　해당 단계마다 색이나 패턴으로 시각화하여 표현

　　　　　　(통계치가 밀도나 비율 표현에 유리)

④ 도형표현도 : 통계치를 도형으로 표현한 지역의 여러 통계치 비교 가능

⑤ 유선도 : 통계치의 이동량과 이동 방향을 선의 굵기와 화살표 방향으로 표현

10. 우리나라의 위치

① 수리적 위치

　: 경위도로 표현되는 위치

　　우리나라 33~43°N, 124~132°E

　　(극동 - 경북 독도, 극서 - 평남 마안도, 극남 - 제주 마라도, 극북 - 함북 온성)

　　위도 - 북반구 중위도에 위치, 냉·온대 기후, 4계절 뚜렷

　　경도 - 세계표준시(G.M.T-영국)보다 9시간 빠름(우리나라 표준경선 135°E)

② 지리적 위치

: 지형지물로 표현되는 위치

　유라시아 대륙 동쪽에 위치 – 대륙성 기후 분포

　대륙과 해양 사이에 위치 – 계절풍 기후 분포

　반도적 위치 – 대륙과 해양 사이 교량 역할, 임해 공업·수산업·원양어업 발달

③ 관계적 위치

: 주변 국가들과의 관계로 표현되는 위치

　광복 이후 6·25 전쟁으로 원조를 받는 나라에서 원조를 주는 나라로 성장

　동북아 시대 중심 국가로 성장

④ 수리적·지리적 위치는 불변적·절대적 위치지만, 관계적 위치는 가변적·상대적 위치

11. 우리나라 영역

① 영토 : 한반도와 부속 섬 (면적 약 22만 km^2)

② 영해 : 통상 기선(최저조위선일 때 해안선 기준)+12해리

　　　　　 – 동해안, 제주도, 울릉도, 독도

　　　　 직선 기선(최외곽 섬 연결한 선 기준)+12해리 – 서해안, 동해안

　　　 * 대한해협 – 직선기선 + 3해리

　　　　 무해통항권 – 연안국의 평화와 질서에 영향을 끼치지 않는 외국 선박에

　　　　　　　　　　　　 대해 허가 없이 통항할 수 있는 권리

③ 영공 : 영토의 영공 + 영해의 영공

④ 배타적 경제 수역(EEZ)

: 영해 기선 + 200해리(영해 제외, 영해선 + 188해리)

　연안국에게 경제적 주권만 인정, 제3국 선박의 통항 제한×

　우리나라 주변 수역은 중국, 일본과 가까워 배타적 경제 수역 설정이 어려움

　한·중 잠정조치수역, 한·일 중간수역 – 공동 어업 수역 설정

1. 그림과 같은 우리나라 전통지리 사상에 대한 설명으로 옳지 <u>않은</u> 것은?

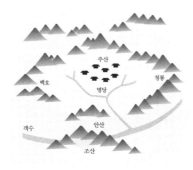

① 배산임수 입지를 중요시 한다.

② 환경 결정론적 입장을 취하고 있다.

③ 대지모 사상과 음양오행설이 기초가 되었다.

④ 하천 교통이 발달한 지역을 명당으로 여겼다.

⑤ 조선 시대 수도인 한양도 이 사상의 영향을 받았다.

* 정답: ④

제시된 그림은 풍수지리 사상의 명당도입니다. 풍수지리 사상은 자연의 뜻을 파악하여 좋은 터전을 찾고자 하는 사상으로 환경 결정론이 주를 이룹니다. 풍수지리 사상은 대지모 사상과 음양오행설을 기초로 하며 도읍지, 취락 입지 및 묘 자리 선정 등에 영향을 주었습니다. 풍수지리 사상의 명당은 배산임수에 해당하는 곳으로 뒤에 있는 산은 차가운 겨울바람을 막아주고 땔감을 공급해주고, 앞에 있는 물은 농업·생활 용수를 공급하는 역할을 합니다.

④ 배산임수 입지의 하천은 하천 교통과는 관련 없습니다.

2. 지도에 대한 설명으로 옳은 것은?

① 중화사상과 도교사상이 담겨 있다.

② 축척 개념을 사용하여 제작하였다.

③ 조선 전기에 민간에서 제작된 지도이다.

④ 현존하는 동양 최고(最古)의 세계지도이다.

⑤ 오세아니아와 아프리카 대륙이 수록되어 있다.

* 정답 : ④

지도는 혼일강리역대국도지도로 조선 전기(1402년) 국가에서 제작된 세계지도입니다. 현존하는 동양 최고(最高)의 세계지도로, 중화사상이 담겨 있습니다. 그리고 신대륙 발견 이전에 제작된 지도여서 구대륙은 그 위치까지 인식하고 있으나 신대륙은 인식하지 못하여 아메리카 대륙과 오세아니아 대륙이 수록되어 있지 않습니다.

① 도교 사상은 천하도에 담겨 있습니다.

② 축척 개념은 조선 후기 정상기의 동국지도에서 처음 사용됩니다.

③ 조선 전기에 제작한 것은 맞으나 민간이 아닌 국가 주도로 제작됩니다.

⑤ 신대륙인 오세아니아는 수록되어 있지 않습니다.

3. 지도의 A~E에 대한 설명으로 옳은 것은?

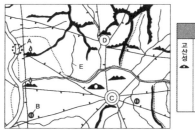

① A 하천은 배가 다닐 수 없다.

② B는 곡물을 저장하는 시설이다.

③ C는 이 지역에서 가장 큰 중심지이다.

④ C-D 사이의 거리는 약 30리(里)이다.

⑤ E 하천은 남쪽에서 북쪽으로 흐른다.

* 정답 : ③

제시된 지도는 대동여지도의 일부입니다. A와 E는 하천이지만 A는 두 줄로, E는 한 줄로 표현되어 있는데 A는 배가 다닐 수 있고, E는 배가 다닐 수 없는 하천을 의미합니다. B는 역참으로 관리들이 공공 업무를 수행하기 위하여 설치된 육상 교통 기관입니다. C는 성이 있는 읍치로 읍치는 고을 수령이 공무를 보는 관아가 있는 곳입니다. 읍치가 있는 곳은 지방 고을의 중심지로 성으로 둘러싸인 읍치가 그렇지 않은 읍치보다 더 큰 중심에 해당합니다. C-D 사이의 거리는 약 20리입니다.

⑤ E 하천의 북쪽은 산줄기 쪽에 해당하고 남쪽은 배가 다닐 수 있는 하천과 만납니다. E 하천이 남쪽에서 북쪽으로 흐르면 북쪽에서 끊어집니다. 하천은 흘러 다른 하천과 만나고 바다로 유입될 때까지 끊어짐이 없으므로 E 하천은 북쪽에서 남쪽으로 흐릅니다.

4. 우리나라 위치에 대한 설명이다. 자료에 나타난 위치 개념을 적용하여 우리나라의 특성을 바르게 설명한 것은?

> 우리나라는 유라시아 대륙과 태평양의 영향으로 대륙과 해양의 비열 차에 의해 계절에 따라 기압 배치가 달라진다. 겨울에는 시베리아 대륙에 고기압이 발달하고, 북태평양에 저기압이 발달하여 시베리아 대륙에서 우리나라 쪽으로 한랭 건조한 북서 계절풍이 불어온다. 반대로 여름에는 북태평양에 고기압이 발달하고 한반도 북쪽 대륙에 저기압이 발달하여 북태평양에서 고온 다습한 남동 및 남서 계절풍이 불어온다.

① 우리나라는 냉·온대 기후가 나타난다.

② 우리나라 표준시는 G.M.T보다 9시간 빠르다.

③ 우리나라와 오스트레일리아는 계절이 반대이다.

④ 우리나라는 연교차가 큰 대륙성 기후가 나타난다.

⑤ 우리나라는 동북아시아 중심 국가로 성장하고 있다.

* 정답 : ④

자료를 통해 우리나라가 대륙과 해양 사이에 위치해 있어 계절풍이 분다는 것을 알 수 있습니다. 이는 우리나라의 지리적 위치를 설명하고 있는 것입니다.

① 북반구 중위도에 위치해 있어 냉·온대 기후가 나타나므로 이는 수리적 위치에 해당합니다.

② 우리나라 표준시가 G.M.T보다 9시간 빠른 것은 경도의 영향으로 이는 수리적 위치에 해당합니다.

③ 북반구의 우리나라와 남반구의 오스트레일리아는 계절이 반대인데 이것은 위도의 영향으로 수리적 위치에 해당합니다.

⑤ 우리나라가 동북아시아 중심 국가로 성장하고 있는 것은 우리나라의 위상 변화를 나타내는 것으로 관계적 위치에 해당합니다.

5. 지훈이가 오스트레일리아에 대해 조사한 자료이다. 이를 통계지도로 표현하고자 할 때 가장 알맞은 것을 고르면?

> 오스트레일리아는 세계 제일의 양모 생산국이자 수출국이고 세계 최대 소고기 수출국의 하나로 유제품은 세계 3위 수출국이다.
> (…… 중략 ……)
> 오스트레일리아의 양과 소의 분포는 강수량에 따라 다르게 나타난다고 한다. 목우는 습윤지대에서, 목양은 건조지대에서 이루어지는데, 강수량 250~500mm 지역에는 주로 양이, 강수량이 그 이상 되는 지역에는 주로 소가 분포한다.

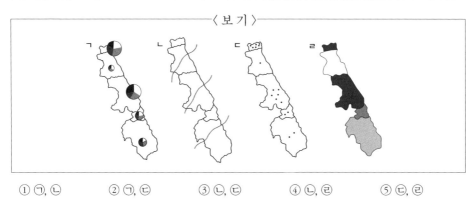

〈 보 기 〉

① ㄱ, ㄴ   ② ㄱ, ㄷ   ③ ㄴ, ㄷ   ④ ㄴ, ㄹ   ⑤ ㄷ, ㄹ

* 정답 : ③

자료는 오스트레일리아의 양과 소 사육 지역에 대한 설명입니다. 양과 소가 강수량에 따라 분포 지역이 다르다는 것을 통해 지역별 강수량이 같은 지점을 연결한 등치선도가 필요하고, 양과 소의 분포를 파악하기 위해서는 점묘도가 필요합니다.
ㄱ은 단계구분도, ㄹ은 도형표현도입니다.

6. (가), (나) 지역에 대한 옳은 설명만을 〈보기〉에서 있는 대로 고른 것은?

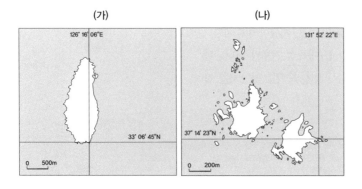

(가)   (나)

<〈 보 기 〉>

ㄱ. 개화 시기는 (가) 지역이 (나) 지역보다 빠르다.

ㄴ. 일출 시간은 (나) 지역이 (가) 지역보다 이르다.

ㄷ. (가), (나) 지역 모두 화산 활동에 의해 형성되었다.

ㄹ. (가), (나) 지역의 영해 서로 다른 방법으로 설정되었다.

① ㄱ, ㄴ　　　② ㄱ, ㄷ　　　③ ㄷ, ㄹ　　　④ ㄱ, ㄴ, ㄷ　　　⑤ ㄱ, ㄷ, ㄹ

* 정답 : ④

(가)는 위도 33°N에 위치한 우리나라 최남단 마라도이고, (나)는 경도 131°52'E에 위치한 우리나라 최동단 독도입니다.(1'는 60'입니다. 그럼 52'은 거의 60'에 가까우니, 약 1°라고 생각하면 132°가 됩니다. 1'은 1분으로 읽는 거 아시죠?) (가)가 (나)보다 위도가 낮으니 개화시기가 빠르고, (나)는 (가)보다 동쪽에 위치해 있으니 일출 시간이 이릅니다. (가)와 (나) 모두 신생대 화산 활동에 의해 형성된 화산섬입니다.
　ㄹ (가), (나) 모두 통상기선이 영해 기선으로 영해 설정 방법이 같습니다.

7. 우리나라 주변 수역에 대한 자료이다. 이에 대한 설명으로 옳은 것을 〈보기〉에서 고르면?

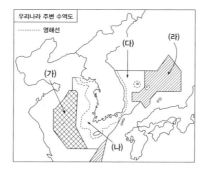

<〈 보 기 〉>

ㄱ. (가)는 한국과 중국의 어선이 고기를 잡을 수 있다.

ㄴ. 우리나라의 (나)는 기선에서 모두 12해리까지 설정되어 있다.

ㄷ. 러시아의 여객선은 (다) 수역을 허가 없이 지나갈 수 있다.

ㄹ. (라)는 한국의 EEZ로 타국이 자원개발이나 탐사활동을 할 수 없다.

① ㄱ, ㄴ　　　② ㄱ, ㄷ　　　③ ㄴ, ㄷ　　　④ ㄴ, ㄹ　　　⑤ ㄷ, ㄹ

* 정답 : ②

자료는 한·중·일 수역도로 (가)는 한·중 잠정조치수역, (나)는 내수를 포함한 한국의 영해, (다)는 우리나라 EEZ, (라)는 한·일 중간수역에 해당합니다.
　ㄴ. 우리나라의 영해 중 대한해협은 직선기선에서 3해리까지 범위입니다.
　ㄹ. (라)는 한·일 중간수역에 해당합니다.

지형 환경과 생태계

2강

1 ... 지형 형성 작용

＊
맨틀(mantle) : 지구에서는 지
각 바로 아래에 있으면서 외핵
을 둘러싸고 있는 두꺼운 암석층
을 이른다. 지표면으로부터 깊이
30~2,900킬로미터의 범위에 분
포하며, 지구 부피의 70% 가량을
차지한다.

우리가 살고 있는 지표면에는 바다도 있고 산도 있고 하천도 있어
요. 이처럼 **다양한 지표면의 형태를 지형(地形)**이라 하는데요. 지형을
공부할 때는 각 지형의 형성 원인과 과정, 형태(지도·사진), 분포 지역,
이용 등을 같이 확인해야 합니다.

먼저 지형을 형성하는 힘에 대해서 알아봅시다. 대표적인 것으로
지구 내부의 힘과 외부의 힘을 들 수 있어요. 지구 내부의 힘—일반
적으로 맨틀*의 대류의 힘—에 의해 지형이 만들어질 때 이를 내인적
작용에 따른 것이라고 말합니다.

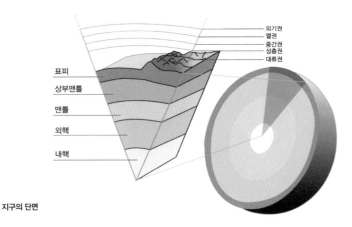

지구의 단면

내인적 작용의 종류*에는 조산운동(습곡, 단층), 조륙운동(융기, 침강), 화산활동 등이 있습니다. **내인적 작용의 영향을 받으면 대륙·해양·산맥 등의 대지형(大地形)이 형성되고, 지형의 기복이 심화됩니다.** 여기서 기복(起伏)은 한자로 일어날 기(起), 엎드릴 복(伏) 자를 쓰는데요, 지형의 높고 낮음의 차이를 말하는 것입니다. 그러니까 "지형 기복이 심화된다"는 것은 높고 낮음의 차이가 커진다는 뜻이겠지요. 세계에서 제일 높은 산인 에베레스트 산은 내인적 작용의 대표적인 결과물입니다. 에베레스트 산이 위치한 히말라야 산맥은 유라시아 대륙과 분리되어 남쪽에 위치한 인도 반도가 북쪽으로 이동하면서 그 사이에 있는 해저지형을 밀어 올리는 습곡작용을 일으켜 형성된 것이거든요. 화산활동으로 형성된 제주도 역시 내인적 작용에 의한 것이고요.

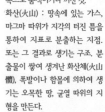

*
습곡(褶曲) : 지층이 물결 모양으로 주름이 지는 현상. 지각에 작용하는 횡압력으로 생기며 대체로 퇴적암에서 많이 나타난다.

단층(斷層) : 지각 변동으로 지층이 갈라져 어긋나는 현상. 또는 그런 지형.

융기(隆起) : 땅이 기준면에 대하여 상대적으로 높아진 지반을 이른다.

침강(沈降) : 지각의 일부가 아래쪽으로 움직이거나 꺼진 것.

화산(火山) : 땅속에 있는 가스, 마그마 따위가 지각의 터진 틈을 통하여 지표로 분출하는 지점. 또는 그 결과로 생기는 구조, 분출물이 쌓여 생겨난 화산체(火山體), 폭발이나 함몰에 의하여 생기는 오목한 땅, 균열 따위의 지형을 만든다.

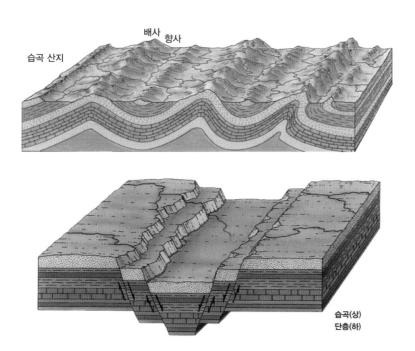

지형은 지구 외부의 힘(태양에너지 힘)에 의해서도 만들어지는데요, 이것을 외인적 작용에 의한 것이라고 합니다. 태양에너지는 지표면의 물을 증발시키고, 증발된 수증기가 모여서 구름을 형성하고, 구름은 또 비를 내리게 하고……. 어디 그 뿐인가요? 태양에너지 차이에 의해 지역별로는 기온의 차이가 발생하고, 기온의 차이는 다시 기압의 차이를 일으키며 이로 인해 바람의 방향이나 형성되는 지형도 달라집니다.

외인적 작용의 종류에는 **바람·유수 등에 의한 침식·운반·퇴적작용과 풍화작용**이 있어요. 침식작용과 풍화작용은 비슷하면서도 조금 다른데요, 침식은 깎인다고 생각하면 되고 풍화는 깨진다고 생각하면 됩니다. **물에 의해 바위의 일부가 깎이는 것은 침식**이지만, **바위의 일부가 깨져 자갈이나 모래가 되고 이것이 다시 토양이 되는 과정은 풍화**라고 보면 됩니다. 또 하나 다른 점은 침식작용엔 운반 과정이 동반되지만 풍화의 경우에는 그렇지 않다는 것입니다. 풍화작용은 다시 **물리적 풍화작용(기계적 풍화작용)과 화학적 풍화작용**으로 나누어지는데요. **물리적 풍화작용**은 그냥 크기만 작아지는 풍화작용입니다. 예를 들어볼게요. 화강암 바위에 균열이 생겼습니다. 비가 내리면 균열 사이로 물이 스밉니다. 화강암의 균열에 스며든 물은 기온의 변화 등 자연 조건에 따라 얼었다 녹았다를 반복하겠지요. 이런 과정을 반복하면서 시간이 흐르면 바위의 균열은 더 커지고 결국 바위가 쪼개질 수도 있겠지요? 그렇지만 한 개의 바위가 이런 과정으로 쪼개진다고 해도 화강암이란 특성은 변하지 않아요. 이것이 바로 물리적(기계적) 풍화작용입니다.

그렇다면 **화학적 풍화작용**은 뭘까요? 이것은 깨지면서 성질이 변하는 풍화작용입니다. 예를 들어볼게요. 우리가 주변에서 흔히 볼 수 있는 못을 떠올리세요. 못은 원래 진한 은색이 납니다. 철로 만든 것이니까요. 그런데 이 못을 기온과 습도가 높은 여름, 상온에 방치해두면 시간이 지나면서 녹이 습니다. 색도 빨갛게 변하고요. 아주 심하게 녹슨 못은 손으로 건드리면 부서집니다. 은색의 못은 철이지만, 녹슨 못은 산화철입니다. 화학식은 생략할게요(지리에서는 화학식이 중요한 게 아니니까 여러분이 찾아보세요^^). 철이 열과 습기에 의해 산화철이 되면서 깨져버린 것이지요. 정리해볼까요? 화학적 풍화작용은 쉽게 말해 깨지기 전에는 같은 성질이었으나 깨져 분리되면서 그 성질이 달라지는 것입니다. 구분되지요? **물리적 풍화작용은 건조한 지역이나 추운 지역에서, 화학적 풍화작용은 습하고 기온이 높은 지역에서 잘 나타납니다.**

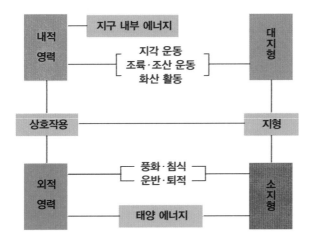

내적 영력과 외적 영력

2 .... 한반도의 형성 과정

지괴(地塊) : 영어로는 block. 사
방이 단층면으로 나뉜 지각 덩어
리다. 쉽게 땅 덩어리라고 생각하
면 된다.
지향사(地向斜) : 지괴 사이의 낮
은 곳이 침강하면서 해침(바다의
유입)을 받아 얕은 바다가 된 곳
에 많은 퇴적물이 쌓여 형성된 지
층을 말한다.
분지(盆地) : 해발 고도가 더 높
은 지형으로 둘러싸인 평지. 보
통의 평야보다 해발 고도가 높으
며, 기온역전현상으로 안개발생
이 잦다.

한반도는 한 덩어리로 되어 있어서 겉으로 보면 한반도 전체가 같아 보이지만 그 내부를 들여다보면 각 부분마다 형성 시기와 형성 과정 그리고 기반암 및 자원 분포가 각각 다르답니다. 우리 국토인 한반도의 형성 과정은 한반도의 지체구조와 지각변동을 통해 확인할 수 있습니다.

한반도의 지체구조

지체구조(地體構造)란 지각을 이루는 기반암과의 형태, 구조(structure), 성질 등으로 지질구조를 크게 나눈 것입니다. 우리나라의 지체구조*는 시원생대(선캄브리아기)에 형성된 평북-개마 지괴, 경기 지괴, 영남 지괴, 고생대에 형성된 평남 지향사, 옥천 지향사, 중생대 때 형성된 경상 분지, 신생대 제3기에 형성된 두만 지괴, 길주-명천 지괴 등 모두

우리나라의 주요 지층

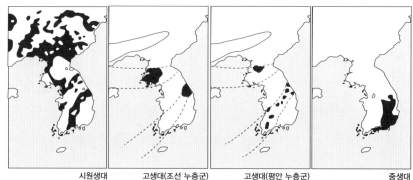

| 시원생대 | 고생대(조선 누층군) | 고생대(평안 누층군) | 중생대 |

90

8개로 나누어집니다. 이것을
각 지질시대 별로 확인해보겠
습니다.

　시원생대(선캄브리아기)에는
평북-개마 지괴, 경기 지괴, 영
남 지괴가 형성되었습니다. 선
생님은 이들을 시원생대에 형
성된 **지괴 삼총사**라고 부르는
데요, **가장 오래된 지체구조**이
자 지각변동이 거의 없는 **안
정 지괴**랍니다. 시원생대 지괴
삼총사의 면적은 **한반도 면
적의 절반을 차지**하며 대부분 변성암 지층이라 **편마암
이 주로 분포**합니다. 우리나라 암석의 약 40%는 편마
암 종류로 되어 있어요. 왜냐고요? 편마암 지층이 분
포하는 시원생대 지체구조가 한반도 면적의 절반 이
상을 차지하기 때문입니다. 시원생대 지괴 삼총사에
는 **금·은·텅스텐·철광석 등의 자원이 매장**되어 있습
니다.

　고생대에는 평남 지향사와 옥천 지향사가 형성되었
답니다. 평남 지향사는 평북-개마 지괴와 경기 지괴 사이에, 옥천 지
향사는 경기 지괴와 영남 지괴 사이에 위치합니다. **평남·옥천 지향사
는 조선계 지층(조선 누층군)과 평안계 지층(평안 누층군)으로 구성**됩니다.
지체구조와 지층을 헷갈리는 사람이 있지요? 기억하기 쉽도록 맛있
는 케이크를 예로 들어 설명해보겠습니다. 일단 케이크를 먹기 편하
게 나눕니다. 한 덩어리였던 케이크가 조각이 되겠지요? 이때! 덩어리

우리나라의 지체구조

편마암
퇴적암이 지하 깊은 곳에서 열과
압력을 받아 변성된 것이다.

에서 나누어진 조각 케이크를 한반도를 각각 구성하는 지체구조로 보면 됩니다. 이번에는 조각 케이크를 옆에서 보세요. 단면에 빵과 크림층이 보일 거예요. 이것을 지층이라고 생각하면 되지요. 그러니까 지체구조는 평면도, 지층은 단면도로 생각하면 쉽습니다. 이제 평남 지향사와 옥천 지향사의 조선계 지층과 평안계 지층을 이해할 수 있겠지요?

케이크로 보는 지체구조와 지층

먼저 형성된 **조선계 지층**(조선 누층군)을 볼게요. **고생대 초기**에는 평남·옥천 지향사 일대가 **얕은 바다**였습니다. 그 당시 우리나라는 열대 기후권이어서 바다에 산호 등이 살고 있었다고 해요. 그 얕은 바다에 산호와 조개껍데기 그리고 토사가 서서히 쌓여서 형성된 지층이 바로 고생대 초기 지층인 조선계 지층(조선 누층군)입니다. 조선계 지층(조선 누층군)은 바다에서 만들어진 지층이므로 **해성층**이라는 특징을 가집니다. 고생대 지층의 대부분을 차지하는 조선계 지층(조선 누층군)은 **매우 두껍습니다.** 이 지층에는 산호와 조개껍데기 덕분에 **석회석이 많이 매장**되어 있는데요, 석회석은 우리나라에서 매장량이 가장 많은 지하자원입니다.

조선계 지층은 고생대 초기 지층의 이름이고, 해성층은 바다에서 만들어진 지층, 즉 지층의 특징을 말하는 것이다. 반드시 구분하자.

석회암 동굴인 고수동굴

조선계 지층(조선 누층군)이 형성되고 난 뒤 **고생대 중기에 완만한 융기 작용**이 일어나면서 지층이 바다 위로 올라와 육지화되고, 여기 나무와 풀 등의 식물이 자라게 됩니다. 이때에는 지층이 형성될 수 없겠지요. 그러다 **고생대 말기에 완만한 침강 작용**이 나타나 지면이 다시 낮아져 해안 습지가 되고, 그 위에 식물과 토사가 쌓이기 시작하면서 형성된 지층이 바로 **평안계 지층(평안 누층군)**입니다. 평안계 지층(평안 누층군)은 조선계 지층(조선 누층군)과 달리 육지에서 형성됩니다. 그래서 이 지층은 **육성층**이라는 특징을 지닙니다. 식물이 퇴적·변질되어 형성된 자원!! 뭘까요? 그렇죠. 바로 석탄입니다. 고생대 말기 평안계 지층(평안 누층군)에는 **무연탄**이라는 석탄이 매장되어 있답니다. 꼭 무연탄이라고 기억해주세요. 무연탄은 예전엔 가정용 연료로 쓰였지만 지금은 연탄구이 식당에서나 볼 수 있는 석탄입니다.

무연탄

그런데 조선계 지층(조선 누층군)과 평안계 지층(평안 누층군) 사이에는 퇴적이 일어나지 않는 시간이 있어요. 선생님이 위에서 "조선계 지층(조선 누층군)이 육지화된 후 한동안 지층이 형성될 수 없었다"고 했던 것, 기억하시죠? 이때 적용되는 개념이 대결층입니다. **대결층**은 **지층과 지층의 경계에서 오랜 기간 동안 어떠한 기록도 발견되지 않는 경우**를 말하지요. 그러니까 조선계 지층(조선 누층군)과 평안계 지층(평안 누층군) 사이에는 대결층이 있는 것이지요. 여러분 잠깐! '층'이라는 말이 들어가긴 하지만 대결층은 결코 지층이 아닙니다. **서로 다른 지층 사이에 퇴적이 일어나지 않았던 시간**이라고 생각해주세요~!!

중생대에는 경상남북도 일대를 중심으로 한 경상 분지가 형성됩니다. 경상 분지에는 **경상계 지층**이 존재합니다. 경상 분지 일대는 중생대에 호수였는데요, 이 호수에 토사가 퇴적되면서 형성된 지층이 경상계랍니다. 경상계는 호수에서 형성된 지층이라 **호성층**입니다. 그런

TIP

고생대 초기 지층
조선계(조선 누층군)−해성층−석회석
고생대 말기 지층
평안계(평안 누층군)−육성층−무연탄

데 호수는 육지에 포함되므로 경상계는 **육성층**이기도 합니다. 경상계 지층은 **수평의 누층 구조**를 가지는데, 이것은 누적된 지층이 휘거나 기울어짐 없이 수평 상태를 이루고 있다는 뜻입니다. 중생대는 **공룡의 시대**이므로 이때 형성된 경상 분지에는 경상계 지층이 형성되면서 남겨진 공룡 발자국, 공룡 골격, 공룡 알 화석 등이 있습니다. 경상남도 고성에 공룡테마파크가 있는 것, 다들 아시죠? 이 일대가 경상 분지에 해당되어 공룡 관련 화석이 많이 분포하는 덕분입니다.

마지막으로 **신생대**를 살펴봅시다. 신생대 제3기에는 두만 지괴와 길주-명천 지괴가 형성되었습니다. 이 두 지역은 한반도를 호랑이에 비유했을 때 북동쪽으로 뻗은 앞발에 위치합니다. 두만 지괴와 길주-명천 지괴는 그 **면적이 매우 좁고 제3기층**이라는 지층이 존재하는데, 이 지층에서는 **갈탄**이 발견됩니다. 갈탄은 액체로 쉽게 변하는 특징을 가진 석탄으로 인공 원유로 사용(액화 공업 원료)되는데요, 갈탄은 캐냈을 때 나무의 형태와 나이테까지 볼 수 있다고 합니다.

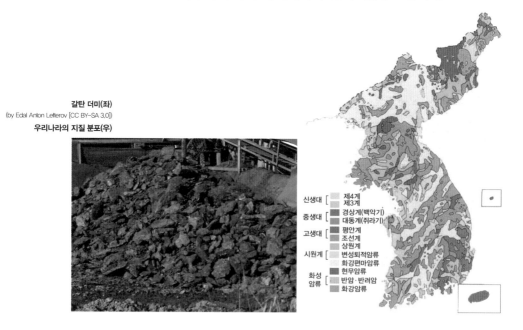

갈탄 더미(좌)
(by Edal Anton Lefterov [CC BY-SA 3.0])
우리나라의 지질 분포(우)

신생대	제4계
	제3계
중생대	경상계(백악기)
	대동계(쥐라기)
고대대	평안계
	조선계
	상원계
시원대	변성퇴적암류
	화강편마암류
화성	현무암류
암류	반암·반려암
	화강암류

한반도의 지각변동

한반도가 형성되고 육지화된 것은 대부분 시원생대와 고생대입니다. 고생대까지만 해도 한반도는 완만한 조륙 운동만 있었을 뿐 안정되어 있었지요. 그러다가 중생대가 되면서 지각변동이 본격적으로 나타납니다. **중생대 지각변동의 특징**은 한마디로 **지질구조선 형성**입니다. 지질구조선은 지각변동으로 암석이나 지층의 약한 부분이 갈라져 형성된 선을 말하는데, 일반적으로 조산대를 가로지르거나 구분해주는 큰 규모의 단층을 이룹니다. 달리 표현하자면 지각의 약선(弱線), 즉 지각의 균열입니다. 중생대에 나타난 지각변동은 한반도의 지각에 균열을 가져왔어요. **중생대 초기**에는 **북한 지역**을 중심으로 송림변동*이 나타났지요. 송림변동은 랴오둥 방향 지질구조선을 형성했는데, 훗날 랴오둥 방향 지질구조선은 침식되고, 그 주변부만 높게 남아 랴오둥 방향으로 산맥이 형성되는 데 영향을 끼쳤습니다. 랴오둥 방향 지질구조선은 중국의 랴오둥 반도에서 유래한 것으로 지질구조선의 방향이 중국 랴오둥 반도를 향하고 있기 때문에 붙여진 이름입니다.

중생대 중기에는 한반도에서 가장 격렬한 지각 변동인 **대보조산운동****이 나타납니다. 주로 남한 지역을 중심으로 나타났고, 중국 방향의 지질구조선을 형성했습니다. 중국 방향 지질구조선은 형성 이후 침식되어 깎이고 그 주변부가 높게 남아 중국 방향으로 산맥을 형성하는 데 영향을 줍니다. 우리나라의 지질구조선은 주로 동북동-서남서, 북동-남서처럼 기울어진 동서 방향으로 나타납니다. 우리나라 산줄기 가운데엔 동서 사선 방향으로 짧게 난 산줄기들이 많이 보이는데요, 이 모두 지질구조선과 관계가 깊습니다. 지질구조선이 침식을 받아 깎이면 주변보다 높이가 낮아져서 여기 하천이 흐르게 됩니다. 즉 하천이 흐르는 골짜기, 하곡을 이루게 되는 것이지요. 그리고 대보조산운동에 의해 대보 화강암이 관입하게 됩니다. **관입**이란 **마그마가**

화강암으로 조각한 석굴암 본존불
(by Richardfabi [CC BY-SA 3.0])

암석 틈을 따라 들어가 화성암 (마그마가 굳어서 만들어진 암석)으로 굳어지는 과정입니다. 우리나라 화강암의 대부분은 중생대 대보조산운동에 의한 관입으로 형성된 것입니다.

중생대 말기에는 불국사 변동*이 나타나는데 발생 지역이 좁아 한반도 남동부 지역에만 국한되며 마그마의 관입으로 불국사 화강암이 형성되었답니다. 대보 화강암이든 불국사 화강암이든 우리나라에 분포하는 화강암은 모두 중생대에 만들어진 것입니다.

신생대 제3기에는 경동성 요곡운동이 나타납니다. 경동성 요곡운동은 쉽게 말하면 비대칭 융기 작용인데요, 이것은 **동해의 확장 과정에서 발생한 지각변동**입니다. 신생대 제3기 이전에는 우리나라와 일본이 지금보다 서로 가까이 위치해 있었고 따라서 동해가 지금보다 좁았답니다. 그런데 신생대 제3기에 동해가 확장되면서 동해를 중심으로 우리나라와 일본을 향해 밀어내는 힘이 작용하게 됩니다. 이 힘은 **동해안을 중심으로 한반도를 구부러져 솟아오르게 했고** 결국 한반도는 **동고서저(東高西低)의 기울어진 지형(경동지형—傾動地形)****을 이루게 됩니다.

이때 높이 솟아오른 부분은 산지가 되었는데, **마천령산맥, 함경산맥, 낭림산맥, 태백산맥, 소백산맥**이 이에 해당합니다. 이런 산지들을 **1차적 산지**라고 부르는데 그 이유는 우리나라에서 가장 먼저 만들어진 산줄기이기 때문입니다. 지각변동으로 인해 직접 솟아올라 형성되었다

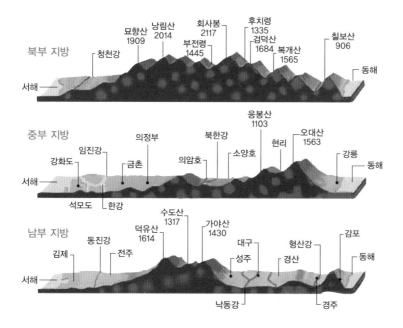

북부 지방
청천강
묘향산
1909
낭림산
2014
부전령
1445
회사봉
2117
후치령
1335
검덕산
1684
복개산
1565
칠보산
906
서해
동해

중부 지방
강화도
임진강
석모도
한강
금촌
의정부
의암호
북한강
소양호
응봉산
1103
현리
오대산
1563
강릉
서해
동해

남부 지방
김제
동진강
전주
덕유산
1614
수도산
1317
가야산
1430
성주
낙동강
대구
경산
형산강
경주
감포
동해
서해

는 특징도 있지요. 이 다섯 개 산줄기를 연결하면 한반도의 등줄기라 불리는 백두대간의 형태와 거의 유사합니다. 더 자세한 이야기는 뒤의 산지 지형부분에서 다루도록 할게요.

동고서저 경동지형을 형성하고, 1차적 산지를 형성한 것 이외에 경동성 요곡운동은 우리나라 지형에 많은 영향을 끼쳤답니다. 특히 우리나라 **대하천의 유로 방향을 결정**하기도 했지요. 동서로 고도차가 크지 않았던 한반도에 경동성 요곡운동이 나타난 후 동쪽은 높고 서쪽은 낮아집니다. 그 위를 흐르던 하천들도 당연히 유로를 변경하게 되었고요. 어디서 어디로 흐르게 되었을까요? 예~, 바로 **동에서 서로 흐르게 됩니다.** 정확히 말하면 북동에서 남서로 흐르게 되었지요. 압록강·청천강·대동강(북한)·한강·금강·영산강(남한)이 서해로 유입되는 하천입니다(두만강-동해로, 섬진강·낙동강-남해로). 그리고 더 나아가 한반도에 **융기 지형**을 형성했지요. 뒤에서 하나씩 배우겠지만 고위평탄면(高位平坦面), 하안단구(河岸段丘), 해안단구(海岸段丘), 감입곡류하천

＊
유역 변경식 발전 : 하천의 유로
를 낙차가 큰 쪽으로 변경하여 전
기를 만드는 발전 양식. 우리나라
대(大)하천들이 낙차가 작은 서쪽
으로 흘러가기 때문에 큰 낙차를
얻기 위해 유로를 동쪽으로 돌려
전기를 만드는 것이다.

"섬진강댐은 유역 변경식 발전
으로 큰 낙차를 얻을 수 있다"는
예문은 틀린 것이다. 조금 헷갈
리지만 잘 구분해서 기억하자!

등이 경동성 요곡운동에 의해 만들어진 지형입니다. 경동지형은 **유역 변경식 발전(發電)**＊을 이루었는데요, 강릉댐, 보성강댐, 섬진강댐 등이 대표적이지요.

유역 변경식 발전의 특징이 '큰 낙차를 얻기 위해 유역을 변경한 것'이지만, 섬진강댐은 유역 변경식 발전임에도 불구하고 낙차가 크지 않습니다. 섬진강댐은 서부 지역의 평야지대에 농업용수를 공급하기 위해 유로를 낙차가 작은 서쪽으로 변경했기 때문입니다.

신생대 제3기 말~제4기 초에는 화산활동이 발생하여 다양한 화산 지형을 형성했지요. **백두산, 개마고원, 철원−평강·신계−곡산 용암대지, 제주도·한라산, 울릉도, 독도** 등이 이때 형성된 지형입니다.

우리나라에서 제일 많이 분포하는 암석은 편마암으로 시원생대에 형성되었다고 앞에서 말한 것, 기억나지요? 두 번째로 많이 분포하는 암석은 무엇일까요? 바로 화강암인데요, 이것은 **중생대**에 형성되었습니다. 고생대에 형성된 암석은 뭐죠? 예, 석회암입니다. 그럼 신생대에 형성된 암석도 있을까요? 그럼요! '제주도 돌하르방' 하면 생각나는 것. 예, 맞아요. 현무암입니다. 화산활동에 의해 형성된 가장 대표적인 암석인 현무암은 **신생대**에 형성되었어요. 오른쪽 페이지의 표는 지질시대 별 지체구조와 지층, 그리고 지각변동을 한눈에 볼 수 있게 정리한 것입니다. 잘 연결해서 이해하고, 확인하시기 바랍니다.

기후 변화와 지형 발달

신생대 제4기에는 지구에 급격한 기후 변화가 나타났습니다. **신생대 제4기는 플라이스토세와 현세**로 지질시대를 구분하는데 플라이스토세는 빙하시대로 4번의 빙기(그 사이사이 3번의 간빙기)가 있었고, 빙기가 끝나고 난

현무암으로 만든 돌하르방

지질시대	선캄브리아대		고생대						중생대			신생대	
	시생대	원생대	캄브리아기	오르도비스기	실루리아기	데본기	석탄기	페름기	트라이아스기	쥐라기	백악기	제3기	제4기
지체구조	평북-개마 지괴 경기 지괴 영남 지괴		평남 지향사 옥천 지향사								경상분지	두만 지괴 길주-명천 지괴	
지층	선캄브리아대 지층군 편마암/편암계		조선계 지층 (석회석)		결층		평안계 지층 (무연탄)		대동계 (대보화강암)		경상계 (불국사화강암)	제3계 (갈탄)	제4계
지각변동	↑ 변성 작용			↑ 조륙운동			↑ 송림변동	↑ 대보조산운동	↑ 불국사변동		↑ 경동성요곡운동		↑ 화산활동

후 시대인 현세는 후빙기에 해당합니다. 바로 우리가 현세에 살고 있는 거지요. 전 세계에 나타난 급격한 기후 변화는 해수면의 변동을 일으켰고 이로 인해 다양한 지형이 형성되었습니다. 그럼 이제 본격적으로 들어가볼까요?

한랭 건조한 기후의 빙기에는 **해수면 하강**이 나타납니다. 해수면은 침식 기준면이 됩니다. **침식 기준면은 유수(바다, 하천)·빙하 등이 침식을 일으킬 수 있는 고도의 한계 즉 최저 고도**인데 모든 침식은 해수면까지 이루어지므로 바로 해수면이 침식 기준면이 되는 것입니다. 그럼 다

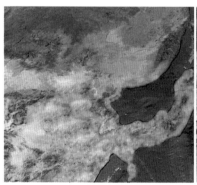

한반도의 빙기(좌)
후빙기(우)

"빙기" 하면 침식 작용에 의한 침식 지형을 먼저 생각해야 한다.

시 돌아와서 빙기에는 해수면이 하강되므로 침식 기준면이 낮아집니다. 그럼 하천의 하류지역은 침식 작용이 활발해집니다. 쉽게 설명해서 해수면이 낮아지면 바닷물에 잠겨 있는 지역이 물 위로 드러나 육지가 되면서 예전보다 하천의 속도가 빨라지고 침식 작용이 활발해집니다. 이 과정에서 하천의 하상(하천의 바닥)이 낮아지고 **하상이 깊이 파인 V자곡(하식곡)**이 형성되었답니다. 그리고 해수면의 하강으로 **해발 고도가 높아지고, 육지 면적이 넓어지는데** 해수면이 지금보다 100m 낮아져 서해와 남해가 육지화되어 중국·한국·일본이 육지로 연결되었고, 하천은 유로가 길어지는 **연장천 형태**를 보입니다. 한랭 건조한 기후의 영향으로 물리적(기계적) 풍화작용이 활발하고 식생 밀도가 낮았고 침엽수림이 중심이 되었습니다. 하지만 하천 상류에서는 활발한 물리적(기계적) 풍화작용과 낮은 식생 밀도로 하천으로 유입되는 모래와 자갈이 많아지고 반면 하천의 유량은 감소하면서 하천의 토사 운반력이 약해져 토사가 퇴적 되어 하상이 높아집니다. 하천의 하류와는 반대 현상이 나타나는 것이지요.

해수면 변동과 해안선(좌)
빙기·후빙기와 해수면 변동(우)

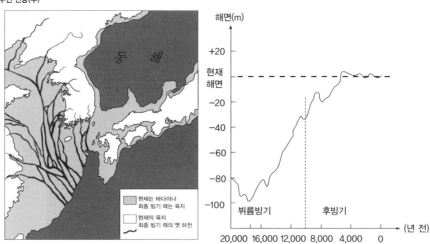

빙기

상
류
부

퇴적

해수면 저하
(침식)

하류부

빙기·후빙기의 하천
상류·하류의 하상 변화

후빙기

상
류
부

침식

해수면 상승
(퇴적)

하류부

빙기가 끝나고 후빙기가 되면서 기온이 높아지고 강수량이 많아져 온난 습윤한 기후가 나타나기 시작합니다. 이로 인해 **해수면은 상승**하고 **침식 기준면이 높아지므로 퇴적작용이 활발**해집니다. 다시 설명하면 빙기 때 하천 하류에 해당되던 지역들이 물에 잠기면서 하천 유속이 감소하게 되고 퇴적작용이 활발해지고 하천의 하상도 높아집니다. 빙기 때 형성된 V자곡에 토사가 퇴적되면서 형성된 **범람원**이 이에 해당됩니다. 그리고 삼각주, 갯벌, 사빈, 석호 등 온갖 **퇴적 지형이 형성**됩니다.

빙기와 후빙기의 특징은 서로 반대이다. 잘 구분해서 확인하자.

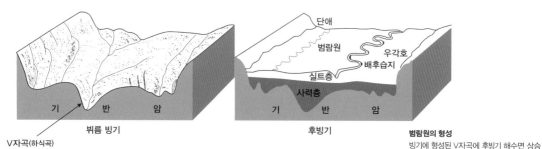

기 반 암

뷔름 빙기

V자곡(하식곡)

단애

범람원

우각호

배후습지

실트층

사력층

기 반 암

후빙기

범람원의 형성
빙기에 형성된 V자곡에 후빙기 해수면 상승으로 퇴적이 일어나 범람원이 되었다.

해수면이 상승하면서 해발고도는 다시 낮아지고 빙기 때 육지화된 지역들이 침수되면서 서해와 남해가 다시 만들어져 **육지 면적은**

축소되었습니다. 그리고 **하천의 유로는 단축**되고, 빙기 때 형성된 V자 곡이 침수되어 복잡한 해안선인 **리아스식 해안이 형성**됩니다. 온난 습윤한 기후의 영향으로 **화학적 풍화작용이 활발**하고 **식생 밀도가 높아지고 온대림 분포 지역은 넓어지고 침엽수림 분포 지역은 축소**됩니다. 하천 상류에서는 식생 밀도가 높아지고 물리적(기계적) 풍화작용이 약해지면서 하천으로 유입되는 풍화물의 양이 줄고 반면 강수량이 많아져 유량이 많아지면서 하천의 이동·침식작용이 강해집니다. 이로 인해 하천 상류에는 침식작용이 증가하고 하상이 낮아집니다.

우리나라의 산지 지형　③

　우리나라는 전 국토의 70%가 산지일 정도로 산지 지형이 발달했습니다. 우리나라 지형의 대부분을 차지하는 산지 지형의 특징에 대해 알아볼까요?

우리나라 산지의 특색

　한반도에는 산이 매우 많습니다. 하지만 이 산들은 주로 낮고 경사가 완만합니다. 그래서 우리나라 산지의 특징을 저산(低山)성 산지, 구릉(丘陵)성 산지라고 말하죠. 저산성 산지는 산지가 낮다는 뜻이고, 구릉성 산지는 산지들이 낮고 완만한 언덕 같다는 뜻입니다(언덕 구(丘), 언덕 릉(陵)을 붙여서요). 오랫동안 풍화와 침식의 영향을 받은 탓에 낮고 완만해진 것이죠. 여러분도 주변에서 낮고 완만한 산들을 쉽게 볼 수 있지요? 주민들이 산책하거나 운동할 때 즐겨 찾는 야산들이 바로 저산성 혹은 구릉성 산지입니다. 물론 바위산도 있습니다. 북한산, 관악산, 도봉산, 계룡산, 월출산 등이 해당하지요. 이 산들의 공통점은 서남부의 평야 지역에 1,000m 이내의 고도로 우뚝 선 바위산이라는 것입니다. 우리는 이런 산을 잔구(殘丘)성 산지라고 부르는데요, 이들은 중생대에 관입한 화강암이 풍화와 침식을 견디고 남아 지표면에 노출되어 형성된 산지입니다. **저산성 산지와 구릉성 산지는 풍화와**

*
식생(植生) : 어떤 일정한 장소에 서 모여 사는 특유한 식물의 집 단. 그 지역의 대표 식물에 의하 여 분류하는데 대표적인 식생은 바로 삼림(나무)이다. 식생 밀도란 지표 위에 자라는 식물의 밀도를 말하며, "식생 밀도가 높다"고 하 면 식물이 촘촘하게 자란다는 뜻 이다.

침식을 받아 낮고 완만해진 산지인 반면 잔구성 산지는 풍화와 침식을 견디어 주변보다 높게 남아 있는 산지입니다. 잔구성 산지들은 기반암 인 화강암이 그대로 노출되어 식생* 밀도가 낮고 험합니다.

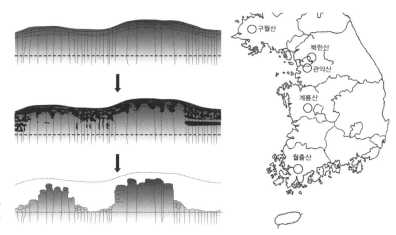

잔구성 산지 형성 과정(좌)
잔구성 산지 분포(우)

흙산(토산-土山)과 돌산(석산-石山)

산지의 겉모습을 떠올려봅시다. 숲이 울창한 산이 있는가 하면, 기 반암이 그대로 노출되어 바위투성인 산도 있습니다. 우리나라의 산은 일반적으로 흙산(土山)과 돌산(石山)으로 구분할 수 있어요. 흙산은 토 양층이 두껍게 발달하여 숲이 울창한 산입니다. 흙산의 기반암은 편 마암인데요, 편마암은 식생이 잘 발달할 수 있는 점토질 토양을 형성 합니다. 흙산이 울창한 숲을 이룰 수 있는 이유입니다. **지리산, 오대산, 덕유산, 소백산** 등이 흙산에 해당합니다. 이와 달리 돌산은 커다란 암 반이 정상으로 갈수록 노출되어 식생이 잘 발달하지 못하는 산입니 다. 돌산의 기반암은 화강암인데, 화강암은 식생이 뿌리를 내리고 정 착하기 쉽지 않은 모래 성분의 토양을 형성합니다. 돌산의 식생 밀도 가 매우 낮은 이유이지요. **금강산, 설악산, 월악산, 북한산, 관악산, 도봉 산, 계룡산, 월출산** 등이 이에 해당합니다.

104

금강산(돌산)

여기서 잠깐! 북한산, 관악산, 도봉산, 계룡산, 월출산은 앞에서 한 번 언급한 산이죠? 예. 잔구성 산지라고 했습니다. 그러니까 잔구성 산지는 돌산에 해당되는 것이지요. 그런데 **금강산, 설악산, 월악산은 잔구성 산지에 속하지 않습니다. 이 세 산지는 화강암이 기반암인 돌산인 것은 맞지만 형성 과정에 풍화·침식을 견디는 것 외에 융기작용이 추가되기 때문입니다.** 금강산과 설악산은 태백산맥에, 월악산은 소백산맥에 속하는 산들로서 이들의 기반암이 높은 곳에 노출되어 나타나게 된 과정에는 잔구성 산지와 다르게 융기작용이 포함됩니다. 우리는 이렇듯 산의 겉모습만 보고도 기반암의 종류와 특징 등을 확인할 수 있답니다.

형성 과정에 따른 산지 구분(1차·2차 산맥)

산지는 형성 과정에 따라 1차 산맥과 2차 산맥으로 구분됩니다. 1차 산맥과 2차 산맥 사이에는 어떤 차이가 있을까요? 쉽게 생각해보세요. 먼저 만들어진 산맥이 1차, 1차 산맥이 만들어지고 난 다음 형성된 산맥은 2차 산맥입니다.^^

1차 산맥은 신생대 제3기 경동성 요곡운동을 받아 형성된 산지로 지각변동에 의해 직접 솟아 오른 산지입니다. **마천령·함경·낭림·태백·소백산맥**이 1차 산맥에 해당됩니다. 1차 산맥은 **높고 험하며 산지의 연속성이 뚜렷**합니다. 이런 특성 때문에 1차 산맥은 지역의 경계를 이루고, 지역 간 기후 차이를 일으키며, 교통 장애를 유발하지요. 1차 산맥을 쭉 연결하면 우리 선조들이 인식하던 산줄기 체계인 백두대간과 일치합니다.

2차 산맥은 1차 산맥이 형성되고 난 뒤, 하천의 흐름이 동에서 서·남쪽으로 결정되고 중생대 때 형성된 지질구조선이 본격적인 침식을 받아 깎이고 낮아져서 그 주변이 산지를 이루게 된 산맥입니다. 지질구조선이 있던 곳이 깎이고 낮아지면서 지질구조선이 존재하지 않던 부분이 산지가 된 것이지요. 결국 지각변동에 의해 형성된 것이 아니라 차별 침식을 받지 않고 있던 부분이 산지가 된 것이기에 **고도가 낮고 경사가 완만하고 산지의 연속성이 뚜렷하지 못합니다.** 2차 산맥은 1차 산맥을 제외한 모든 산맥에 해당됩니다. 1차 산맥이 지각변동으로 형성되고 난 이후에 형성된 산지이므로 2차라는 이름이 붙게 된 것이죠.^^

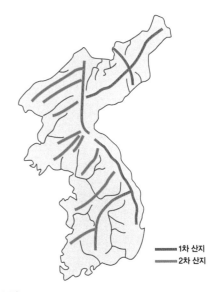

1차 산지

2차 산지

방향에 따른 산지 구분(랴오둥·중국·한국 방향 산지)

산맥은 방향으로도 구분할 수 있어요. 산맥을 방향에 따라 구분하면 랴오둥 방향, 중국 방향, 한국 방향으로 나누어집니다. **랴오둥 방향 산맥**은 중생대 초기 송림변동에 의해 형성된 랴오둥 방향 지질구조선과 관련이 깊습니다. 랴오둥 방향 지질구조선이 깎이고 깎이지 않은 주변이 산지가 된 경우이지요. 하지만 랴오둥 방향 산지 중 함경산맥은 그 형성 과정이 다릅니다. **함경산맥을 제외한 랴오둥 방향 산맥들은 랴오둥 방향 지질구조선이 깎이고 깎이지 않은 주변이 산지가 된 2차적 산지지만, 함경산맥은 지각 변동을 받아 형성된 1차적 산지입니다.** 잘 기억해야 하겠죠? 그리고 **중국 방향 산맥**은 중생대 중기 주로 남한 지역에서 발생한 대보조산운동에 의해 형성된 중국 방향 지질구조선과 관계가 깊습니다. 중국 방향 산맥들은 랴오둥 방향 산맥과 마찬가지로 **중국 방향 지질구조선이 깎이고 침식을 받지 않은 부분이 산지가 된 2차적 산맥입니다.** 하지만 중국 방향 산맥 중에서도 그 형성 과정이 다른 산맥이 존재하지요. 바로 소백산맥입니다. **소백산맥은 방향으로 구분하면 중국 방향 산맥이지만, 다른 중국 방향 산맥과는 다르게 지**

방향에 따른 산맥 구분
— 한국 방향
- - - 랴오둥 방향
━ 중국 방향

각변동을 받아 형성된 1차적 산지에 해당합니다. 대체적으로 남한에 존재하는 동서 방향 산맥은 중국 방향 산맥으로, 북한에 존재하는 동서 방향 산맥은 랴오둥 방향 산맥으로 보면 됩니다. 그리고 동서 방향 산맥은 2차 산맥에 주로 해당되지요. 하지만 중국 방향 산맥인 소백산맥과 랴오둥 방향 산맥인 함경산맥은 2차 산맥이 아니라 1차 산맥에 해당된다는 것을 꼭 기억해야 합니다.

한반도에는 남북 방향의 산맥들도 있는데요, 이 산맥들을 **한국 방향 산맥**이라 부릅니다. 산맥의 방향이 한국 즉 한반도의 형태처럼 남북 방향이기 때문입니다. 마천령·낭림·태백산맥이 여기 해당하지요. 한국 방향 산맥들은 랴오둥이나 중국 방향 산맥들이 지질구조선의 침식 및 해체에 형성된 것과는 상관없이 **지각변동으로 인해 솟아오른 산맥**들입니다. 그래서 **한국 방향 산맥들은 모두 1차 산맥**입니다.

TIP

한국 방향 산맥들은 모두 1차 산맥이 맞지만, 1차 산맥이 전부 한국 방향 산맥은 아니다. 중국 방향 산맥인 소백산맥과 랴오둥 방향 산맥인 함경산맥도 1차 산맥에 해당되기 때문이다.

산지 인식 체계(산경도 & 산맥도)

우리는 산줄기를 표현할 때 일반적으로 산맥이라는 말을 사용합니다. 태백·소백산맥 등등이지요. 그런데 산줄기를 나타내는 말에는 백두대간도 있습니다. 산맥과 백두대간은 도대체 무엇이 다른 걸까요? 오른쪽 페이지에 제시한 대동여지도의 산줄기를 보면 우리가 알고 있는 산맥도와 다르다는 것을 확인할 수 있지요? 우리 선조들은 과연 산줄기를 어떻게 인식하고 있었을까요? 그 당시의 산줄기와 현재 우리가 이해하는 산맥은 어떻게 다른 걸까요? 함께 알아봅시다.

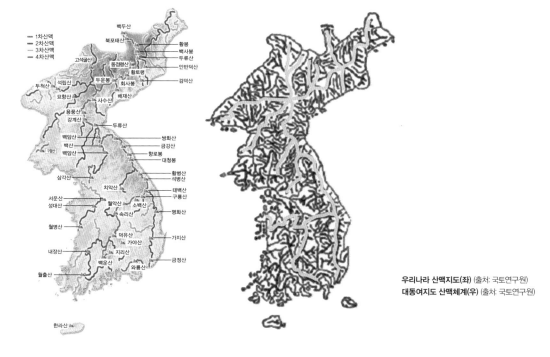

우리나라 산맥지도(좌) (출처: 국토연구원)
대동여지도 산맥체계(우) (출처: 국토연구원)

산경도는 조선시대 실학자인 신경준이 제작한 『산경표』*라는 책에 수록된 산줄기 지도입니다. 우리가 알고 있는 백두대간과 정간, 그리고 정맥으로 산줄기를 구분했고, 산줄기가 끊임없이 연결되는 연속성을 보입니다.

산경도는 산자분수령(山自分水嶺:물은 산을 넘지 못하고 산은 물을 가른다)의 원리를 바탕으로 산줄기를 구분한 것인데요. 산의 능선(분수계)을 따라 이어지는 산줄기의 연속성을 강조한 전통적 산지 체계를 나타냅니다. 연속적인 산줄기 사이사이를 흐르는 하천도 유기적으로 표현했고요. 산경도는 산줄기뿐 아니라 물줄기를 함께 수록하고 있어, 산줄기에 의해 지역이 나누어지고 물줄기에 의해 서로 다른 지역이 하

*
산경표(山經表) : 조선 영조 때 신경준이 우리나라 전국의 산줄기 분포를 나타낸 책이다. 백두산을 중심으로 하여 사방으로 뻗어 나간 대소 산줄기의 분포를 기록했으며 각 지명의 유래와 산줄기를 정리하고 체계화했다. 우리 선조들은 이 책이 만들어지기 전부터 산경도에 나타난 것과 같이 산줄기를 인식하고 있었음을 알 수 있다.

나의 생활권·문화권으로 묶이는 것을 확인하는 데 유리합니다. **산경도는 실제 한반도 땅 위에 존재하는 산줄기를 바탕으로 산지를 체계화시킨 것**으로 보면 됩니다.

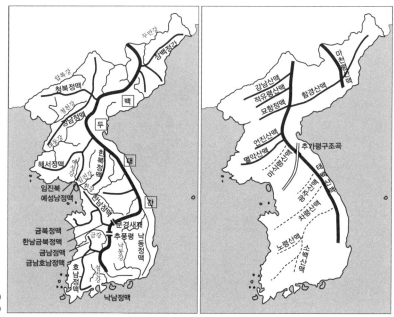

산경도(좌)
산맥도(우)

하지만 산맥도에 드러난 산지 체계는 우리의 전통적 산지 체계와 조금 다릅니다. 유기적이지도 않고 연속적이지도 않습니다. 산맥도를 놓고 한반도의 등줄기에 해당하는 산줄기를 이야기할 때 서로 다른 산맥을 이야기할 수밖에 없는 이유입니다. **산맥도**는 1900년대 초반 일본의 지질학자가 만든 것인데요, 주로 땅속의 지질 조건과 지각 변동 그리고 산맥 형성 과정을 기본으로 제작했을 뿐 실제로 땅 위에 존재하는 산줄기를 기본으로 삼지 않았습니다. 땅속의 이야기만 하고 있지요. 그래서 표현된 산맥과 하천을 보면 서로 유기적이지 않고 오히려 교차하는 구간이 나타납니다. 차령산맥과 남한강의 교차 구간

110

이 대표적이죠. 상식적으로 물은 절대 산을 넘을 수 없잖아요. 하지만 산맥도에서는 이런 일이 벌어집니다. 산맥도가 잘못된 것일까요? 그건 아닙니다. 우리가 산맥도를 잘못 이해하는 탓입니다. 제작자는 땅속 이야기를 하고 있는데 보는 사람이 땅 위의 산줄기로 인식한 것이니까요.

사람의 몸을 예로 삼아볼게요. 병원에서 X-ray 촬영을 하면 사람의 뼈 구조가 찍힙니다. 몸속의 구조를 확인할 수 있는 것이지요. 나이를 먹으면서 뼈가 조금씩 자라거나 줄어들고 조금 휘어질 수도 있지만 큰 변화가 없습니다. 그런데 사람의 뼈 구조에 근육과 살이 붙은 겉모습은 완전히 다르지요. 같은 성별이라도 근육이 많은가 살이 많은가에 따라 겉모습은 달라집니다. 이번에는 우리 몸에 흐르는 땀을 생각해봅시다. 땀은 인체 내부의 뼈 구조를 따라 흐르는 게 아니라 살과 근육으로 완성된 인체 외부를 따라 흐릅니다. 식스팩 사이사이로 흐를 수도 있고, 올챙이배 위로 흐를 수도 있지요. 하지만 이들의 몸속 뼈 구조에는 차이가 없습니다. 선생님이 왜 이 이야기를 하는지 아시겠죠? 사람 몸의 뼈 구조는 산지 체계 중 산맥도로, 살과 근육으로 달라지는 겉모습은 산경도로 보면 되기 때문이에요.

산맥도는 산지 형성 원인 및 한반도 형성 과정, 지하자원 분포, 암석의 분포 및 특징을 파악하는 데 유용합니다. 그럼 **한반도의 등줄기인 산줄기는 무엇일까요? 바로 백두대간입니다. 백두대간**은 백두산에서 지리산까지 하나로 연결한 가장 큰 산줄기로 **한반도를 호랑이에 비유**했을 때 그 등줄기에 해당하지요. 신기한 것은 산맥도에서 1차 산맥에 해당하는 마천령·함경·낭림·태백·소백산맥을 연결하면 백두대간과 그 형태가 유사하다는 점입니다.

산경도와 산맥도의 차이를 두고 어느 것이 맞고 틀렸다고 말할 수 없다. 산줄기를 어떻게 인식하고 있느냐에 따라 다르게 표현한 경우이기 때문이다. 산경도와 산맥도를 잘 구분하고 그 특징을 연결시켜서 이해해두자.

고위평탄면(高位平坦面)

강원도 대관령 일대에 가면 해발고도가 높은 지역인데도 경사가 완만한 곳이 있습니다. 주민들은 거기서 배추를 재배하거나 소나 양을 키웁니다. 우리는 일반적으로 고도가 높은 산은 뾰족하고 경사가 급하다고 생각합니다. 하지만 그렇지 않은 지형도 존재하지요. 해발고도가 높지만 경사가 완만한 지형을 **고원**이라 하고, 고원이 형성되는 과정에서 융기작용의 영향을 받은 지형을 **고위평탄면**이라고 합니다. 고위평탄면은 오랫동안 풍화·침식을 받아 낮고 완만해진 지형이 융기작용에 의해 해발고도가 높은 곳에 남은 지형을 말합니다. 여러

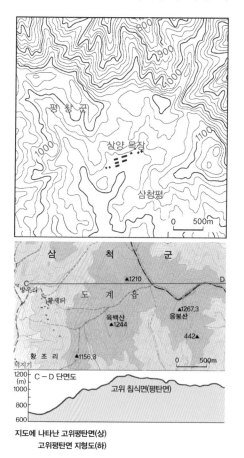

지도에 나타난 고위평탄면(상)
고위평탄면 지형도(하)

분이 기억해야 할 포인트는 "침식으로 완만해진 지형이 왜 해발고도가 높은 곳에 남게 되었느냐?" 하는 점입니다. 잘 생각해보세요. 융기밖에는 설명할 방법이 없겠지요? 그렇습니다. 고위평탄면은 지표면이 융기했다는 것을 증명해주는 지형으로, 외인적 작용보다 내인적 작용의 영향을 더 강하게 받은 것으로 간주합니다.

우리나라의 융기작용으로는 신생대 제3기의 경동성 요곡운동이 있습니다. 그러니까 **고위평탄면은 신생대 제3기와 관계가 깊은** 지형이겠죠. 대표적인 곳은 영서고원(대관령), 진안고원(무주, 진안, 장수)입니다. 영서고원(대관령)은 태백산맥에, 진안고원은 소백산맥에 분포합니다. 두 산맥 모두 지각 변동을 받아 솟아오른 1차 산지(산맥)로 융기에 의해 만들어졌는데, 그 과정에서 고위평탄면이 형성되었지요. 이

지역은 경사가 완만하며, 해발고도가 높아 여름에 서늘합니다. 그리고 일대에 교통이 발달하면서 고랭지 농업*, 목축업, 휴양지, 스키장 등으로 이용되고 있습니다. 영서고원(대관령) 일대는 이런 지형적 장점과 겨울 스포츠 시설이 잘 갖추어져 있다는 특징, 그리고 눈이 많이 내린다

고랭지 채소 재배(Photo by 이윤기)
blog.naver.com/buleeba)

는 기후적 조건을 바탕으로 2018년에 평창 동계 올림픽을 개최하게 되었답니다. 지형도에서 대관령이나 평창, 혹은 횡계라는 지명과 함께 해발고도가 600~700m 이상 되는 곳의 등고선 간격이 넓게 보인다면, 그리고 해발고도가 낮은 곳인데 등고선 간격이 좁은 반면 해발고도가 높은 곳에서 등고선 간격이 넓게 보인다면 이 지역을 고위평탄면으로 판단하면 됩니다. 고랭지 채소 재배, ○○목장과 같은 표시가 있다면 보나마나 고위평탄면이라고 이해하면 되고요.

*
고랭지 농업과 고위평탄면의 문제점 : 고위평탄면에서 여름철 서늘한 기후를 이용하여 배추와 무를 생산하는데 이를 고랭지 농업이라 한다. 교통 발달 이전에는 주로 감자나 메밀 등을 생산했지만 교통이 발달하면서 상업적인 농업이 가능해져 지역 주민들의 소득을 높일 수 있다는 긍정적인 부분도 있지만, 고위평탄면이 농경지로 개간되면서 식생 피복이 벗겨져 여름철 집중호우로 인한 토양 침식 및 유실이 많아져 토양이 척박해지고, 농약 사용으로 인한 토양 오염 그리고 수질 오염까지 나타나는 부정적인 부분도 발생하고 있다.

지형 단원에서는 지도를 통해 어떤 지형인지, 어떻게 형성되었는지, 어떻게 이용되는지, 변화가 있다면 무엇인지 등을 파악할 수 있어야 한다.

4 .... 화산 지형

신생대 제3기 말~제4기 사이에 한반도에서는 화산활동이 일어납니다. 우리나라의 화산 지형은 이때 형성되었지요. 한반도의 화산 지형을 알아보기 전에 화산의 형태와 용암의 특성에 대해 먼저 살펴보겠습니다. 화산이 활동할 때 분출되는 **용암은 유동성이 크고 점성이 작은 용암과 유동성이 작고 점성이 큰 용암**으로 나눕니다. 유동성이 크고 점성이 작은 용암이 폭발하듯 분출되면 방패 모양의 경사가 완만한 순상화산이 형성됩니다. 이 용암이 굳으면서 현무암이 형성되고요. 반대로 유동성이 작고 점성이 큰 용암이 폭발하듯 분출되면 종 모양의 경사가 급한 종상화산이 형성됩니다. 이 용암이 굳으면 주로 **조면암**이 형성되고요. 그래서 **유동성이 크고 점성이 작은 용암을 현무암질 용암, 유동성이 작고 점성이 큰 용암을 조면암질 용암**이라고도 합니다.

그리고 현무암질 용암은 지각의 균열을 타고 물 흐르듯이 분출되기도 하는데요, 이를 열하 분출이라고 합니다(열하(裂罅)는 지각의 균열을 이른다). 현무암질 용암이 열하 분출하면—산 모양의 지형을 만드는 게 아니라— 지각의 굴곡을 메워 평평한 대지 모양의 지형을 형성하게 되는데 이 같은 지형을 **용암대지**라고 합니다. 이제 우리나라의 주요 화산 지형들을 알아볼까요?

백두산

백두산은 우리나라에서 제일 높은 산(2744m)으로 화산활동에 의해 형성된 산입니다. 함경도와 만주 사이에 있는 우리나라 제일의 산이지요. 백두산의 **산록부(산기슭)는 순상화산의 형태를, 정상부는 종상화산의 형태**를 보입니다. 순상화산과 종상화산의 형태를 모두 가지고 있기 때문에 **복합화산**으로 분류하지요. 백두산 최고봉인 병사봉에는 **칼데라* 호(湖)인 천지(天池)**가 있는데 여기서 압록강, 두만강, 송화강(松花江)이 시작합니다. 이곳 칼데라는 969년(±20년)경 화산 분출 후 분화구가 함몰 되어 형성되었고 물이 차서 천지를 이루게 된 것이지요. 천지는 직경이 동서 약3.6km, 남북 약4.8km이고, 둘레는 14km이며, 최대 수심은 384m에 이릅니다.

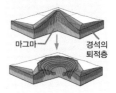

* 칼데라 : 강렬한 폭발에 의하여 화산의 분화구 주변이 붕괴·함몰되면서 생긴, 대규모의 원형 또는 말발굽 모양의 우묵한 곳. 지름은 2km 이상인데, 수십 km에 이르는 것도 있다.

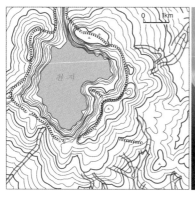

백두산 지형도(좌)
백두산 천지(우)([CC BY–SA 3.0])

울릉도

울릉도는 동해 해저에서 조면암질 용암이 분출하여 형성된 지형으로 급경사의 종상화산입니다. 울릉도 정상 부근의 **나리분지**는 분화구의 함몰로 형성된 **칼데라 분지**인데요, 여기에서는 주로 밭농사를 짓습니다. 나리분지 안에는 알봉이라 불리는 **중앙화구구**가 분포합니다. 중앙화구구는 분화구 안에 있는 언덕을 의미하는데 이는 화산 안에 또

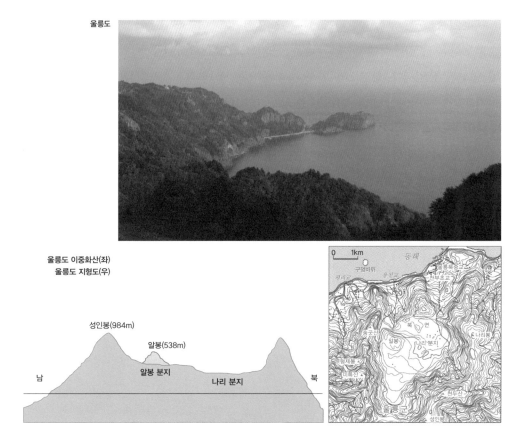

울릉도

울릉도 이중화산(좌)
울릉도 지형도(우)

하나의 화산이 존재하는 것으로 울릉도가 **이중화산임을** 알 수 있게 해주는 증거입니다. 울릉도의 **기반암은 조면암***입니다. 하지만 울릉도 해안가에는 현무암**질 용암이 수축·냉각되는 과정에서 형성되는 기둥 모양의 돌인 **주상절리*******가 분포**하기도 합니다. 이는 **울릉도가 형성되는 과정에서 조면암질 용암이 주로 분출했지만 현무암질 용암의 분출도 일부 있었다는 것을 의미**합니다.

제주도

제주도는 우리나라에서 가장 다양한 화산 지형이 발달한 지역입니다. 제주도의 한라산은 남한에서 가장 높은 산(1950m)인데요, 대부분 순상화산의 형태를 보이지만 정상 부분은 종상화산의 형태를 보입니다. 백두산과 마찬가지로 **복합화산**인 것이지요. 한라산 정상에는 백두산과 마찬가지로 호수가 있습니다. 여러분이 잘 아는 **백록담**(白鹿潭)인데요, 백두산 천지와 달리 칼데라 호가 아닌 **화구호**입니다. 화구호란 분화구의 함몰 없이 크기가 작은 분화구에 물이 고여 형성된 호수를 일컫습니다.

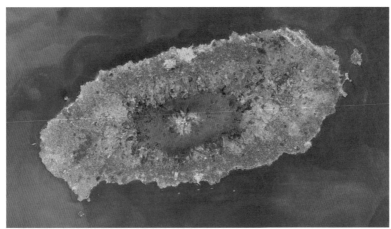

제주도 항공사진

백록담

117

한라산 산기슭에는 작은 언덕들이 약 360여 개 분포하는데 이 작은 언덕들을 **기생화산**이라고 부릅니다. 큰 화산체에 붙어 있는 작은 화산이라고 해서 이렇게 부른답니다. 제주도에서는 기생화산을 '~오름', '~악', '~봉'이라고 하는데요, 기생화산들은 한라산이 만들어지고 난 이후 형성되었고 대개 관광지로 유명합니다. 제주도는 우리나라에서 기생화산을 가장 흔히 볼 수 있는 곳입니다. 그래서 제주도 화산 지형 지도를 제시할 때는 '~오름', '~악', '~봉' 등 제주도만의 독특한 이름을 가진 기생화산이 수록된 지형도를 주로 이용합니다.

제주도에는 **용암 동굴**도 발달되어 있어요. 용암 동굴은 완경사면을 흘러내리던 용암이 굳을 때 지표면을 흐르던 용암은 공기 중에 노출

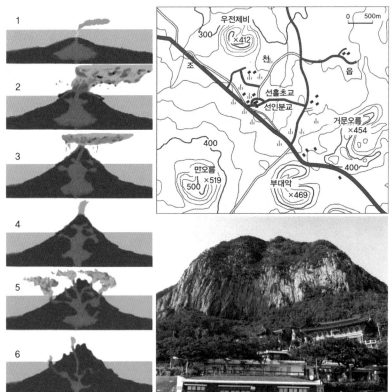

제주도 화산활동의 과정(좌)
기생화산의 형성은 5단계와 6단계에 해당한다.
제주도 기생화산(우/상)
산방산(우/하)
제주도에 있는 대표적인 기생화산이다.

협재굴

되어 먼저 굳어버리고 그 안쪽 즉 아랫쪽에서 흐르는 용암은 냉각 속도가 늦어 굳지 않고 흘러 내려가면서 형성되는 동굴이에요. 경사가 완만하고 유동성이 큰 용암이 분출된 덕분에 용암 동굴이 잘 발달한 것입니다. 용암 동굴은 용암이 굳어서 형성된 것이므로 석회 동굴과 달리 동굴 안이 단조로워요. 또한 지하로 깊이 들어가지 않는 수평적인 동굴의 특징을 보입니다.

제주도는 우리나라에서 강수량이 매우 많은 지역임에도 불구하고 물이 지하로 스며들어 지표수가 부족합니다. 왜 그럴까요? 예. 제주도는 유동성이 크고 점성이 작은 용암이 분출되어 형성된 지형으로 **현무암이 기반암**을 이룬 탓이지요. 여기서 질문 하나! 현무암이 물을 지하로 빠트리는 것은 무슨 까닭일까요? 많은 학생이 현무암의 표면에 뚫린 구멍 탓이라고 생각합니다. 그런데 실은 구멍 때문에 물이 빠지는 게 아닙니다. 현무암의 구멍은 표면에만 뚫려 있을 뿐 터널처럼 이어져 있지 않거든요. 만일 현무암에 뚫린 구멍이 벌레 파먹은 듯 서로 이어져 있다면 작은 현무암을 가져다 실을 꿰어 목걸이의 펜던트로 이용할 수 있고 현무암을 손바닥 위에 놓고 물을 뿌리면 현무암을 통과한 물이 손바닥으로 흘러내려야 합니다. 하지만 그런 현상은 일어나지 않습니다.

제주도의 지표수가 부족한 이유는 기반암인 현무암이 주상절리 형태이기 때문입니다. 주상절리는 유동성이 큰 현무암질 용암이 하천이나 바닷물 등을 만나 급격히 냉각되면서 생긴 기둥 모양의 화산 지형을 말합니다. 현무암질 용암이 분출한 곳에서 볼 수 있기 때문에 제주도에서도 흔히 볼 수 있지요. 기둥 모양인 주상절리 사이사이에는 균열이 존재하고, 이 균열이 바로 물을 지하로 빠트려 지표수를 부족하게 만드는 원인이 됩니다. 그래서 제주도 하천은 비가 오지 않으면 물이 흐르지 않는 **건천(마른 하천)의 특징**을 보입니다. 이렇게 지표수가 부족하니 농경지라 해도 밭이나 과수원으로밖에는 이용할 수 없는 것이고요.

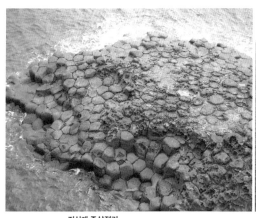

지삿개 주상절리

재미있는 현상도 있습니다. **지하로 흐르던 물이 해안가에서 용천(湧泉)의 형태로 드러난다**는 사실입니다. 덕분에 해안가 용천대가 분포하는 곳에서는 맑은 물이 퐁퐁 솟아오르기도 하고, 우물(샘)이 형성되기도 해요. 제주도의 마을들이 주로 해안가에 분포하고 있는 이유를 짐작하겠지요? 그렇죠. 해안가에 있어야 물을 구하기 쉬우니까요.

　이런 다양한 자연적 특색을 가진 제주도 화산 지형은 보존 가치가 높아 생물권 보전 지역, 세계 자연 유산(2007년), 세계 지질 공원으로 지정되었을 뿐만 아니라 생태 관광 지역으로도 각광 받고 있습니다.

철원–평강 용암대지

　철원–평강 일대에는 높이가 높고 평평한 대지가 분포해 있습니다. 바로 용암대지(鎔巖臺地)입니다. **용암대지**는 현무암질 용암이 지각의 균열을 타고 물 흐르듯 분출하는 열하 분출을 일으켜 지각의 굴곡을 메워 형성된 평평한 대지 모양의 지형입니다. 철원 용암대지 일대에는 한탄강에 의해 형성된 수직 절벽이 분포하고, 그 절벽에는 주상절리가 분포합니다. 용암대지의 기반암은 현무암인데요, 그 주변의 산지에서는 기반암으로 편마암이나 화강암이 발견됩니다. 그러니까 주변 산지가 먼저 만들어지고 나중에 화산활동에 의해 평평한 대지 모양의 용암대지가 형성되었다는 것을 알 수 있겠지요?

용암대지 지형도(좌)
용암대지(우)

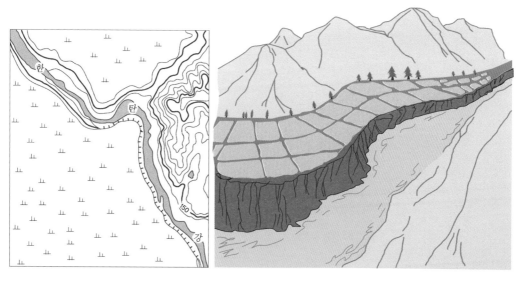

또 한 가지. 철원-평강 용암대지에서는 제주도와 달리 벼농사를 짓습니다. 용암대지 위를 흐르던 한탄강이 운반·퇴적 작용을 일으켜 대지 위에 2~3m 가량의 토사를 퇴적시켜준 덕분입니다. 이 두꺼운 퇴적층이 물을 잡아주어 벼농사가 가능해진 것이지요. 게다가 한탄강의 물을 거꾸로 끌어올릴 수 있는 양수기가 사용되면서 농업용수 공급이 원활해져 본격적으로 벼농사가 실시될 수 있었답니다. 이곳에서 생산되는 쌀이 그 유명한 오대미 혹은 오대쌀입니다.

우리나라의 하천과 평야 지형 ⑤

빗물이나 여러 종류의 지표수 등이 물길을 따라 흐르는 것을 **하천**이라고 합니다. 하천은 작은 지류들이 합쳐져 본류가 되고, 하천과 바다가 만나는 하구를 통해 바다로 흘러듭니다. 이렇듯 **하천의 본류와 모든 지류를 합쳐 하천의 연결 상태와 흐름을 그물처럼 체계화한 것을 하계망***이라고 합니다. 손가락과 손바닥 그리고 팔을 놓고 생각해봅시다. 손가락은 하천의 지류, 손가락이 연결되어 있는 손바닥과 팔은 본류가 되겠지요? **하계망을 통해서 빗물 등의 지표수가 모이는 범위는 하천 유역**이라고 합니다. 하천의 크기가 클수록 하천 유역 면적이 넓겠죠. 이때 하천 유역 사이를 나누는 경계는 분수계(分水界), 즉 산줄기 능선입니다. 다시 말해 분수계 즉 산줄기의 능선을 둘러싸고 물이 모여드는 범위가 하천 유역이라는 뜻입니다.

* 하계망 : 하천이 갈려져 나간 정도를 나타내는 차수로 표시하는데, 차수가 클수록 하천의 유량이 풍부해지고 유역 면적도 넓어진다.

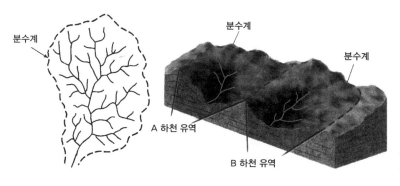

하계망도(좌)
유역과 분수계(우)

하천의 일반적인 특성＊을 잠시 알아볼까요? 하천 **유량**은 여러 하천이 합류하고 만나는 하류가 상류보다 더 많습니다. 하류로 갈수록 하천의 폭이 넓어지고 수심도 더 깊어집니다. 유량이 많으니 운반되는 토사의 양도 많고요. 상류에서부터 멀리, 그리고 긴 시간 동안 토사가 이동해왔으므로 토사의 **원마도**는 크고 크기는 작지요. 반면 하천 상류는 하류에 비해 하천의 경사도가 큽니다. 문제 하나. **유속**은 어느 쪽이 빠를까요? 많은 학생들이 상류가 더 빠르다고 알고 있지만 실제로는 하류로 갈수록 유속이 빨라집니다. 상류 지역은 경사가 급하고 하천의 폭이 좁은데다가 유량이 적으니까 당연히 유속도 빠를 거라고 여기지만 실제로는 그렇지 않습니다. 하천 상류에는 큰 바위 등 하천의 흐름을 방해하는 요인이 많아서 평균 유속은 하류로 갈수록 더 빨라집니다.

우리나라 하천의 특색

우리나라의 대하천 지도
붉은 색은 산지.
파란 색은 대하천이다.

우리나라 대(大) 하천들은 동고서저 지형(경동지형)의 영향으로 대개 서해와 남해로 유입됩니다. **서해와 남해로 유입되는 하천들은 유로가 길고, 하천 유역 면적이 넓으며, 유량이 많고, 운반되는 토사의 양도 많습니다.** 우리나라에서 하천의 길이가 $400km$가 넘는 대 하천들은 압록강, 두만강, 대동강, 한강, 금강, 낙동강 등이 있는데 그중 두만강을 제외하고 모두 서해와 남해로 유입되지요.

우리나라의 하천들은 계절에 따라 유량 변동이 심합니다. 따라서 하천 유황이 매우 불안정하고, 하상계수＊＊가 큽니다. 우리나라 하천들의 하상계수가 큰 첫 번째 이유는 강수, 즉 기후 조건 때문입니다. 여름철 강수량이 1년 강수량의 60% 가까이를 차지하는 우리나라에서는 계절에 따라 강수의 편차가 클 수밖에 없고 따라서 하천 유량도 계절적 편차가 크게 나타나는 것이지요. 두 번째 이유는 하천의 유역 면적이 좁기 때문입니다.

하상계수가 크면 홍수와 가뭄이 빈번하게 발생하고, 내륙 수운*** 이나 수자원을 이용하기가 매우 까다롭고 어렵습니다. 그래서 우리나라는 다목적댐이나 저수지, 보(洑) 등을 건설하고 조림사업(삼림 녹화 사업)을 실시하여 이 같은 문제점을 극복하려고 노력하고 있습니다.

앞에서 우리는 "우리나라 하천들은 주로 서·남해로 유입된다"는 것을 배웠어요. 그런데 **우리나라의 서·남해는 조수간만의 차가 매우 커서 하천의 흐름에 영향**을 주기도 합니다. 밀물과 썰물의 영향을 받아 주기적으로 높이가 달라지고 물의 흐름도 달라지는데요, 이렇게 밀물과 썰물의 영향을 받는 하천을 **감조하천**이라고 합니다. 서·남해로 흘러가는 하천 중 경사가 급한 하천을 제외하고는 모두 감조하천의 특색을 보입니다. 하구(하천과 바다가 만나는 지점)는 바닷물의 영향을 가장 많이 받으므로 수위 변화가 가장 크고, 하구에서 멀어질수록 영향력이 적어져 수위 변화폭도 작아집니다. 썰물 때는 하천의 흐름 방향과 바닷물의 이동 방향이 같아서 문제가 발생하지 않지만, 밀물 때는 하천의 흐름과 바닷물의 흐름이 반대가 되어 오히려 하천이 육지 쪽으로 역류하고 하천의 수위가 높아지며 하천의 염도가 높아지는 현상이 발생합니다. 그리고 홍수와 밀물이 겹치면 하천 하류와 하구에 홍수 피해가 가중되지요. 이런 문제를 해결하기 위해 **금강, 영산강, 낙동강에는 하굿둑****이 건설**되어 있습니다. 하굿둑을 건설하면 바닷물의 역류를 막아 염해가 방지되고 홍수가 났을 때 밀물로 인한 피해가 가중되는 것을 막아줍니다. 또한 바닷

**

하상계수(河狀係數) : 한 하천의 어떤 지점에서 1년 또는 여러 해 동안의 최소 유량(l)에 대한 최대 유량의 비율이다. 최소 유량은 항상 1로 하는데 최대 유령 수치가 클수록 최소 유량과 최대 유량의 격차가 크므로 하상계수가 크다. 하상계수가 클수록 유량의 변동이 크고 불안정하기 때문에 작을수록 수자원을 이용하는 데에 유리하다. 예를 들어 하상계수가 1:200이라 하면 1은 최소 유량, 200은 최대 유량을 나타내는 것으로 이 경우 하상계수가 크다고 말할 수 있다. 콩고 강(1:4), 나일 강(1:30), 라인 강(1:14) 등은 하상계수가 1:40을 넘지 않는 반면 우리나라 대 하천들 중 한강(1:90)을 제외한 대 하천들은 하상계수가 1:100을 넘는다.

***

수운(水運) : 강이나 바다를 이용하여 사람이나 물건을 배로 실어 나름)

****

하굿둑 또는 하구언(河口堰) : 강물이 바다로 흘러 들어가는 강어귀에 바닷물이 침입하는 것을 막기 위해 쌓은 둑이다. 대한민국의 낙동강, 금강, 영산강에는 염해를 방지하기 위해 하굿둑이 건설되었다.

125

물의 역류를 막는 과정에서 하천이 바다로 유입되는 것을 막을 수 있으므로 공업 및 농업용수를 확보하는 데도 유리하지요. 하굿둑을 건설하면 하천으로 분리된 지역이 연결되어 교통로가 확보되는 장점이 있지만, 하천의 흐름이 막혀 갯벌로 유입되는 토사의 양이 줄어 갯벌이 축소·파괴되며 하구 주변 수심이 깊어져 하구 연안 생태계가 파괴된다는 단점도 있습니다.

하천의 형태

하천의 중·상류에는 높은 산과 깊은 골짜기들이 보이고, 중·하류에는 낮은 언덕들과 평야가 보이지요. 하천의 형태도 위치에 따라 달라질까요? 예, 그렇습니다. 하천은 상류에서 하류, 그리고 바다를 만나는 하구에 이르기까지 일정한 모습으로만 흘러가지 않습니다.

우리나라 하천의 중·상류지역, 즉 산지를 곡류하는 하천을 **감입곡류하천**이라고 합니다. 감입(嵌入)은 원래 '장식 따위를 새기거나 박아 넣음'이라는 뜻으로 "깊은 골짜기를 판다"는 의미로 생각하면 됩니다. 그러니까 감입곡류하천이란 깊은 골짜기를 파면서 구불구불 흐르는 하천이라는 뜻이지요. 과거 신생대의 경동성 요곡운동 이전에 우리나라는 평탄한 지형이었습니다. 특정 지역이 더 높거나 낮지 않고 오랜 시간 침식작용에 의해 평평했어요. 그 위를 하천이 자유롭게 곡류하고 있었고요. 그런데 신생대 제3기 경동성 요곡운동이 일어나 한반도가 동고서저의 경동지형이 되면서 하천은 서쪽이나 서남쪽으로 흐르게 됩니다. 고도가 높아지면서 하천의 유속도 빨라졌고요. 그 결과 하천의 바닥(하상)이 깎이는 **하방 침식**을 강하게 일으키게 되고, 마침내 하천은 골짜기 속에 갇혀 흐르게 되었답니다. **감입곡류하천이 경동성 요곡운동(융기작용)과 하방 침식에 의해 형성되었다고 보는 이유입니다.**

감입곡류하천은 하방 침식이 우세하지만 곡류하는 관계로 측방 침

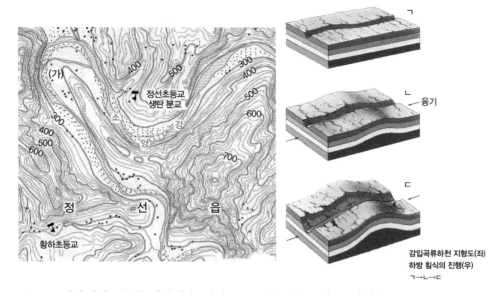

감입곡류하천 지형도(좌)
하방 침식의 진행(우)
ㄱㄱㄴㄷ

식도 존재합니다. 측방 침식이란 하천이 골짜기 양쪽 벽을 침식하는 작용으로 하천의 폭을 넓히기도 하고 하천의 유로를 변경시키는 원인이 되기도 합니다. 하지만 감입곡류하천에서는 하천의 폭을 넓히는 것도, 하천의 유로를 변경하는 것도 쉽지 않습니다. 하지만 감입곡류하천도 곡류하므로 유속이 빠른 쪽에는 측방 침식이 나타나 급경사면을 이루고 그로 인해 등고선 간격이 매우 좁고 하상도 비대칭적으로 나타납니다.

　　우리나라 하천의 중·상류 지역 하천, 즉 산간 지역에서 깊은 골짜기를 **형성하며 곡류*하는 하천 모두 감입곡류하천입니다.** 감입곡류하천을 나타내는 지형도를 보면 하천과 등고선이 잘 구분되지 않습니다. 깊은 골짜기 속에서 곡류하기 때문에 하천 주변 계곡의 형태와 하천의 형태가 유사할 수밖에 없어 **하천과 주변 등고선이 평행**하게 나타나고, **주변 등고선의 간격도 매우 좁으며, 등고선에 표시된 고도가 높습니다.**

*
우리나라에는 곡류하는 하천과 깊은 골짜기가 잘 어우러진 곳이 많다. 이들 지역은 경관이 수려하여 관광지로 이용되며, 주로 래프팅(급류타기) 같은 수상 레포츠를 즐길 수 있다. 감입곡류하천이 흐르는 지역은 수력 발전소를 건설하는 데에도 유리하다. 하지만 홍수 대비 시설인 인공제방 등을 보기는 어렵다. 여름철에 비가 많이 내려도 하천 주변이 높은 산지이고, 완경사지라 해도 하천보다 고도가 높아 홍수나 범람 피해가 적은 탓이다.

감입곡류하천 지형도

감입곡류 경관

　감입곡류하천에서 우리는 계단 모양의 지형을 볼 수 있는데 이와
같은 지형을 **하안단구**라고 합니다. 하안(河岸)은 하천 양안, 즉 하천
양쪽 가장자리라는 뜻이고, 단구(段丘)는 계단 모양의 언덕을 의미합
니다. 줄여 말하면 하천 주변에 있는 계단 모양의 언덕이죠. 하안단구
는 감입곡류하천이 만들어지는 과정에서 형성되는 지형이므로 **감입
곡류하천과 하안단구는 짝꿍**이라고 생각하면 됩니다.

　좀 더 살펴볼까요? 신생대 제3기 경동성 요곡운동으로 곡류하던 하
천은 하방 침식을 일으킵니다. 이때 하천이 곡류하기 때문에 하천의

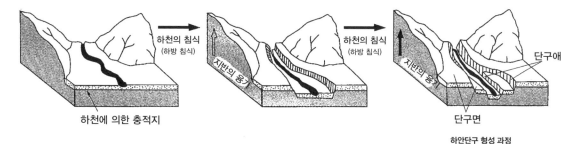

하천의 침식
(하방 침식)

하천의 침식
(하방 침식)

지반의 융기

지반의 융기

단구애

하천에 의한 충적지

단구면

하안단구 형성 과정

유속이 빠른 사면의 바닥은 파이게 되고, 상대적으로 유속이 느린 사면의 하천 바닥 즉 하상은 물 위로 드러나게 됩니다. 그래서 감입곡류 하천 지형도를 보면 하천의 유속이 느린 쪽 사면은 등고선 간격이 넓게 나타나는데, 이것들은 다 하안단구이고 하천 유속이 느린 쪽 사면에서 주로 볼 수 있답니다.

하안단구에서 과거 하천의 바닥(하상이었던 곳)은 우리가 이용하는 계단에서 발을 딛는 평평한 부분에 해당됩니다. 이를 **단구면**이라고 하죠. 그리고 급경사 부분을 **단구애**(애(崖)는 절벽, 벼랑을 의미)라고 합니다. 우리가 이용하는 곳은 단구면이므로 단구애는 잊어버리더라도 단구면은 꼭 기억해야 합니다. **단구면의 땅을 파보면 모래나 둥근 자갈을 확인할 수 있습니다. 왜냐하면 단구면이 과거 하상이었기 때문**이지요. 단구의 특징 중 하나이니 잘 기억해두시기 바랍니다.

앞에서 선생님이 "감입곡류하천에선 평지를 보기 어렵다"고 말했지요? 그런데 하안단구가 있는 곳에서는 평지 혹은 완경사지가 존재합니다. 그리고 단구면은 등고선을 그릴 수 있을 만큼 고도가 높으므로 홍수나 범람의 피해도 적습니다. 그래서 **하안단구(단구면)는 농경지, 취락, 교통로로 이용**됩니다.

감입 곡류와 하안 단구(A, B, C)

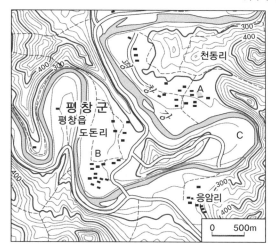

감입곡류하천과는 반대로 평야 지역을 자유롭게 유로 변경하면서 구불구불 흐르는 하천이 있습니다. 하천의 중·하류지역 그리고 지류 하천에서 주로 볼 수 있는데 이와 같은 하천을 **자유곡류하천**이라고 합니다. 자유곡류하천은 말 그대로 자유롭게 흐르는 하천입니다. 감입곡류하천과는 다르게 **평야 지역을 흐르기 때문에 하천의 유로 변경 시 주변 지형의 제약을 받지 않습니다.** 그래서 지형도를 살펴보면 자유곡류하천 주변에는 논이나 밭이 보입니다. 그 너머로 낮은 언덕들이 있고요. 또한 등고선들은 하천 주변에서 떨어져 분포하지요.

그런데, 유로 변경은 어떻게 가능할까요? 같이 살펴보겠습니다. 자유곡류하천은 평야 지역을 흐르기 때문에 하방 침식보다는 하천 유로의 옆면을 깎는 측방 침식이 우세합니다. 곡류하는 하천의 유로를 살펴보면 커브가 큰 쪽의 사면, 즉 크게 도는 쪽의 사면은 유속이 빨라 측방 침식 작용이 활발하지만 반대쪽 사면은 유속이 느려 퇴적 작용이 활발합니다. 이 과정이 계속되면 하천의 폭이 넓어지고 하천의 곡류가 심해지며 평상시보다 유량이 많아지거나 유속이 빨라지면, 커브가 큰 사면 즉 유속이 빠른 쪽 사면은 하천의 범람 가능성이 높

감입곡류하천과 하안단구는 형태와 지형의 종류는 다르지만 만들어지는 과정과 분포 위치 등 서로 관계가 깊은 지형이므로 반드시 함께 공부해야 한다.

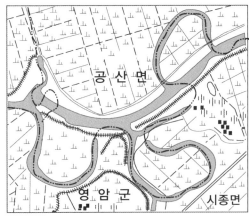

자유곡류하천 지형도(좌)
자유곡류하천 실제 모습(우)

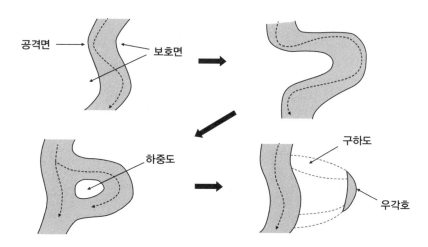

공격면 → 보호면

하중도

구하도

우각호

측방 침식과 유로 변경 과정

아집니다. 이것은 동계 스포츠 중 쇼트트랙을 생각하면 됩니다. 쇼트 트랙에서 코너 구간을 도는 선수들이 원심력에 의해 튕겨져 나가는 경우가 많습니다. 그래서 이를 방지하기 위해 코너 구간을 돌 때 손을 짚고 스케이팅 하는 것을 볼 수 있죠. 자유곡류하천도 마찬가지입니 다. 평야 지역의 자유곡류하천에서 커브가 큰 쪽 사면은 평상시보다 유속이 빨라지거나 물의 양이 많아지면 유로를 따라 곡류하지 못하 고 유로를 이탈하고 범람, 즉 유로 변경을 하게 되는 것이지요.

자유곡류하천 주변에는 이런 유로 변경 과정에서 형성된 다양한 지형 들이 존재합니다. 하천으로 둘러싸인 섬인 **하중도(河中島)**, 하천 유로가 끊겨 생긴 소뿔 모양처럼 생긴 호수인 **우각호(牛角湖)**, 과거에 하천의 유로였으나 지금은 흔적만 남은 **구하도(舊河道)**가 대표적이지요.

하천의 유로 변경이란 사람 입장에서 보면 홍수이자 범람이므로 자유곡류하천 주변에는 범람이 자주 일어납니다. 그래서 자유곡류하 천 주변의 평야는 하천 범람으로 토사가 퇴적되어 형성된 **범람원**입니 다(범람원은 하천이 형성한 평야에 대해 설명할 때 자세히 다룰게요. 일단 자유

감입곡류하천과 자유곡류하천 은 곡류한다는 점을 제외하고 특징이 매우 다르다. 두 하천의 특징과 다른 점을 비교해서 확 인해두어야 한다. 두 가지 하천 중 감입곡류하천의 출제 빈도가 더 높다.

131

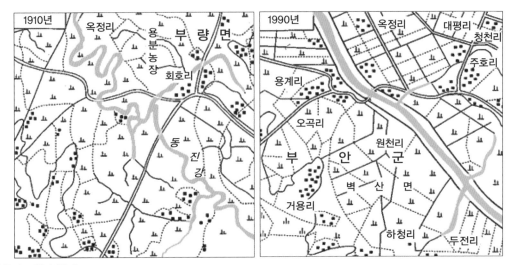

직강공사로 지형이 변한 예

곡류하천 주변의 평야는 범람원이라는 것만 기억하세요). 자, 이렇듯 자유곡류 하천은 범람을 자주 일으키는 하천이기 때문에 그 주변에 홍수 대비를 위한 인공제방이 설치되어 있는 경우가 많습니다. 더 적극적인 방법으로 하천 유로를 직선으로 바꾸는 직강공사를 실시하기도 해요. **하천의 유로 변경, 즉 범람이 일어나는 원인은 하천이 측방 침식을 하며 곡류하는 탓이므로** 곡류하는 하천의 유로를 직선으로 변경하여 홍수 피해를 줄이려 했답니다. 하지만 직강공사는 오히려 홍수 피해를 가중시키고 말았습니다. 직강공사를 실시하면 하천의 폭의 넓어지면서 하천의 모양은 직선이 되는데요, 막상 홍수가 나면 직강공사 이전보다 유속이 더 빨라지는 문제가 발생하여 홍수 피해가 오히려 가중되었던 것이지요.

충적 평야(하천 퇴적 평야)

하천은 침식·운반·퇴적 작용을 일으킵니다. 그 과정에서 토사를 운반하고 퇴적시켜 평야를 형성하기도 하는데 이를 **충적 평야**라고 합니다. 충적은 **하천 퇴적**을 일컫는 말이니 잘 기억해두기 바랍니다. 충적 평야에는 **선상지(扇狀地), 범람원(氾濫原), 삼각주(三角洲)**가 있는데요, 선상지는 하천 상류(산지와 평지 만나는 골짜기 입구)에, 범람원은 하천의 중·하류에, 그리고 삼각주는 하천과 바다가 만나는 하구에 분포합니다. 그럼 하나씩 알아보도록 합시다!

하천 상류 지역에서 산지의 급경사면을 타고 내려오던 하천은 완경사면을 지나게 되면 유속이 감소하면서 이동하던 토사들이 쌓이게 됩니다. 이 토사들은 주로 부채꼴 모양으로 퇴적되는데 이를 선상지(扇狀地)라고 합니다. 즉 산지와 평지가 만나는 골짜기 입구에서 하천이 경사급변점을 통과하면서 유속의 감소로 토사를 부채꼴 모양으로 퇴적시켜 형성된 지형이 **선상지**입니다. 선상지는 경사급변점이 발달해야 잘 형성되는데, 우리나라는 산이 낮고 완만하여 경사급변점의 발달이 미약합니다. 따라서 선상지 발달도 미약하지요.

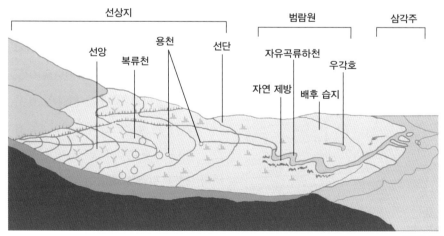

선상지, 범람원, 삼각주

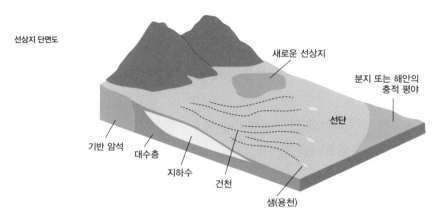

선상지 단면도

새로운 선상지

분지 또는 해안의 충적 평야

선단

기반 암석　대수층

지하수

건천

샘(용천)

선상지는 위치에 따라 선정(扇頂), 선앙(扇央), 선단(扇端)으로 구분됩니다. 선정은 선상지의 정상, 선앙은 선상지의 중앙, 선단은 선상지의 말단을 뜻합니다. 또한 선정, 선앙, 선단으로 가면서 토사의 크기가 점점 작아진다는 특성이 있지요. **선정은** 일반적으로 이용되지 않지만, **산지를 타고 내려오는 물을 구할 수 있어서 소규모의 취락**이 생겨나기도 해요. 토사의 입자가 큰 탓에 농경에 사용되지 않았지만 개간을 통해 농경지로 이용하는 경우도 있습니다. **선앙**에는 주로 사력질 토사, 즉 모래와 자갈 혹은 모래로 구성된 토사들이 퇴적되어 있어 복

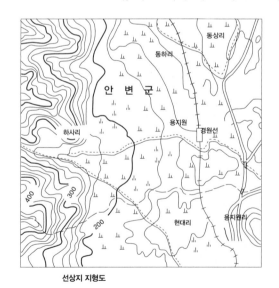

선상지 지형도

류천(伏流川, 지하로 흐르는 하천으로, 여기서 복(伏)은 '엎드리다, 숨다'의 의미로 잠복, 잠수함의 '잠(潛)'과 같은 의미죠)이 발달합니다. 그러니까 지표수가 부족하겠지요. 따라서 주로 **밭과 과수원으로 이용**됩니다. 선상지의 말단인 **선단**은 토사의 크기가 가장 작고, 복류천이 땅 위로 드러나는 용천대(우물, 샘)가 분포합니다. **선단 지역에 취락이 발달하고 논농사 중심의 농업이 발달합니다.**

하천의 중·하류 지역에는 범람이나 홍수가 잦은 자유곡류하천이 발달합니다. 홍수나 범람이 일어나면 하천 양안에 토사가 넘쳐 쌓이게 되는데 이런 과정을 거쳐 형성된 지형을 **범람원**이라고 합니다. 범람원이 형

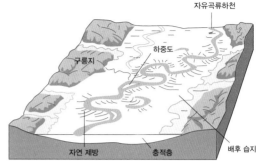

범람원 모식도

성되려면 범람이나 홍수가 자주 일어나야 하겠지요? 우리나라는 강수량이 여름철에 집중되기 때문에 범람이나 홍수가 자주 일어납니다. 따라서 범람원이 잘 발달되어 있고요. **범람원은 우리나라의 대표적인 충적 평야입니다.** 범람원은 그 특성에 따라 자연제방과 배후 습지로 구성됩니다. **자연제방**은 말 그대로 자연적으로 만들어진 제방으로 **하천에서 가장 가까운 곳에 위치합니다. 배후 습지**는 하천 배후 즉 하천의 뒤, **하천에서 멀리 떨어진 곳에 있는 습지**입니다. 하천 범람 시 하천과 함께 토사가 하천 주변으로 넘치면 입자가 크고 무거운 토사들은 하천에서 가까운 곳에, 입자가 작고 가벼운 것들은 하천에서 먼 곳까지 이동하여 쌓이게 됩니다.

이런 과정이 반복되면 하천에서 가까운 곳에는 모래와 자갈 등 입자가 큰 토사들이 주로 퇴적되어 상대적으로 주변보다 높이가 높고 물이 잘 빠지는 자연제방이 형성되고, 하천에서 멀리 떨어져 있는 곳에는 점토 등의 입자가 작은 토사들이 퇴적되어 높이가 낮고 배수가 불량하여 축축한 습지 즉 배후 습지가 형성됩니다. **자연제방은 높고 배수가 양호하여 홍수나 범**

범람원 지형도

람을 피하기 유리하므로 취락이 입지합니다. 물이 잘 빠지므로 밭이나 과수원으로 이용되고요. 반대로 배후 습지는 논으로 바꾸어 벼농사를 실시합니다. 현재 우리나라의 범람원의 배후 습지는 원래 모습을 찾아보기 어렵습니다. 대부분 농경지로 바뀌었거든요. 하지만 경상남도 창녕의 우포늪은 배후 습지 원래의 모습을 간직하고 있답니다. 우리나라의 내륙 습지 중 규모가 가장 큰 우포늪은 습지 보호 협약인 **람사르 협약**에 등록된 보호 습지로 그 가치가 매우 높습니다.

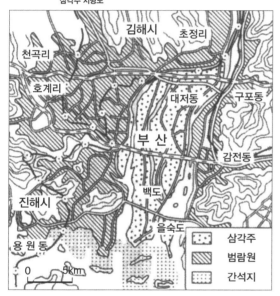

삼각주 지형도

하천과 바다가 만나는 하구에서도 충적 평야를 볼 수 있습니다. 하구에서는 하천이 바다로 유입되는 과정에서 유속 감소가 나타나고, 따라서 이동하던 토사들이 하구에 쌓이게 됩니다. 이렇게 만들어진 충적 평야를 삼각주라고 합니다. **삼각주가 형성되려면 바다의 조차가 작아야 하고, 대 하천이 미립질 토사를 공급해 줘야 하고, 수심이 얕아야 합니다.** 하지만 우리나라의 대 하천들은 거의

다 조차가 큰 서·남해로 유입하기 때문에 삼각주 발달이 미약해요. 우리나라의 대표적인 삼각주로는 **낙동강 하구 김해 삼각주**와 **압록강 하구 용천 삼각주**가 있습니다(시험 문제나 삼각주 자료에 자주 등장하는 것은 김해 삼각주입니다). 삼각주는 하구에 발달하기 때문에 선상지나 범람원에 비해 토사 크기가 가장 작습니다. 그래서 주로 논으로 개간하여 벼농사를 실시하죠. 삼각주에도 자연제방이 분포하는데요, 삼각주의 자연제방 역시 범람원의 자연제방처럼 물을 피하는 데 유리하므로 마을이 들어서지요.

충적 평야 세 종류의 분포 위치, 형성 과정, 특징, 지형도 상의 표현 등을 잘 확인해야 한다. 또한 세 지형을 놓고 서로 비슷한 점과 다른 점을 비교·분석할 수 있어야 한다.

우포늪

하천 침식 평야(침식 분지)

하천은 퇴적 작용뿐만 아니라 침식 작용을 일으켜 평야를 형성하기도 합니다. 하천의 침식 작용으로 형성된 평야에는 대표적으로 침식 분지가 있습니다. 침식 분지는 풍화·침식에 강한 편마암과 풍화·침식에 약한 화강암이 함께 분포하는 곳에서 하천의 차별 침식을 받아 편마암 분포 지역은 높은 산지가 되고, 화강암 분포 지역은 낮고 평평한 지역(분지)이 된 지형입니다. 침식 분지의 형성 과정을 간단히 말하면, "암석의 경연(硬軟, 단단하고 무름) 차에 의한 하천의 차별 침식"이라고 하겠습니다. 침식 분지가 형성되려면 앞에서 말했다시피 단단한 편마암과 무른 화강암이 함께 분포해야 하고, 여러 하천이 합류하여 침식 작용이 활발해야 합니다. 여러 하천이 만나는 지점은 하천의 중·하류보다는 하천의 중·상류*겠죠? 침식 분지가 하천의 중·상류 지점에 주로 분포하는 이유입니다.

*
하천은 상류에서 중류를 거쳐 하류로 가면서 작은 상류의 하천들이 여러 하천과 합류하고 만나서 규모가 큰 하천을 이룬다. 북한강과 남한강이 만나 한강을 이루는 것과 같다. 북한강과 남한강은 한강 상류이다.

우리 조상들은 취락 입지에 있어 배산임수를 선호했는데요, 침식 분지가 그 조건에 딱 들어맞았어요. 침식 분지는 그래서 사람들의 거주 역사가 깁답니다. 지방의 중심 도시들도 대부분 침식 분지에 위치하고 있지요. 춘천, 대전, 안동, 대구, 남원 등이 침식 분지에 위치한 도시입니다. 이중환의 『택리지』에서도 춘천을 설명할 때 "침식 분지에 위치하여 사대부들이 대를 이어 산다"고 기술한 것을 확인할 수 있습니다.

침식 분지의 안쪽 평야에서는 논

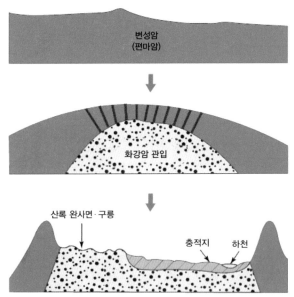

침식 분지 형성 과정 모식도

농사가 이루어지고, 산지 주변의
완경사지에서는 밭농사가 실시
됩니다. 침식 분지 지형도를 살펴
보면 등고선 간격이 좁은 부분에
큰 숫자가 표시되어 있고, 등고선
간격이 넓은 부분에는 작은 숫자
가 표시되어 있고 또 여러 하천
이 만나는 것을 확인할 수 있습
니다. 이것은 높고 경사가 심한
산지에 의해 평지가 둘러싸여 있

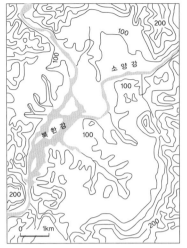

*
교과서나 문제집 혹은 모의고사에
서 가장 많이 제시되는 침식 분지
는 위에서 제시한 지역들이 아니라
강원도 양구군의 해안 분지이다.
이 지역은 '펀치볼'이라는 애칭을 갖
고 있다. 펀치볼은 우리나라 식으
로 말하면 화채를 담는 그릇인데, 6
·25 전쟁 때 외국 종군 기자가 격
전지인 양구군 해안 분지 일대를
내려다보고 모양이 화채 그릇인 펀
치볼을 닮았다 하여 붙인 이름이
다. 이 애칭은 결국 해안 분지 일대
의 마을 이름으로 불리게 되었다.

다는 뜻입니다. 또한 안쪽 평지의 하천 주변에 가옥 기호가 제법 많
이 그려진 것을 볼 수 있어요. 사람들이 많이 거주하고 있다는 것이
겠죠. 그리고 침식 분지에서 주변 산지는 편마암이, 안쪽 평지는 화강
암이 기반암인 것을 설명했었죠. 이를 바탕으로 침식 분지의 산지의

기반암과 안쪽 평지 즉 분
지의 기반암이 서로 다르
다는 것을 그리고 서로 단
단한 정도와 생성 시기도
다르다는 것을 알고 있어
야겠죠.

평야는 주로 퇴적·침식 작용에
의해 형성되어 하천의 상·중·
하류, 그리고 하구에 분포한다.
각 평야의 토지 이용 정도나 발
달 정도는 개별 평야의 특성에
따라 달라진다. 형태 역시 달라
서 지형도 상에서 쉽게 구별할
수 있다. 이것들을 구분하고 각
평야마다 가지고 있는 특성들을
잘 정리해서 기억하자.

람사르 협약

람사르 협약(Ramsar Convention)은 습지의 보호와 지속가능한 이용에 관한 국제 조약이다. 공식 명칭은 '물새 서식지로서 특히 국제적으로 중요한 습지에 관한 협약(the convention on wetlands of international importance especially as waterfowl habitat)'이다. 이를 줄여서 '습지에 관한 협약(Convention on Wetlands)'이라는 약어를 사용하기도 한다. 1971년 2월 2일, 이란의 람사르에서 18개국이 모여 체결하였으며, 1975년 12월 21일부터 발효되었다. 157개국이 이 협약에 가입되어 있는데, 대한민국은 101번째로 람사르 협약에 가입하였으며, 2008년에는 경남 창원에서 람사르 협약의 당사국 총회인 '제10차 람사르 총회'를 개최하였다. 농경지 확장, 제방건설, 갯벌매립 등으로 습지가 지속적으로 감소하여 현재 전 세계적으로 50% 이상의 습지가 소실되고 있는 상황에서, 습지는 생태학적으로 중요하며 인간에게 유용한 환경자원이라는 인식하에 체결된 국제협약이다.

람사르 협약의 목적은 생태·사회·경제·문화적으로 커다란 가치를 지니고 있는 습지를 보전하고 현명한 이용을 유도함으로써 자연 생태계로서의 습지를 인류와 환경을 위하여 체계적으로 보전하고자 하는 것이다. 현재 159개국이 가입하여 1,854개의 습지(약 1억 8천여 ha)가 람사르 습지로 등록되어 보호 중이다. 우리나라는 1997년에 가입하여 현재 '강원도 대암산 용늪', '창녕 우포늪', '전남 장도 습지', '전남 순천만', '제주 물영아리', '충남 태안군 두웅습지', '울산 무제치늪', '무안갯벌', '강화도 매화마름 군락지', '오대산 습지', '제주 물장오리오름 습지' 등 11개소(2009. 9 현재)가 람사르 습지로 등록되어 있다.

람사르 협약의 의제를 결정하는 총회는 1980년 이후 3~4년마다 개최되며, 2008년 창원 람사르 총회에서 10회를 맞이하였다. 주요 의제로 철새의 보호로부터 생태계 보전, 습지 관리와 인간의 건강 문제 등 습지의 보존과 관련된 내용들이 논의되었다.

제7차 당사국 총회에서 람사르상(Ramsar Wetland Conservation Awards)이 제정되어 이후로 3년에 한 번씩 수여하고 있다. '세계 각지의 습지와 수자원 보전 및 현명한 이용에 지대한 기여를 한 민간인, 단체 혹은 정부기관 등 공로자'가 그 대상인데 관리·과학·교육의 3개 부분에 수상된다. 시상식은 당사국 총회 기간 중 열리며, 제10회 당사국총회에서는 특별상이 추가되어 4개 부분이 수상되기도 했다. (출처 : 위키백과)

6 ... 해안 지형

우리나라 국토는 한반도로, 삼면이 바다로 둘러싸여 있습니다. 하지만 서·남해안은 섬이 많고 복잡하며 조차가 크고 갯벌이 발달하며 동해안은 해안선이 단순하고 조차가 작고 모래사장이 발달하는 등 그 형태나 해안가의 지형들은 각기 다릅니다. 자, 이번 시간에는 이렇듯 다른 특징을 보이는 우리나라 바다와 해안 지형에 대해 알아보겠습니다.

해안선의 형태

우리나라 지도를 살펴보면 동해안과 서·남해안의 형태가 매우 다르다는 것을 알 수 있어요. 동해안은 해안선이 단조롭지만 서·남해안은 해안선이 복잡하고 섬이 많습니다. 해안선의 형태는 해안선과 산맥의 방향에 따라 달라집니다. **동해안**은 해안선의 방향과 산맥(함경·태백산맥)의 방향이 서로 평행합니다. 또한 신생대 제3기 경동성 요곡운동의 영향으로 **융기작용의 영향**을 많이 받았고요. 이 같은 이유로 후빙기에 해수면 상승이 일어나도 산맥과 해안선의 방향이 평행하여 **크게 침수되지 않고**, (해안선을 따라 산줄기 평행하기 때문에) 수위가 높아져도 육지 쪽으로 물이 깊이 들어오지 못하고 해안선을 따라 같이 물에 잠겨 **해안선이 단조로울 수밖에 없습니다.**

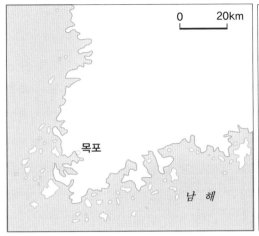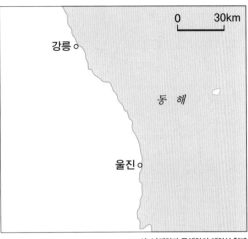

서·남해안과 동해안의 해안선 형태

서·남해안은 해안선의 방향과 산줄기 방향이 교차합니다. 따라서 산줄기가 지나가는 지역은 고도가 높지만 그렇지 않은 지역은 고도가 낮습니다. 하천이 흐르면 더 깊이 파이겠죠. 그리고 후빙기에 해수면이 상승하면 고도가 높은 지역은 덜 잠기게 되고, 고도가 낮은 지역은 바닷물이 육지 쪽으로 깊이 들어오는 바람에 **해안선의 굴곡이 심합니다.** 서·남해안을 향해 있는 2차 산지는 연속성이 떨어지는 산지인데요, 그중 다른 산지와 끊어져 있는 산지는 해수면 상승이 일어나면 주변이 바닷물에 잠겨 섬이 될 수도 있습니다. 서·남해안의 해안선이 복잡하고 섬이 많은 것은 이 같은 이유 때문입니다. 서·남해안은 또한 빙기 때 형성된 V자곡(하식곡)이 후빙기 해수면 상승으로 침수되어 복잡해진 **리아스 해안**입니다.

해안 지형의 형성

해안 지형은 다양한 작용에 의해 형성됩니다. 일단 **바닷물의 작용**에는 조류(밀물·썰물)의 작용, 파랑(파도)*의 작용, 그리고 연안류(해안선을 따라 흐르는 바닷물의 흐름)의 작용이 있습니다. **지반 융기 및 해수면**

*
파랑 : 파도(波濤), 또는 파랑(波浪)은 바다나 호수·강 등에서 바람에 의해 이는 물결을 말한다. 바람이 넓은 면적의 바다 위를 불어 지나감으로써 생긴다. 대양의 파도는 육지에 부딪히기까지 수천 킬로미터를 여행할 수 있다. 보통 파랑은 잔물결에서 30m 규모의 큰 물결까지 통칭하는 말이며, 큰 물결을 주로 파도라고 하지만 모두 바람이 원인인 'Wind wave'의 개념이다.

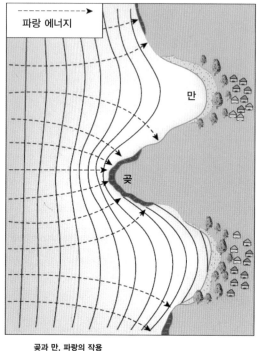

파랑 에너지

만

곶

곶과 만, 파랑의 작용

변동에 의해 해안 지형이 형성되기도 합니다.

해안에서 육지가 바다 쪽으로 돌출된 부분을 곶이라 하는데, 곶은 **파랑 에너지가 집중되는 곳으로 침식작용이 활발**합니다. 그래서 해안 침식 지형이 발달하고, 침식에 의해 단단한 기반암이 드러나 있는 암석 해안을 이루게 됩니다. 이와 반대로 바다가 육지 쪽으로 들어간 해안을 만이라고 합니다. 만은 **파랑 에너지가 분산되는 곳으로 파랑에 의한 퇴적작용이 활발하여 해안 퇴적 지형이 발달**합니다. 만은 주로 모래 해안을 이룹니다.

암석 해안

암석 해안은 파랑의 침식작용으로 기반암이 노출되어 있는 해안입니다. 파랑의 침식작용이 활발한 암석 해안은 주로 **곶에서 발달**하는데요, 암석 해안에서는 파랑의 침식작용으로 형성된 여러 해안 침식 지형을 볼 수 있습니다. 그럼 해안 침식 지형에 대해 살펴볼까요?

해안가에는 파랑의 침식작용으로 형성된 수직 절벽이 분포하는데 이를 해식애(海蝕崖)라고 합니다. 그리고 수직 절벽 밑에는 기반암이 바닷물 높이만큼 침식되어 형성된 평평한 마룻바닥처럼 생긴 지형이 나타나는데 이를 파식대(波蝕臺)라고 합니다. 해안가의 완경사면은 파랑의 침식 작용으로 깎이면서 육지 쪽으로 후퇴하게 되는데 이런 과정을 거치면서 해안가에는 수직 절벽이, 수직 절벽 아래에는 대지 모양의 평

주요 해안 지형
해안 침식 지형 ─────
해안 퇴적 지형 ◯

평한 기반암 지형이 형성되는 것이죠. 해식애의 약한 부분이 파랑의 차별 침식을 받으면 동굴이 만들어지는데요. 이를 **해식동**(海蝕洞, 해식동굴)이라고 합니다. 그리고 해식 동굴이 파랑에 의해 깎여 커지는 과정에서 맞뚫려 터널이나 아치 모양을 이루면 이를 **시아치**(sea arch)라고 하지요. 그리고 파랑의 침식 작용으로 기반암이 육지와 분리되어 홀로 바다에 남게 된 바위섬을 **시스택**(sea stack)이라고 합니다. 시스택은 시아치의 윗부분이 무너지면서 육지와 분리되어 형성되기도 합니다. 이 같은 해안 침식 지형들은 관광 자원으로 활용됩니다. 그리고 지형도 상에서 암석 해안은 해안선이나 섬 둘레에 엠보싱 모양처럼 보이는 기호가 표시되어 있답니다.

 파식대(혹은 해안 퇴적 지형)는 지반의 융기 작용(또는 해수면 하강)으로 바닷물보다 고도가 높은 곳에 위치하게 되어 **계단 모양의 언덕이 형성**됩니다. 이를 바로 바닷가의 계단 모양의 언덕 즉 **해안단구**라고 하지요. 혹시 하천 지형에서 비슷한 이름의 지형 기억나요? 예~!! 바로 하안단구죠. 하안단구는 융기 작용과 하방 침식 작용으로 형성된 하천 주변의 계단 모양의 언덕이었죠. 해안단구는 일반적으로 해안 침식 지형인 파식대가 융기작용(해수면 하강)으로 형성된 해안가의 계단 모양 언덕입니다. 과거 해식애과 파식대는 융기작용으로 높은 곳에 위치하게 되면서 해안단구가 됩니다. 이때 과거 해식애는 단구애가 되

해식애와 파식대

시아치

시스택

고, 과거 파식대는 단구면이 됩니다. 해안단구의 단구면은 과거 바다의 영향을 직접적으로 받는 곳이었기 때문에 둥근 자갈이나 모래 혹은 해양 생물의 유체(조개 껍데기 등) 등이 발견되기도 합니다. **해안단구의 단구면은 농경지와 취락, 도로 등으로 이용**됩니다. 우리나라에서 가장 대표적인 해안단구는 **강원도 강릉의 정동진**으로 해안단구 지형도로 제시된 곳은 대부분

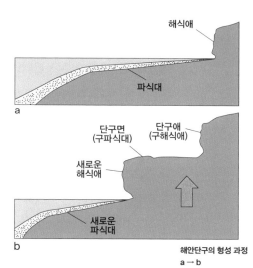

해안단구의 형성 과정
a → b

정동진입니다. 해안단구 지형도를 보면 해안가는 등고선 간격이 매우 좁지만 내륙으로 들어가면서 고도가 높아지고 등고선 간격이 매우 넓어지고 더 내륙으로 들어가면 고도는 더 높아지지만 등고선 간격은 다시 좁아집니다. 결국 해안에서 내륙으로 가면서 고도는 높아지고 등고선 간격은 좁았다 넓어졌다 다시 좁아지는 즉 **급경사→완경사→급경사로 계단 모양을 이루고 있다는 것을 확인**할 수 있답니다. 우리나라의 해안단구는 주로 동해안에 발달하는데 이는 동해안이 융기작용의 영향을 많이 받은 지역이기 때문입니다.

정동진 해안단구 지형도와 암석해안(A)(좌)
정동진의 해안단구(우)

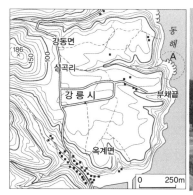

모래 해안

파랑의 힘이 분산되는 만에서는 파랑의 퇴적 작용이 활발하여 다양한 퇴적 지형이 형성됩니다. 하천이 공급하거나 암석 해안의 침식 결과물인 모래는 연안류에 의해 이동하다가 파랑에 의해 해안가에 쌓이게 됩니다. 이렇게 형성된 지형이 바로 우리가 해수욕장으로 이용하는 모래사장 즉 사빈(沙濱)입니다. 정리해볼까요? 사빈은 파랑과 연안류의 이동 및 퇴적 작용에 의해 형성된 것입니다. 동해안 특히 강릉 이북과 태안반도 일대에 잘 발달하지만 주로 동해안 일대에 규모가 큰 사빈이 잘 발달되어 있습니다. 그런데 동해안의 사빈과 서해안의 사빈은 모래 공급원이 다릅니다. **동해안의 사빈은 하천이 공급한 모래가 퇴적된 지형이지만, 서해안은 하천이 모래보다 점토질의 토사를 많이 공급하기 때문에 모래 공급이 적습니다. 그래서 서해안의 사빈은 하천이 아닌 암석 해안 침식 결과 발생한 모래가 퇴적되어 형성된 것입니다.** 지형도 상에서 사빈은 해안선에서 육지 쪽으로 점을 찍어 표현한답니다.

사빈의 모래는 바다에서 부는 바람에 의해 이동합니다. 바다 쪽에서 육지로 부는 해풍에 의해 사빈의 모래가 날려 사빈 뒤에 퇴적되어 모래 언덕을 형성하는데 이것을 **해안사구(海岸砂丘)**라고 합니다. 즉 해안사구는 사빈의 모래가 바람에 의해 이동·퇴적되어 형성된 모래 언덕입니다. 해안사구가 생소하다고 생각하지 모르지만 해안사구는 **해수욕장에서 볼 수 있는 지형**입니다. 바로 해수욕장, 즉 모래사장 뒤에 살짝 높이가 높고 나무가 심어져 있거나 야영장이나 텐트장으로 이용되는 공간이 바로 해안사구입니다. 야영장이나 텐트장으로 이용되는 곳은 자연 상태를 유지하고 있는 해안사구지만 사빈이 해수욕장으로 이용되는 경우에는 해안사구가 인공적으로 바뀌는 예가 많습니다. 여러분도 해수욕장에서 신나게 놀다가 숙소로 돌아갈 때 계단이나 완경사면을 올라간 기억이 있을 겁니다. 그곳에는 도로가 포장되어 있고 샤워장, 해수욕 관련 용품 판매점, 음식점, 슈퍼, 숙소 등 온갖 해수욕과 관련된 시설들이 분포해 있지요. 이곳은 사빈보다 고도가 높은데 해수욕과 관련된 부대시설을 만들려고 일부러 높이를 높게 만든 것이 아니라 해안사구 위에 이런 시설들을 만들었기 때문에 높은 것입니다.

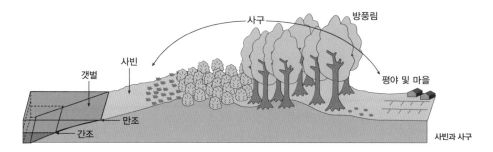

우리나라의 해안사구 중 **서해안 태안반도 신두리 해안사구가 가장 규모가 큽니다.** 이곳에 대규모 해안사구가 발달한 이유는 겨울 북서 계절풍의 영향 때문입니다. 해안사구는 사빈과 해안사구 사이에 모래 양을 조절하는 역할을 하여 **해안을 보호**하고, **해안 생물의 서식지 역할**을 하며, 폭풍과 해일의 피해를 줄이는 **자연 방파제 역할**을 하여 **염해를 방지**합니다. 그리고 해안사구를 통과한 빗물이 사구 밑에 저장되어 **해안 주민들의 식수 공급원 역할**도 합니다. 이처럼 다양한 기능을 가진 해안사구가 파괴되면 이런 기능들이 다 사라지게 되지요.

해안사구 뒤에는 취락과 농경지가 존재합니다. 사빈의 모래가 바람에 날려 해안사구를 형성했듯이 바람이 불면 해안사구의 모래도 해안사구 뒤의 농경지나 취락으로 날아갑니다. 그럼 농경지나 취락에 모래 바람으로 인한 피해가 발생하겠죠? 이런 피해를 줄이기 위해서 해안사구에 **방풍림 혹은 방사림을 조성**하기도 합니다.

해안가에는 해안선을 따라 평행하게 긴 모래톱이 나타나기도 합니다. 이 지형을 사주(沙柱)라고 하는데요, 사주는 파랑과 연안류의 퇴적 작용에 의해 형성됩니다. **사주는 그 자체로는 의미가 없지만 사주에 의해 다른 해안 퇴적 지형이 형성되므로 기억해야 합니다.** 섬의 뒤쪽은 침식작용보다 퇴적작용이 활발합니다. 섬의 뒤쪽에서 육지로부터 사주가 퇴적되면 육지와 섬이 연결되기도 합니다. 섬이 사주에 의해 육지와 연결되면 이를 육계도(陸繫島), 섬과 육지를 연결한 사주를 육계사주(陸繫沙柱)라고 합니다.

동해안에는 바닷가 근처에 호수가 종종 분포합니다. 이 호수를 석호(潟湖)라고 합니다. 석호는 과거 하천이 흐르던 계곡 지형이 후빙기 해수면 상승으로 침수되어 만이 되고 만 입구에 파랑과 연안류의 퇴적 작용으로 사주가 형성되면서 만의 입구가 막혀 호수로 바뀐 지형입니다. 석호를 **후빙기 해수면 상승의 증거 지형**이자, **사주 퇴적으로 형성된 해안 퇴적 지형**이라고 보는 이유입니다. '석호'라는 말이 나오면 반드시 후빙기 해수면 상승과 연결시켜야 합니다. 잘 기억해두세요! 석호는 시간이 지나면 점차 그 수심과 둘레가 축소됩니다. 석호 뒤에 분포하는 하천 때문이죠. **일반적으로 석호 뒤, 즉 육지 쪽으로는 하천**

제주도 성산 일출봉(육계도·육계 사주)

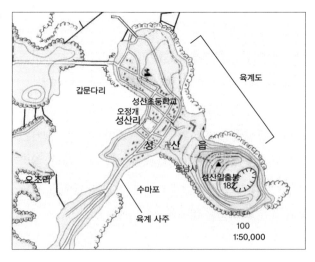

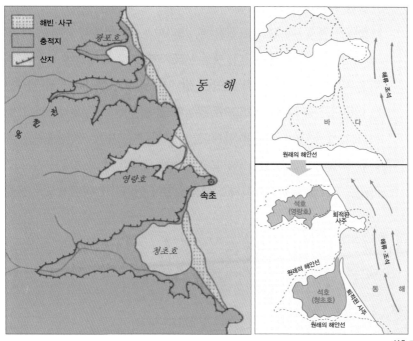

석호 지형도(좌)
석호의 형성 과정(우)

이 분포합니다. 이 하천은 석호에 물과 토사를 공급하는데요, 토사들은 석호의 수심과 둘레를 축소시키고 석호를 충적지로 변화시킵니다. 석호 주변에 분포하는 반듯반듯하게 정리된 농경지는 과거 석호였던 곳이지요. 그런데 석호의 물은 고인 물이라서 깨끗하지도 않고, 바닷물보다는 염도가 약하지만 하천처럼 민물이 아니라 농업이나 생활용수로 이용할 수 없습니다. **석호는 현재 동해안에서 볼 수 있습니다.** 후빙기 해수면 상승으로 우리나라 모든 해안에 석호가 형성되긴 했지만 서·남해안의 석호는 대부분 사라졌거든요. 서·남해안의 석호는 대 하천들이 대량으로 토사를 공급하고, 또 인간이 땅을 활용하기 위해 매립하는 과정에서 육지로 변했기 때문입니다. 동해안의 석호는 관광 자원으로 이용되고 사주의 전면부, 즉 바다와 맞닿아 있는 사주 부분은 사빈처럼 해수욕장으로 이용되기도 합니다.

갯벌 해안

갯벌은 밀물 때 잠기고 썰물 때 드러나는 해안 퇴적 지형으로, 염생 습지, 간석지로 불립니다. 갯벌은 조차가 크고 대 하천으로부터 미립질 토사 공급이 활발한 해안에 잘 형성됩니다. **우리나라 서·남해안은 이런 조건을 갖추고 있으므로 갯벌이 잘 발달**했지요. 우리나라 갯벌은 세계에서 다섯 손가락 안에 들 정도입니다. 가치 또한 매우 높아 일부 습지는 람사르 협약(습지 보호 협약)에 등록되어 보호되고 있고요. **갯벌은 오염 물질을 정화시키는 작용을 한다 하여 자연의 콩팥으로 불립**

갯벌 지형도(좌/상)
새만금 방조제(좌/하)
서해안의 갯벌과 바다를 육지로
바꾼 간척 사업의 결과이다.
(by 새만금사업추진기획단 [CC BY 2.5])
영화 〈취화선〉의 한 장면(우)
갯벌의 모습을 가장 잘 표현해준다.
(출처: 네이버영화)

니다. 생태계의 보고(보물창고)로서 다양한 해양 생태계의 산란장과 서식처가 되며, 태풍과 해일의 완충 지대 역할을 하지요. 뿐만 아니에요. 염전과 양식장으로 이용되기도 하고, 간척 사업을 실시하여 농경지나 주거 용지, 공업 용지로 활용하기도 합니다. 학술 연구 대상이 되기도 하고, 관광지로 이용되기도 하지요. 지형도 상에서 갯벌은 해안선을 중심으로 바다 쪽으로 점을 찍어 표현합니다.

앞에서 사빈은 해안선을 중심으로 육지 쪽으로 점을 찍어 표현한다고 했다. 해안선을 기준으로 육지 쪽 점은 사빈, 바다 쪽 점은 갯벌이다. 잘 구분해두자.

7 카르스트 지형

우리나라에서 카르스트 지형이 분포하는 대표적인 지역은 강원도의 영월·삼척, 충청북도의 단양·제천, 경상북도의 울진 등이다. 카르스트 지형은 석회암 용식 지형이므로 고생대 평남·옥천 지향사, 그리고 조선계 지층 혹은 조선 누층군을 함께 기억해야 한다. 조선 누층군은 평안남도와 강원도에 분포된 고생대 초엽의 퇴적암 누층으로 캄브리아기에서 오르도비스기에 형성되었다. 누층(累層)은 여러 층이라는 뜻이다.

우리나라 강원도 남부, 충청북도 북부, 경상북도 북부 지역에는 석회암이 다량 분포합니다. 그런데 석회암의 주성분인 탄산칼슘은 물에 잘 녹는 특성을 지녀서 빗물이나 지하수를 만나면 용식(溶蝕, 물에 녹는 것) 작용을 일으킵니다. 이게 뭐지 싶지만 초등학교 혹은 중학교 과학 시간에 배운 내용이자 실험해본 내용이랍니다. 그럼 기억을 더듬어볼까요? 비커에 석회수나 물과 석회석을 넣은 다음 빨대로 후~ 하고 불면 비커 안의 액체가 뿌옇게 흐려지는 실험이 바로 석회암 용식 작용과 침전물(뿌옇게 흐려진 것이 바로 침전물) 형성에 관련된 실험이었지요. 기억나시죠? 다시 돌아와서,^^ 이런 용식 작용이 반복되면 지상과 지하에 다양한 지형이 만들어지는데요, 이를 **카르스트 지형**이라고 합니다. 즉 카르스트 지형이란 고생대 조선계 지층(조선 누층군)에 분포하는 석회암의 주성분인 탄산칼슘이 빗물과 지하수의 작용으로 용식되어 생긴 지형입니다. 우리나라는 석회암이 풍부하고 강수량이 많아 카르스트 지형이 잘 발달되어 있습니다.

땅 위에 분포하는 카르스트 지형으로 돌리네, 우발라, 폴리에가 대표적입니다. **돌리네**는 석회암 용식 작용으로 형성된 웅덩이로, 일부 지역에서는 연못처럼 생긴 밭이라 해서 못밭, 움푹 파인 모양의 밭이라고 해서 움밭이라 부르기도 합니다. 돌리네가 확장되면서 두 개 이

상의 돌리네가 결합되어 커
지면 이를 **우발라**라고 하
고, 석회암 용식 작용으로
수 킬로미터~수백 킬로미
터에 이르는 계곡이나 분지
가 형성되면 이를 **폴리에**라
고 합니다. 그러니까 **석회암
용식 작용으로 형성된 움푹
파인 지형을 크기에 따라 돌
리네, 우발라, 폴리에로 구분**
한 것이라 생각하면 쉽겠죠?

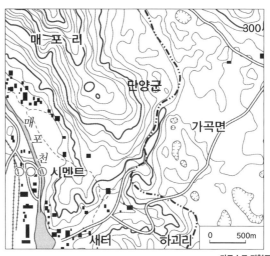

카르스트 지형도

이와 같은 지형에는 붉은 색의 석회암 풍화토가 덮여 있습니다. 붉
은 색을 띠는 이유는 석회암이 물에 녹으면 완전히 녹는 것이 아니라
침전물이 형성되는데요, 이 침전물 속에 남아 있던 철이 산화 작용을
거쳐 붉은 색의 산화철이 되는 탓입니다. 철이 녹슬면 붉은 색을 띠
는 원리와 같습니다.

카르스트 지형은 배수가 양호하기 때문에 밭농사에 적합합니다. 돌
리네나 우발라 안에는 물이 빠지는 배수구 같은 싱크홀이 분포하기
때문이지요. 싱크홀은 쉽게
말해 부엌 싱크대 안에 물
이 빠져나가도록 깊이 패여
있는 공간으로 생각하면
됩니다. 싱크홀의 싱크와
싱크대의 싱크는 같은 단어
랍니다.

카르스트 지형의 지하에

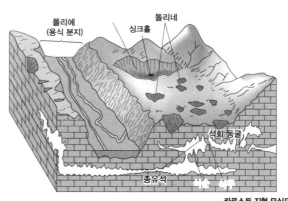

카르스트 지형 모식도

155

TIP

제주도에 분포한 용암 동굴과
는 다른 특징을 가지고 있어서
두 동굴을 비교하는 문항들이
자주 출제되므로 잘 비교해서
정리해두어야 한다. 용암 동굴
은 용암이 지표를 흐를 때 표면
은 대기와 만나서 빨리 식어 굳
게 되지만, 안쪽의 용암은 굳지
않고 계속 흐른다. 표면은 굳었
지만 안쪽에서는 용암이 흘러
빠져나가기 때문에 동굴이 형
성되는 것이다. 제주도의 일부
용암 동굴에서 종유석·석순·
석주 등이 발견되지만 그것은
제주도가 섬이라는 특징 때문
에 해안가의 석회석 성분(조개
껍데기 등)이 동굴 내부로 유입
되어 나타나는 것이므로 이런
현상을 일반적으로 생각하면
안 된다.

는 동굴이 분포합니다. 빗물이 지하로 스며들어 지하에 있는 석회암
을 녹이면 동굴이 형성되거든요. 이처럼 석회암 용식 작용으로 형성
된 동굴을 석회 동굴이라고 합니다. 석회 동굴 안에는 **석회암 용식 작
용 후 형성된 침전물이 천장에서 고드름처럼 굳어 형성된 종유석, 동굴
바닥에서 침전물들이 굳어 새싹처럼 위로 자라는 석순, 그리고 기둥 모
양의 석주**가 분포합니다. 이 같은 독특한 특징을 지닌 석회 동굴은 관
광지로 이용됩니다. 우리나라에서 제일 큰 석회 동굴인 **환선굴**이 분
포하는 강원도 삼척에서는 세계 동굴 엑스포가 열리기도 합니다. **석
회 동굴은 오랜 시간에 걸쳐 형성된 것으로 시간이 흐르면 흐를수록 동
굴의 크기와 내부 모습이 변하는 살아 있는 동굴입니다.** 동굴 안에 지
하수가 많이 유입되면 될수록 석회 동굴의 크기는 커지고, 석회암이
녹으면 녹을수록 침전물의 양이 많아져 그 침전물에 의해 형성되는
종유석·석순·석주도 계속 자라고 커집니다. 카르스트 지형은 석회암
을 기반으로 하기 때문에 이 지형이 발달한 곳에서는 관광업, 밭농사
외에도 시멘트 공업이 활발하
게 이루어집니다.

울진 석류굴 석순

엣지쌤의 완벽 요점 정리

1. 지형 형성 작용

① 내인적 작용 : 조산운동·조륙운동·화산활동, 대지형 형성, 지형 기복 심화

② 외인적 작용 : 유수·바람 등이 침식·운반·퇴적작용

　　　　　　　풍화작용 ┌ 물리적(기계적)－건조·냉대기후 지역, 빙기에 활발
　　　　　　　　　　　 └ 화학적－열대·아열대기후 지역, 후빙기에 활발

　　　　　　　소지형 형성, 지형 기복 완화

2. 한반도 지체구조

① 시원생대 : 평북 － 개마 지괴, 경기 지괴, 영남 지괴

　　　　　　안정 지괴, 편마암 분포, 한반도 면적의 절반 이상

② 고생대 : 평남 지향사, 옥천 지향사

　　　　　조선 누층군(고생대 초기 해성층, 석회석)

　　　　　평안 누층군(고생대 말기 육성층, 무연탄)

③ 중생대 : 경상 분지

　　　　　호성층(또는 육성층), 공룡 관련 화석

④ 신생대 제3기 : 길주 － 명천 지괴, 두만 지괴

　　　　　　　　매우 협소, 갈탄

3. 지각변동

① 송림변동(중생대 초기, 북한 중심, 랴오둥 방향 지질 구조선)

② 대보조산운동(중생대 중기, 가장 격렬한 지각 변동,

　　　　　　　중국 방향 지질구조선 － 남한 중심, 대보화강암 관입 － 한반도 전체)

③ 불국사변동(중생대 말기, 영남 지방 중심, 불국사 화강암 관입)

④ 경동성 요곡운동(신생대 제3기, 비대칭 융기작용, 동고서저의 경동지형 형성,

　　　　　　　하천 유로 결정, 1차 산맥 형성, 융기 지형 형성)

⑤ 화산활동(신생대 제4기 말~제4기 초, 다양한 화산 지형 형성

        백두산, 울릉도, 독도, 제주도, 한라산, 용암대지, 개마고원 등)

4. 빙기 & 후빙기

① 빙기 : 한랭 건조한 기후, 해수면 하강(침식 기준면의 하강)

       하천 하류-침식(V자곡), 하천 상류-퇴적

       해발고도↑, 육지 면적 확대(서해·남해 육지화), 연장천

       물리적(기계적) 풍화작용, 식생밀도↓, 침엽수림 분포 지역↑

② 후빙기 : 온난 습윤한 기후, 해수면 상승(침식 기준면 상승)

        하천 하류 – 퇴적(범람원), 하천 상류-침식

        해발고도↓, 육지 면적 축소(서해·남해 형성), 하천 유로 축소

        화학적 풍화작용, 식생밀도↑

        침엽수림 분포 지역↓, 온대림 분포 지역 확대↑

        삼각주, 갯벌, 사빈, 석호 등 퇴적 지형 발달

5. 우리나라 산지 특색

① 전국토의 70% 산지, 저산성·구릉성 산지가 대부분

② 기반암에 따른 구분

: 돌산(석산) – 화강암 산지, 식생 밀도 낮음, 북한산, 설악산, 금강산……

  흙산(토산) – 편마암 산지, 식생 밀도 높음(숲 울창), 오대산, 지리산, 덕유산……

③ 형성 과정에 따른 구분

: 1차 산맥(지각변동으로 솟아 오른 산지, 내인적 작용, 높고 험준, 연속성 뚜렷○

       마천령·함경·낭림·태백·소백산맥)

  2차 산맥(지질구조선이 침식되면서 침식되지 않은 주변이 산지가 됨, 외인적 작용

       낮고 완만, 연속성 뚜렷×, 1차 산맥 제외한 모든 산맥)

④ 산맥 방향에 따른 구분

: 랴오둥 방향 – 북한의 대부분 동서 방향 산맥들

대부분 랴오둥 방향 지질구조선과 관련

함경산맥 예외(지질구조선 관련×)

중국 방향 – 남한의 대부분 동서방향 산맥들

대부분 중국 방향 지질구조선과 관련

소백산맥 예외(지질구조선 관련×)

한국 방향 – 한반도의 남북방향 산맥들

경동성 요곡운동과 지각 변동과 관련, 마천령·낭림·태백산맥

⑤ 산경도 & 산맥도

: 산경도 – 우리나라 전통 산지 인식 체계, 산자분수령, 백두대간

산줄기·물줄기를 유기적으로 표현, 실제 땅 위 산줄기 체계화

산줄기와 물줄기에 의해 달라지는 생활권·문화권 파악에 유리

산맥도 – 일제강점기 때 형성, 땅속의 내부 구조 체계화

산맥과 하천 교차구간 – 차령산맥·남한강

자원·암석 분포 및 한반도 형성 과정 파악에 유리

⑥ 고위평탄면 : 침식 + 융기, 대표적 융기 지형

영서고원(대관령 중심), 진안고원(무주·진안·장수)

고랭지 농업, 목축업, 휴양지, 스키장 등으로 이용

6. 화산 지형

① 백두산 : 한반도에서 제일 높은 산(2744m), 복합화산, 천지(칼데라 분지)

② 울릉도 : 종상화산(조면암, 유동성이 작고, 점성이 큰 용암 분출)

이중화산(중앙화구구인 알봉)

칼데라 분지(나리분지)

③ 제주도 : 한라산 – 복합화산, 남한에서 제일 높은 산, 복합화산, 백록담(화구호)

기생화산 – 큰 화산체에 붙어 있는 작은 화산체(~오름, ~악, ~봉)

한라산 기슭 약 360여 개 분포

용암동굴 – 마그마의 굳는 속도 차, 단조로움, 수평동굴

주상절리- 현무암질 용암이 급격히 냉각하여 형성된 기둥 모양 지형

현무암 중심- 지표수 부족(건천), 밭농사·과수농사

해안가 취락 분포(용천대), 현무암 풍화토

세계 자연 유산, 생물권 보전 지역, 세계 지질 공원

④ 철원 용암대지 : 현무암질 용암의 열하 분출로 형성된 대지 모양의 지형

현무암·주상절리 분포

오대미(오대쌀)-용암대지 위 두꺼운 충적층 + 양수 시설

7. 우리나라 하천의 특색

① 서해와 남해로 대하천 유입 : 동고서저의 경동지형 영향

② 큰 하상 계수(하천 유황 불안정)

: 최소 유량(1) : 최대 유량, (원인) 강수의 계절적 편차 큼, 하천 유역 면적 좁음

수자원 이용에 불리 (대책) 다목적 댐 건설, 조림(삼림 녹화)사업, 저수지·보 건설

③ 감조 하천 : 조류의 영향을 받는 하천(밀물 때 역류)

염해 발생, 홍수 시 범람 피해 가중

(대책) 하굿둑 건설(염해 방지, 용수 공급, 교통로 확보……)

8. 하천의 형태

① 감입곡류하천

: 깊은 골짜기를 이루며 곡류하는 하천

홍수 피해↓(홍수를 대비하는 시설을 보기 어려움)

(분포) 하천 중·상류, 산간 지역

(성인) 융기 + 하방 침식

(이용) 급류타기, 수려한 경관을 이용한 관광, 수력 발전 유리

(하안단구) 하천 양안의 계단 모양의 언덕

성인 - 융기 + 하방 침식, 구성 - 단구면과 단구애

단구면 - 과거 하상, 땅을 파보면 둥근 자갈, 모래 등이 분포

이용 – 취락, 농경지, 도로 등

② 자유곡류하천

: 평야 지역에서 자유롭게 유로 변경하며 곡류하는 하천

  홍수 피해↑(대책-인공제방, 직강공사)

  (분포) 하천 중·하류, 지류 하천, 평야 지역

  (성인) 측방 침식

  (범람원) 자유곡류하천의 유로 변경 즉 범람에 의해 형성된 평야

  (하중도) 하천으로 둘러싸인 섬

  (우각호) 하천과 분리되어 형성된 소뿔 모양의 호수

  (구하도) 과거 하천이 흐르던 물길

9. 충적 평야

① 선상지

 : 골짜기 입구에서 하천의 유속 감소로 토사가 부채꼴 모양으로 퇴적되어 형성

  (분포) 하천 상류 일대

  (형성 조건) 경사 급변점 발달 – 발달↓(산지가 낮고 완만, 경사급변점 발달↓)

  (구성) 선정 – 이용×, 소규모 취락(골짜기 입구)

        선앙 – 복류천, 사력질 토사, 밭·과수원

        선단 – 용천, 대규모 취락(득수), 논

② 범람원

 : 하천 범람 시 토사가 하천 양안에 퇴적되어 형성

  (분포) 하천 중·상류 일대, 자유곡류하천 주변

  (형성 조건) 잦은 홍수·범람 – 발달↑(우리나라 대표적 충적평야)

  (구성) 자연제방 – 고도 높고 배수 양호, 모래 + 자갈 등 퇴적

            취락(피수), 밭·과수원

        배후습지 – 고도 낮고 배수 불량, 점토질 토사 퇴적

           논(배수시설 설치)

③ 삼각주

: 하구에서 하천의 유속 감소로 토사가 퇴적되어 형성

　(분포) 하천 하구

　(형성 조건) 작은 조차, 대하천의 미립질 토사 유입, 얕은 수심

　　　　　– 발달↓(대하천이 조차 큰 바다로 유입)

　(구성) 미립질 토사 퇴적지 – 논

　　　　자연제방 – 취락(피수)

10. 해안선 형태

① 서·남해안 : 리아스식 해안, 섬이 많고 복잡한 해안선(해안선과 산줄기 교차)

② 동해안 : 단조로운 해안선(해안선과 산줄기 평행)

11. 암석 해안 : 곶에 발달, 파랑의 침식 작용, 관광지로 이용

① 해식애 : 해안가의 수직 절벽

② 파식대 : 해식애 밑의 평평한 기반암

③ 해식동 : 해식애의 약한 부분이 침식되어 형성된 동굴

④ 시아치 : 해식동이 맞뚫려 형성된 터널 모양 지형

⑤ 시스텍 : 육지와 분리된 바위섬, 시아치의 아치 부분이 분리되어 형성되기도 함

⑥ 해안 단구 : 해안가의 계단 모양의 언덕

　　　　　　파식대(혹 해안 퇴적 지형)가 융기작용(해수면 하강)을 받아 형성

　　　　　　정동진이 대표적(주로 동해안에 분포)

12. 모래 해안 : 만에 발달, 파랑과 연안류, 바람의 퇴적 작용

① 사빈 : 모래사장, 파랑·연안류의 퇴적작용, 해수욕장으로 이용, 동해안에 잘 발달

② 해안사구 : 사빈의 모래가 바람에 날려 사빈 뒤에 형성 된 모래 언덕

　　　　　　서해안에 잘 발달(태안 신두리 해안사구 대표적 – 해풍+북서계절풍)

　　　　　　(역할) 해안 보호(해안의 모래 양 조절), 해안 생물 서식지

자연 방파제, 해안 주민 식수원 등

방풍림·방사림 조성(해안사구 뒤 농경지·취락 보호)

③ 사주 : 파랑과 연안의 퇴적작용으로 형성된 긴 모래톱(해안선과 평행)

(육계도) 사주에 의해 육지와 연결된 섬

(육계 사주) 육지와 섬을 연결한 사주

④ 석호 : 과거 하천이 흐르던 계곡이 후빙기 해수면 상승으로 침수되어 만으로 바뀌고,

만 입구에 사주가 퇴적되어 형성된 호수

후빙기 해수면 상승과 사주 퇴적의 증거, 동해안에 분포

시간이 지나면 석호의 둘레·수심 축소됨

소금기를 포함하고 있어 농업·생활용수 이용×

12. 갯벌 해안 : 밀물 때 물에 잠기고 썰물 때 드러나는 해안 퇴적 지형

① 형성 조건 : 조차가 큰 바다, 대하천의 미립질 토사 공급

서·남해안에 잘 발달(대하천이 조차 큰 서·남해로 유입)

② 가치, 역할 : 정화작용(자연의 콩팥), 생태계 보고(해양 생태계 산란장, 서식지)

태풍·해일의 완충 지대, 양식장, 염전, 간척 사업, 학술 연구 대상

관광지

13. 카르스트 지형 : 석회암 용식작용으로 형성된 지형의 총칭

(분포) 강원도 남부, 충북 북부, 경북 북부

(이용) 밭농사 실시(배수 양호), 관광지, 시멘트 공업

① 돌리네 : 석회암 용식작용으로 형성된 움푹 패인 웅덩이( )

② 우발라 : 두 개 이상의 돌리네가 결합된 지형

③ 폴리에 : 석회암 용식으로 형성된 용식 분지·계곡

④ 석회 동굴 : 석회암 용식작용으로 형성된 동굴, 종유석·석순·석주 분포

시간이 지나면 계속 변화함(살아 있는 동굴)

⑤ 석회암 풍화토 : 석회암 용식작용으로 형성된 붉은 색 토양

1. 다음은 우리나라의 지체구조를 나타낸 것이다. 이에 대한 설명으로 옳은 것을 고르면?

> ㉠ 시원생대에 형성된 지층으로 우리나라 암석 중 40%를 차지하는 편마암과 관련이 크다.
>
> ㉡ 고생대에 형성된 지층으로, 초기 지층에는 석회석이, 말기 지층에는 무연탄이 매장되어 있다.

	㉠	㉡
①	A	B
②	A	C
③	B	D
④	C	E
⑤	E	F

* 정답 : ①

지도는 우리나라 지체구조로 A, C, E는 시원생대, B, D는 고생대, F는 중생대 지체구조입니다. ㉠에는 A, C, E, ㉡에는 B, D가 해당됩니다.

2. 우리나라에 시기별 나타난 지각변동에 대한 설명으로 옳은 것을 고르면?

고생대			중생대			신생대	
캄브리아기	……	페름기	트라이아스기	쥐라기	백악기	제3기	제4기
↑			↑	↑	↑	↑	↑
조륙운동			(가)	(나)	(다)	(라)	(마)

① (가) : 대량의 변성암이 형성되었다.

② (나) : 우리나라에서 가장 격렬한 지각변동이었다.

③ (다) : 북부 지방에 지질구조선이 형성되었다.

④ (라) : 우리나라 전 지역에 화강암이 관입되었다.

⑤ (마) : 우리나라 동고서저의 경동지형이 되었다.

우리나라의 지각변동은 중생대와 신생대가 대표적입니다. (가)는 중생대 초기의 송림변동으로 북부지방을 중심으로 나타났고 랴오둥 방향 지질구조선을 형성하였습니다. (나)는 중생대 중기의 대보조산운동으로 우리나라의 지각 변동 중 가장 격렬한 지각변동으로 중국 방향 지질구조선을 형성하였고 한반도 대부분 지역에 대보화강암을 관입시켰습니다. (다)는 중생대 말기 불국사변동으로 한반도 남동부 지역(경상도 지역 일대)을 중심으로 나타난 지각변동으로 불국사 화강암을 관입시켰습니다. (라)는 신생대 제3기에 나타난 경동성 요곡운동으로 동고서저의 경동지형을 형성하고 고위평탄면, 감입곡류하천, 하안단구, 해안단구 등 융기 지형을 형성하였습니다. (마)는 신생대 제4기의 화산활동으로 백두산, 울릉도, 독도, 제주도, 용암대지 등을 형성하였습니다.

① 대량의 변성암은 시원생대 때 형성되었습니다.
③ 북부 지방의 지질구조선의 형성은 (가)입니다.
④ 우리나라 전 지역에 화강암을 관입시킨 지각변동은 (나)입니다.
⑤ 동고서저의 경동지형을 형성한 지각변동은 (라)입니다.

3. 아래 글에 해당되는 산의 특징으로 옳은 것을 〈보기〉에서 바르게 묶은 것은?

> 북한산은 관악산과 더불어 서울 부근에 위치한 대표적인 산으로, 북한산은 산 전체에 바위가 많으며 거대한 암봉들의 모습이 인상적이다.

───────────〈 보 기 〉───────────

ㄱ. 토양층이 두껍다.

ㄴ. 식생의 밀도가 낮다.

ㄷ. 화강암으로 이루어진 산지에 잘 발달한다.

ㄹ. 오랜 기간 변성 작용을 받은 암석으로 이루어졌다.

① ㄱ, ㄴ   ② ㄱ, ㄷ   ③ ㄴ, ㄷ   ④ ㄴ, ㄹ   ⑤ ㄷ, ㄹ

자료는 북한산에 대한 설명으로 북한산은 대표적인 화강암 산지로 석산(돌산)에 해당합니다. 화강암으로 구성된 돌산은 기반암이 그대로 노출되어 산봉우리가 큰 바위 형태를 이루고 있으며 토양층이 얇아 식생 피복이 빈약합니다.
ㄱ, ㄹ은 편마암을 기반암으로 하는 토산(흙산)에 대한 설명입니다.

4. 지도와 같은 산지 체계에 대한 설명으로 옳은 것은?

① 자원 및 암석 분포 파악에 유리하다.

② 산줄기 이름에 산맥이란 용어를 사용한다.

③ 산자 분수령의 원리를 바탕으로 하고 있다.

④ 산줄기와 물줄기가 교차하는 구간이 존재한다.

⑤ 지각변동과 지질구조와 관련된 산지 체계이다.

* 정답 : ③

지도의 산줄기는 산경도로 우리 선조들의 전통적 산지 체계입니다. 백두대간을 중심을 1개의 정간과 13개의 정맥으로 구성되어 있고 실제 땅위의 산줄기를 바탕으로 산지를 체계화시킨 것입니다. 산자분수령의 원리를 바탕으로 한 산지 체계로 산줄기와 물줄기를 유기적으로 표현하였고 산줄기에 의해 지역이 나뉘고 물줄기에 의해 지역이 하나의 생활권으로 묶이는 것을 확인할 수 있습니다.
①, ②, ④, ⑤의 내용은 산맥도에 대한 설명입니다.

5. 지도의 지형에 대한 설명으로 옳지 않은 것은?

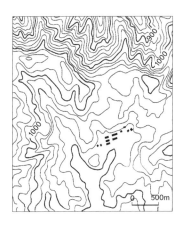

① 배추와 무를 주로 재배한다.

② 신생대 지각변동과 관련이 깊다.

③ 영서고원과 진안고원에 주로 분포한다.

④ 지역 개발로 토양 침식 문제가 심각하다.

⑤ 지반 침강 후 침식작용으로 형성되었다.

* 정답 : ⑤

지도의 지형은 고위평탄면입니다. 고위평탄면은 침식작용으로 형성된 평탄면이 융기작용을 받아 해발고도가 높은 곳에 남게 된 지형입니다. 신생대 경동성 요곡운동과 관련 깊은 지형으로 대관령을 중심으로 한 영서고원과 소백산맥 일대 진안고원에 주로 분포합니다. 고랭지 농업, 휴양지, 동계 스포츠, 목축업 등으로 이용됩니다. 개발이 진행되는 과정에서 삼림훼손, 토양 침식, 수질 오염 등의 문제가 발생되기도 합니다.
⑤ 고위평탄면은 침식 후 융기작용으로 형성된 지형입니다.

6. 지도는 우리나라 화산 지형 분포이다. A~D에 대한 설명으로 옳은 것은?

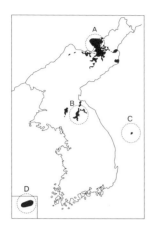

① A의 천지는 화구호이다.

② B는 점성이 큰 용암 분출로 형성되었다.

③ C의 알봉과 나리분지를 통해 복합화산임을 확인할 수 있다.

④ D의 용암동굴은 용암의 굳는 속도 차이로 형성되었다.

⑤ B와 D에서는 주로 밭농사가 실시된다.

* 정답 : ④

지도는 우리나라 화산지형 분포입니다. A는 백두산으로 백두산은 복합화산이고 칼데라 호인 천지가 분포합니다. B는 철원-평강 용암대지로 유동성이 크고 점성이 작은 현무암질 용암의 열하 분출로 형성된 대지 모양의 지형입니다. C는 울릉도로 종상화산이고 이중화산이며 나리분지는 칼데라 분지입니다. D는 제주도로 복합화산이며, 기생화산, 용암동굴이 형성되었습니다. 현무암이 기반암을 이루며 주로 밭농사가 실시됩니다.

① A의 천지는 칼데라 호입니다.
② B는 점성이 작고 유동성이 큰 용암의 분출로 형성되었습니다.
③ C의 알봉과 나리분지를 통해 이중화산 형태임을 알 수 있습니다.
⑤ B에서는 벼농사, D에서는 밭농사가 실시됩니다.

7. 기후 변화에 따른 해수면 변동을 나타낸 자료이다. (가)시기에 대한 특징으로 옳지 <u>않은</u> 것은?

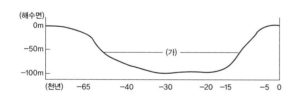

① 화학적 풍화작용이 활발하다.

② 서해와 남해가 육지화 되었다.

③ 하천 하류에 V자곡이 형성되었다.

④ 침엽수림 분포 지역이 확대되었다.

⑤ 하천 상류는 퇴적작용이 나타난다.

* 정답 : ①

(가)는 해수면 100m까지 낮아진 시기로 빙기에 해당합니다. 빙기는 한랭 건조한 기후가 나타나는 시기로 물리적(기계적) 풍화작용이 활발하고, 해수면이 하강하여 침식 기준면도 낮아지고 그로 인해 하천 하류 침식작용이 활발해집니다. 이때 형성된 대표적인 지형이 V자곡입니다. 해수면 하강으로 해발고도는 높아지고, 육지 면적이 넓어지고, 서해와 남해가 육지화되고 하천의 길이가 길어집니다. 침엽수림 분포 지역이 넓어지고 식생 밀도는 낮아지며 하천 상류에는 퇴적작용이 활발해져 하상이 높아집니다.

8. 어느 하천을 나타낸 것이다. A에서 B로 갈수록 그 값이 <u>다른</u> 하나는?

분수계

A

B

① 수심
② 하폭
③ 원마도
④ 평균 유량
⑤ 퇴적물의 입자 크기

그림은 분수계를 중심 한 하천 유역에서 지류와 본류의 체계를 나타낸 하계망입니다. 그림에서 A는 지류, B는 본류이지만 하천의 위치로 보면 A는 상류, B는 하류에 해당됩니다. A에서 B로 가면서 수심은 깊어지고, 하폭은 넓어지고, 원마도(토사의 둥근 정도)는 커지며, 평균 유량은 많아지고, 퇴적물의 입자 크기는 작아집니다.
A에서 B로 가면서 ①~④는 그 값이 커지지만 ⑤는 그 값이 작아집니다.

9. 표는 외국과 우리나라 하천 하상계수를 나타낸 것으로, 이를 통해 확인할 수 있는 우리나라 하천의 특색으로 옳은 것은?

	하상계수		하상계수
콩고강	1 : 4	한강	1 : 90
템즈강	1 : 8	낙동강	1 : 260
라인강	1 : 14	섬진강	1 : 270
나일강	1 : 30	영산강	1 : 130

① 하천 범람이 드물다.
② 하천 유황이 안정하다.
③ 수력 발전에 불리하다.
④ 용수 확보가 용이하다.
⑤ 내륙 수운이 발달해 있다.

우리나라 하천은 외국의 하천보다 하상계수가 큽니다. 즉 하천 유황이 불안정하고 유량 변동이 심하다는 것입니다. 하상계수가 크면 범람이 잦고 수력 발전에 불리하고, 내륙 수운 발달·용수 확보도 어렵습니다.

10. 지도의 지형에 대한 설명으로 옳은 것은?

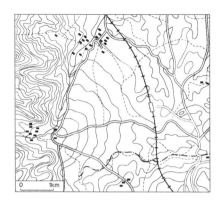

① 우리나라에서 흔히 볼 수 있다.

② 하천의 중·하류 지역에 잘 발달한다.

③ 지형의 중앙부에는 하천이 복류한다.

④ 후빙기 해수면 상승과 관련된 지형이다.

⑤ 피수의 목적으로 취락이 입지하고 있다.

* 정답 : ③

지도의 지형은 선상지입니다. 선상지는 골짜기를 빠져 나온 하천이 완경사면을 만나면서 유속이 감소되어 토사를 부채꼴 모양으로 퇴적시켜 형성된 지형입니다. 선상지가 발달하려면 경사급변점이 발달해야 하는데 우리나라 산지는 낮고 완만하여 경사급변점이 발달하지 못해 발달이 미약합니다. 그리고 하천의 상류에서 발달하는 지형입니다. 하천 상류의 퇴적작용은 빙기 때 활발하므로 선상지는 빙기 때 형성되었습니다. 선상지의 정상을 선정이라 하고 일반적으로 이용을 하지 않거나 골짜기 입구에 소규모의 취락이 입지하기도 합니다. 선상지의 중앙은 선앙으로 이 곳에서는 하천이 복류하여 지표수가 부족하고 밭과 과수원으로 이용됩니다. 선단은 선상지의 말단으로 복류하던 물이 드러나는 용천대가 분포합니다. 그래서 득수의 목적으로 취락이 분포하고 벼농사가 실시됩니다.

① 우리나라에서는 발달이 미약합니다.

② 하천 상류에 잘 발달합니다. ④ 후빙기 해수면 상승과 관련된 지형은 범람원입니다.

⑤ 선상지 취락은 주로 득수가 용이한 곳에 입지합니다.

11. 지도의 지형의 형성 과정을 옳은 것은?

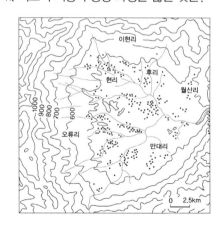

① 하천 범람에 의한 퇴적

② 현무암질 용암의 열하 분출

③ 하천에 의한 지질구조선 침식

④ 침식 작용과 신생대의 융기작용

⑤ 암석의 경연 차에 의한 하천의 차별 침식

* 정답 : ⑤

지도의 지형은 풍화·침식에 강한 편마암과 풍화·침식에 약한 화강암이 하천에 의해 차별 침식을 받아 형성된 침식 분지입니다.

①은 범람원, ②은 용암대지, ④은 고위평탄면

12. A∼E에 대한 설명으로 옳지 <u>않은</u> 것은?

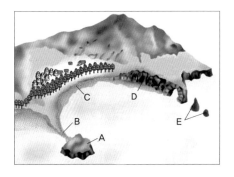

① A는 파랑의 퇴적작용으로 육지와 연결되었다.

② B는 점토로 구성되어 있다.

③ C는 동해안에 잘 발달한다.

④ D는 파랑의 침식작용으로 형성된 해식애이다.

⑤ E는 파랑의 침식작용으로 형성된 육지와 분리된 바위섬이다.

* 정답 : ②

그림은 해안 지형의 모식도로 A는 파랑의 퇴적작용으로 형성된 사주에 의해 육지와 연결된 섬이 육계도이고, B는 육지와 섬을 연결한 육계 사주로 주로 모래가 퇴적되어 형성되었습니다. C는 모래가 파랑과 연안류가 퇴적작용으로 형성된 사빈으로 동해안에 잘 발달합니다. D는 파랑의 침식작용으로 형성된 절벽인 해식애이고, E는 파랑의 침식작용으로 기반암이 육지와 분리된 바위섬인 시스텍입니다.
② 육계 사주는 주로 모래로 구성되어 있습니다.

13. 밑줄 친 '△△호'에 대한 설명으로 옳은 것을 〈보기〉에서 고른 것은?

> 강릉의 △△대는 작은 산기슭 하나가 동쪽을 향해 우뚝한데 축대는 그 산 위에 있다. 앞에 있는 △△호는 주위가 20리이며, 물 깊이는 사람의 배꼽에 닿을 정도여서 작은 배는 다닐 수 있다. 동편에 강문교가 있고, 다리 너머에는 흰 모래 둑이 겹겹이 막혀 있다. △△호는 바다와 통했고, 둑 너머에는 푸른 바다가 하늘에 연이은 듯하다.　　　－「택리지」－

〈 보 기 〉

ㄱ. 후빙기 해수면 상승과 관련 있다.

ㄴ. △△호 주변 충적지는 점점 넓어지고 있다.

ㄷ. △△호의 물은 농업 용수로 이용되고 있다.

ㄹ. △△호와 같은 호수는 서·남해안에 분포한다.

① ㄱ, ㄴ　　　　② ㄱ, ㄷ　　　　③ ㄴ, ㄷ　　　　④ ㄴ, ㄹ　　　　⑤ ㄷ, ㄹ

* 정답 : ①

자료가 설명하고 있는 △△호는 강릉 경포대 앞에 있는 경포호입니다. 경포호는 후빙기 해수면 상승과 사주 퇴적으로 형성된 석호에 해당합니다. 석호는 현재 동해안에 분포하며 석호는 바닷물의 영향으로 소금기를 포함하고 있어 용수로 이용할 수가 없습니다. 석호는 뒤에는 하천을 끼고 있는 경우가 많아 지속적인 하천의 토사 공급이 이루어집니다. 따라서 시간이 지나면 호수의 수심이 얕아지고 둘레가 줄어듭니다.
ㄷ. 소금기가 있어 농업용수로 이용이 안 됩니다.
ㄹ. 석호는 동해안에 분포합니다.

14. 지도의 지형에 대한 설명으로 옳지 <u>않은</u> 것은?

① 붉은색의 토양이 분포한다.

② 고생대 조선 누층군과 관계 깊다.

③ 석회암 용식작용으로 형성된 지형이다.

④ 물이 잘 빠지지 않아 벼농사가 실시된다.

⑤ 종유석·석순·석주가 발달하는 동굴이 분포한다.

지도의 지형은 석회암 용식작용으로 형성된 카르스트 지형입니다. 카르스트 지형의 석회암은 고생대 조선 누층군에 매장되어 있고, 강원도 남부·충북 북부·경북 북부에 주로 분포합니다. 석회암 용식으로 형성된 웅덩이인 돌리네가 발달하고 돌리네 내부는 배수가 양호하여 주로 밭농사로 이용됩니다. 그리고 돌리네가 두 개 이상 결합하면 우발라, 이것이 더 커져서 대규모의 용식 분지나 용식 계곡을 이루면 폴리에라고 합니다. 지하에는 석회암 용식으로 형성된 석회 동굴이 있으며 그 내부에는 용식작용으로 형성된 침전물이 굳어서 형성된 종유석·석순·석 주가 발달되어 있습니다. 지표에는 붉은색의 석회암 풍화토가 분포합니다.

④ 배수가 양호해 밭농사가 실시됩니다.

15. 해당 지도 지역의 (가), (나) 주변의 하천에 대한 설명으로 옳은 것은?

① 하안단구는 (가) 주변에 잘 발달한다.

② (나)는 경동성 요곡운동과 관계 깊다.

③ 직강공사는 (가)보다 (나)에서 실시된다.

④ 하천의 유로 변경은 (가)보다 (나)가 쉽다.

⑤ (가)는 (나)보다 하방 침식 작용이 활발 하다.

(가)는 하천 중·하류에 분포하는 자유곡류하천, (나)는 하천 중·상류에 분포하는 감입곡류하천입니다. 자유곡류하천은 측방 침식으로 형성 된 지형으로 평야 지역에서 흔히 볼 수 있습니다. 하천 유로 변경 과정에서 하중도·우각호·구하도가 형성되며 하천 범람을 막기 위해 인공 제방 설치와 직강공사가 나타납니다. 감입곡류하천은 자유곡류하던 하천이 융기작용을 받아 하방 침식을 일으켜 깊은 골짜기를 이루며 곡류 하는 하천으로 산간 지역에서 흔히 볼 수 있습니다. 하천의 유로 변경이 어렵고 하방 침식 과정에서 하안단구가 형성됩니다. 경관이 수려해 관광지로 이용되기도 하고 급류 타기를 즐길 수 있으며 수력 발전에도 유리합니다.

① 하안단구는 (나)에 잘 발달합니다.

③ 직강공사는 (나)보다 (가)에서 실시됩니다.

④ 하천의 유로 변경은 (나)보다 (가)에서 쉽게 이루어집니다.

⑤ (가)는 측방 침식, (나)는 하방 침식이 활발합니다.

기후와 주민 생활

3강

1 기후

우리나라는 비교적 사계절이 뚜렷한 나라입니다. 봄에는 따뜻한 바람이 불고, 여름은 덥고 비가 많이 오지요. 가을에는 하늘이 높아지면서 청명한 날씨가 많고, 겨울이 되면 기온이 떨어지고 건조해집니다. 이번 시간부터 여러분은 선생님과 함께 우리나라의 기후에 대해 알아볼 것입니다. 우리가 이미 다 경험한 자연현상에 대한 내용이므로 앞의 강의보다 이해하기가 쉬울 거예요.

사계절
우리나라는 봄·여름·가을·겨울의
특징이 비교적 뚜렷하게 나타난다.

매일 오전 혹은 저녁 시간, 뉴스가 끝날 때쯤이면 기상 캐스터가 나와 오늘의 날씨를 알려줍니다. 그런데 꼭 '오늘의 날씨'라고 해요. '오늘의 기후'라고 말하는 건 들어본 적이 없을 거예요. 날씨와 기후는 어떤 차이점이 있기에 그럴까요? 날씨는 오전 혹은 오후, 아니면 하루, 일주일 등 짧은 시간 동안의 대기 상태를 말합니다. 하지만 기후(氣候)는 기온·강수·바람 등 종합적인 대기 상태를 장기간에 걸쳐 기록하여 평균값을 낸 상태입니다. 일반적으로 **30년 단위***로 평균을 냅니다. 여러 가지 기후 자료를 보면 1971~2000년, 1981~2010년 이렇게 표시되어 있잖아요? 이 모두가 30년 단위를 적용하는 탓입니다. 기후와 날씨가 어떻게 다른지 구분할 수 있겠지요?

기후에는 몇 가지 구성 요소가 있습니다. 이를 **기후를 구성하는 요소**라고 하는데요. **기온, 강수, 바람, 습도, 일조, 안개, 구름 등**이 모두 해당하지만 우리가 기후 구성 3요소라고 말할 때는 기온·강수·바람을 뜻합니다. 꼭 확인하세요!

기후 요소들은 다양한 요인에 의해 달라집니다. 예를 들어 기온은 위도나 해발고도에 따라 달라집니다. 이처럼 기후 요소에 영향을 미치는 요인들을 기후 요인이라고 합니다. **기후 요인은 기후의 지역 간 차이를 일으키는 원인**이 됩니다. **위도, 해발고도, 수륙 분포**(바다와 육지의 배열 상태), **격해도**(바다와 분리된 정도), **해류**(난류 혹은 한류) 등이 기후 요인에 해당합니다.

자, 이제부터 우리나라 기후의 특색을 기후 구성 3요소인 기온·강수·바람에 따라 살펴볼 것입니다. 여러분이 공부하는 책의 기후 단원 목차가 왜 '기온·강수·바람'으로 되어 있는지 그 이유를 아시겠지요?

*
세계기상기구는 장시간의 기후 값으로 30년간의 평균을 사용하되 10년을 주기로 그 값을 갱신하도록 하고 있다. 이 평균값은 단순한 숫자적 평균을 의미할 뿐 가장 빈번히 발생하는 수치나 중간 값을 의미하지는 않는다.

기후의 이모저모

온대(溫帶)는 편서풍의 영향을 받는 중위도 지방으로 열대와 냉대 사이에 해당된다. 열대 기단과 한대 기단의 영향을 받아 사계절이 뚜렷하고 인류가 가장 많이 사는 기후이기도 하다. 계절은 남반구와 북반구가 서로 반대로, 북반구가 한여름이면 남반구는 한겨울이 된다.

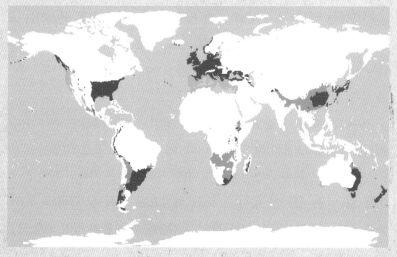

온대 지역
초록색으로 표시된 곳이 온대 지역이다

열대(熱帶)는 적도 인근 지역으로, 남회기선과 북회기선 사이에 해당된다. 열대 지방은 태양의 빛을 가장 많이 받는 지역으로, 4계절의 변화가 뚜렷한 온대 지방과는 달리 1년 내내 더운 여름이 지속된다. 열대 지방은 1년 내내 비가 많이 내려 밀림·정글 등의 열대 우림, 건기와 우기로 인해 사자·기린·얼룩말 등 야생동물이 뛰노는 사바나(열대초원) 등 독특한 생태계를 이루기도 한다. 열대 지방은 대부분 연평균 기온이 20도가 넘는다.

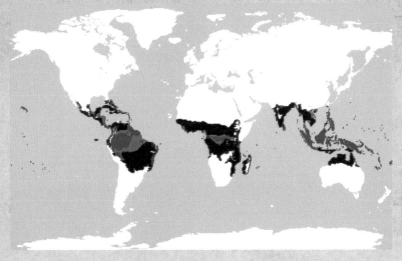

열대 지역
빨강색으로 표시된 곳이 열대 지역이다.

기온, 습도, 강수, 구름, 바람과 같이 기후를 구성하는 기본적인 요소를 '기후 요소'라 하는데, 이것들은 서로 복잡하게 연관되어 에너지를 주고받는다. 또한 기후를 일정한 기준으로 분류한 것을 '기후 구분'이라 한다. 기후의 특징을 반영할 수 있는 지표를 중심으로 그것의 분포에 영향을 미치는 기후 요소의 평균값을 기준으로 구분한 '쾨펜의 기후 구분'이 대표적이다.

세계의 기후와 해류

Aw : 열대사바나
Af : 열대 우림 기후
Am : 열대 몬순 기후
BS : 스텝 기후
BW : 사막 기후
Cfa: 온난 습윤 기후
Cfb: 서안 해양성 기후
Cw : 온대 동계 건조 기후
Cs : 지중해성 기후
Df : 냉대 습윤 기후
Dw : 냉대 동계 건조 기후
EF : 빙설 기후
ET : 툰드라 기후

177

2 기온

우리는 매일 아침마다 혹은 저녁마다 그날 혹은 다음날의 기온을 확인합니다. 그만큼 기온이 우리 삶에 많은 영향을 준다는 뜻이겠지요? 이번 강의에서는 지역에 따라 기온 분포는 어떤지, 왜 지역에 따라 다른지, 우리나라 기후에 어떤 영향을 주고 있는지, 그리고 구체적으로 우리 삶에 어떤 영향을 주었는지 살펴보도록 하겠습니다.

우리나라의 기온 특색

북반구 중위도에 위치하는 우리나라에는 뚜렷한 4계절과 냉·온대 기후가 나타납니다. 4계절이 뚜렷하다는 것, 냉·온대 기후라는 것 모두 기온과 관련된 기후 특색입니다. **열대·온대·냉대·한대 기후는 기온을 기준으로 기후를 구분한 것입니다.** 그리고 우리나라는 유라시아 대륙 동안(동쪽 해안)에 분포하여 1년 내내 대륙에서 불어오는 편서풍의 영향을 받게 됩니다. 같은 중위도 지역이지만 유라시아 대륙 서안에 위치한 유럽(해양성 기후)과 달리 우리나라는 여름에는 덥고 겨울엔 추운 대륙성 기후(기온의 연교차가 큼)가 나타나지요.

기온은 위도의 영향을 받습니다. 저위도에서 고위도로 가면서 기온이 낮아지지요. 우리가 사는 한반도는 남북으로 긴 형태이기 때문에 기온에 있어서도 동서 차보다 남북 차가 크게 나타납니다. 여름과 겨울 중 지역 간 기온 차이가 크게 벌어지는 것은 겨울이고요. 여름은 강수량이 많아 바다와 육지 사이, 위도 사이의 기온 차이가 겨울보다 두드러지지 않지만, 겨울은 강수량이 적고 건조하기 때문에 바다의 영향을 받는지 그렇지 않은지, 위도가 높은지 그렇지 않은지에 따라 기온 차이가 여름보다 두드러집니다. 그래서 여름에는 지역 간 기온 차이가 최대 9℃ 정도밖에 나지 않지만, 겨울엔 지역 간 기온 차이가 최대 22℃까지 벌어집니다. **우리나라의 겨울 기온 분포와 연평균 기온 분포, 기온의 연교차 분포 패턴이 매우 유사**한 이유입니다. 자, 이 세 가지 기온을 표시한 아래 지도를 보면 **등온선*과 기온의 연교차 선이 모두 U자 모양**을 하고 있는데요, 여기서 우리는 **겨울 기온이 우리나라 기온의 지역 차에 큰 영향을 끼치고 있다**는 것을 알 수 있어요.

*
등온선 : 일기도상에서 기온이 같은 곳을 연결한 선으로, 기온 분포의 영향을 표시하는 데 사용한다. 등온선이 크게는 위도와 비슷한 패턴을 보이지만 지표면이 바다냐 육지냐에 따라 다르고 바다 상태도 육지 상태도 다 다르기 때문에 배열이 매우 복잡하며, 그 간격 역시 좁기도 하고 급하기도 하다. 등고선과 마찬가지로 등온선 간격이 좁으면 지역 간 기온 차가 큰 것이고, 반대로 등온선 간격이 넓으면 지역 간 기온 차가 작은 것이다.

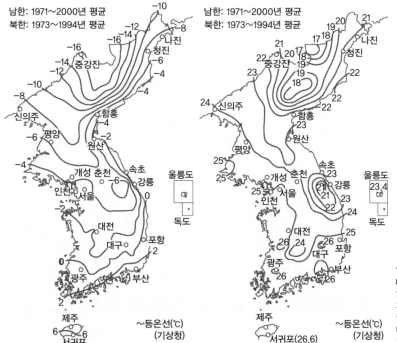

1월 평균 기온(좌)
8월 평균 기온(우)
1월과 8월 등온선의 간격 차이가 작게 보이지만 1월은 2도 간격으로 8월은 1도 간격으로 등온선을 그렸기 때문에 실제로는 지역 간 기온 차이가 크다.

기온의 연교차는 1년 중 가장 따뜻한 달(최난월)의 평균 기온에서 가장 추운 달(최한월) 평균 기온을 뺀 값인데요. **저위도에서 고위도로 갈수록, 해안에서 내륙으로 갈수록, 그리고 동해안보다는 서해안의 연교차가 큽니다.** 우리나라에서 기온의 연교차가 가장 작은 곳은 제주도이고, 가장 큰 곳은 북한의 중강진입니다. 울릉도는 중위도에 위치하지만 바다의 영향을 크게 받아 동(同)위도의 타 지역들에 비해 연교차가 매우 작습니다.

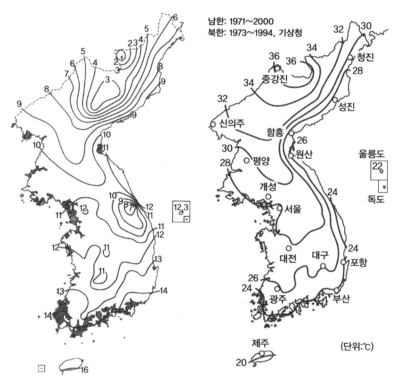

연평균 기온(좌)
기온의 연교차(우)

남한: 1971~2000
북한: 1973~1994, 기상청

(단위:℃)

※
비열 : 물질에 따라서 온도 변화가 일어날 때, 물질 1g을 1℃ 상승시키는 데 필요한 열량. 우리 주변 물질 중 비열이 제일 큰 것은 물이다. 그래서 바다의 영향을 받는 곳은 여름이 서늘하고 겨울이 따뜻하지만, 대륙의 영향을 받는 곳은 여름은 덥고 겨울은 춥다.
※※
바람의지 사면 : 바람받이 사면과는 반대 방향의 지역으로서 산에 의하여 상승한 공기가 하강하는 지역. 공기는 높은 곳에서 낮은 곳으로 내려올 때 100m당 1℃씩 상승하며 바람받이 사면에 강우 현상이 일어나는데, 이 지역은 바람받이 사면과 달리 고온·건조하다.

여름 기온의 분포도를 보면 함경산맥과 태백산맥을 중심으로 등온선이 동심원 형태를 이루는 것을 확인 할 수 있는데 이는 해발고도 때문입니다. 내륙과 해안의 기온 차이도 여름철보다 겨울철에 더 뚜렷하지요. 특히 겨울철에는 내륙과 해안의 비열* 차로 인해 해안이 더 따뜻합니다. 그리고 겨울철에는 동위도 상의 동해안이 서해안보다 기온이 높습니다. 그 이유는 산맥과 바다 때문인데요, 동해안에는 함경산맥과 태백산맥이 분포하잖아요? 바로 이 산맥들이 겨울의 찬바람을 막아주는 역할을 하는 것입니다. 그리고 바람이 산맥을 넘으면서 타고 올라가는 사면(바람받이 사면, 풍상(風上))에 비나 눈을 뿌리고 기온을 하강시키지만, 반대로 타고 내려가는 사면(바람의지 사면, 풍하(風下))에는 고온 건조한 바람을 불게 합니다. 이때 타고 내려가는 사면에 고온 건조한 바람을 불게 하는 현상을 **푄현상**이라고 하는데, 겨울바람은 북서풍이므로 동해안은 겨울바람이 타고 내려가는 사면, 즉 **바람의지 사면****에 해당합니다. 결국 동해안에는 푄현상으로 상대적으로 따뜻한 바람이 분다는 것이죠. 그리고 동해는 서해보다 수심이 깊습니다. 물의 양이 많으면 쉽게 수온이 올라가지도 내려가지도 않는다는 것, 알고 있지요? 결국 서해는 수심이 얕아 겨울에 수온이 크게 떨어지지만 동해는 그렇지 않다는 것입니다. 동해안이 서해안보다 겨울철에 기온이 높다는 것, 그리고 그 이유를 함께 기억해주세요!

기온의 영향을 받은 생활양식

기온은 우리 생활양식에 많은 영향을 주었습니다. 무더운 여름을 나기 위해 모시나 삼베로 옷을 지어 입었고, 음식이 상하는 것을 방지하기 위한 염장법***을 연구했지요. 가옥에는 방과 방 사이에 대청****을 만들어 유용하게 썼고요. 추운 겨울엔 털옷이나 솜옷을 입었고, 겨울이 오기 전에 집집마다 김치를 담가 저장하는 김장을 했답니다. 방에는 온돌을 놓았지요.

동해안이 서해안보다 따뜻한 원인이 난류 때문이라고 생각하는 학생들이 종종 있다. 하지만 난류만으로 설명하기엔 무리가 따른다. 북한의 동해엔 난류가 아니라 한류가 흐른다. 그리고 남한의 동해와 서해에는 난류가 흐른다. 따라서 동해안이 서해안보다 따뜻한 것이 난류 때문이라고 말하고 싶다면 "남한의 동해안은 수심 깊은 난류이기 때문이다"라고 말해야 한다. 겨울철 기온의 동서 차이를 묻는 문항들이 출제되므로 꼭 확인해두자.
여러 지역의 최한월·최난월 평균 기온을 제시하고 해당 지역의 위치를 찾아 특징을 파악하는 문항을 풀이할 때는 먼저 겨울 기온을 확인하여 해당 지역의 위치를 찾아야 한다. 일단 최한월 평균 기온이 높은 지역은 저위도, 특히 최한월 평균 기온이 0℃ 이상인 지역은 제주도를 포함한 남해안 일대로 보면 되고, 최한월 평균 기온이 −7℃ 이하인 지역은 북한 지역으로 유추할 수 있다. 또 동위도 지역에서 여름 기온이 상대적으로 매우 낮은 지역은 해발고도가 높은 지역으로 보면 된다. 그리고 동위도 지역 중에서 최한월 기온이 높은 곳은 해안, 낮은 곳은 내륙이고, 동위도의 해안 지역에서 최한월 평균 기온 차이가 난다면 기온이 높은 곳은 동해안, 낮은 곳은 서해안으로 추론이 가능하다.

염장법
더운 여름, 어패류가 (쉽게) 변질되는
것을 막기 위해 젓갈을 담궜다.

대청
우리 조상들은 대청을 여러 가지
쓰임새로 활용했다.

＊＊＊
염장법(鹽藏法) : 식품을 저장할
때 소금에 절이는 방법. 삼투 작용
에 의해 수분을 없애서 미생물을
살 수 없게 하여 부패를 방지하고
맛을 돋우는 방법이다. 저장성도 뛰
어나다. 가정에서 흔히 먹는 간장,
된장, 고추장, 젓갈, 장아찌, 김치
등이 모두 여기 속한다.
＊＊＊＊
대청(大廳) : 한옥에서 몸채의 방과
방 사이에 있는 큰 마루로 여름을
대비한 시설이다. 상황에 따라 여러
가지 쓰임새로 활용했다. 무더운 여
름철에는 일상 공간으로 사용했고,
명절이나 제사 등 집안에 큰일이 있
을 때에는 음식을 준비하는 장소로
쓰이기도 했다. 때에 따라서 요즈
음의 응접실처럼 손님을 간단히 접
대하는 공간으로 활용되기도 했다.

선생님이 앞에서 기온은 위도의 영향을 받는다고 했지요? **우리나라의 봄은 저위도에서 시작하고, 반대로 추위는 고위도에서부터 시작됩니다.** 봄에 꽃이 피는 시기나 여름철 장마 시기는 저위도에서 먼저 시작되어 고위도로 갈수록 늦어지지만, 단풍이 물드는 시기나 김장철은 고위도에서 시작되어 저위도로 갈수록 늦어집니다. 또한 기온 분포는 서리가 내리는 일수와 서리가 내리지 않는 일수에도 영향을 끼칩니다. 서리가 내리지 않는 일수는 무상기일로 마지막 서리가 내린 다음부터 이듬해 첫 서리가 내리기 전날까지의 일수입니다. **무상기일은 저위도에서 고위도로 갈수록, 해안에서 내륙으로 갈수록 짧아지고, 반대로 서리 일수는 저위도에서 고위도로 갈수록, 해안에서 내륙으로 갈수록 길어집니다.** 여름이 덥고 긴 남부 지방은 김치가 짜고 맵지만 겨울이 매우 춥고 긴 북부 지방은 김치가 싱겁습니다. 김치나 반찬의 짜고 싱거운 정도에도 다 이유가 있는 거였죠?

북부 지방의 김치(좌)
남부 지방의 김치(우)
기온에 따라 저장 식품의 염도와
양념에 차이가 있다.

가옥 구조도 기온의 영향을 많이 받습니다. **북부 지방은 폐쇄적이지만, 남부 지방은 개방적입니다.** 먼저 북부 지방부터 살펴볼게요. 겨울이 길고 추운 북부 지역에서는 보온성을 강조하는 겹집 구조로 집을 지었습니다. **겹집**이란 대들보 아래 방을 두 줄로 배열한 가옥입니다. 대들보 아래 방을 두 줄로 배열했다는 것은 방과 방을 서로 붙게 안쳤다는 뜻인데요, 이렇게 하면 외부와 만나는 면이 적어지므로 보다 효과적으로 추위에 대비할 수 있었겠지요? 우리나라 **관북 지방**은 겨울이 매우 길고 추운 지방입니다. 그런 만큼 추운 겨울을 대비하기 위해 겹집 구조인 **田자형의 폐쇄적 가옥 구조를 선호**했습니다. 대청마루를 놓지 않는 대신 정주간을 두었는데, **정주간은 부엌 옆의 벽이 없는 공간**으로 아궁이와 같은 높이로 아궁이와 연결되어 있어서 아궁이에서 불을 때면 그 열기가 정주간으로 전달되게 만들었답니다. 관북 지방 사람들은 정주간에서 작업도 하고 식사도 하는 등 이곳을 여러 가지 용도로 이용했지요.

정주간

겹집과 반대로 홑집이 있어요. **홑집은** 대들보 아래 방이 한 줄로 배열되어 있는 가옥 구조로 여름이 길고 더운 지역에서 볼 수 있습니다. 우리나라 **남부 지방**은 여름이 길고 덥기 때문에 이를 대비하기 위해 홑집 구조인 **一자형의 개방형 가옥 구조를 선호**했습니다. 따라서 가옥에서 대청이 차지하는 비중이 컸습니다. 홑집은 각 방마다 외부와 만

고팡	안방	정주간	부엌	방앗간
웃방	아랫방			외양간

○ 겹 집

부엌	안방	대청	방
		마루	

○ 홀 집

겹집(좌)
홀집(우)

나는 면이 넓어 통풍이 잘 되었으므로 길고 무더운 여름을 보내기에 한결 수월했을 것입니다.

이번엔 좀 더 독특한 구조를 자랑하는 울릉도형 가옥 구조를 살펴봅시다. **울릉도는 다른 지역과 달리 기온이 아닌 겨울 강수의 영향을 받**으므로 가옥 구조 역시 그에 따라 변화했습니다. 우선 우리나라에서 눈이 가장 많이 내리는 지역인 만큼 이에 대비하여 **우데기**라는 특수한 공간을 만들었지요. 우데기는 눈을 막는 방설벽인데요, 처마 끝에서부터 바닥까지 담을 둘러싸 집 안의 통로와 작업 공간을 확보하고 장독대나 외양간 등을 집 안에 둘 수 있도록 조성한 공간입니다. 또 눈이 많이 내려 집 밖으로 나가지 못하게 될 때를 대비해 이곳에 다양한 생활용품들도 준비해두었지요.

관북형은 겨울, 남부형은 여름을 대비한 가옥 구조임을 구분하자. 관서형과 중부형 가옥 구조는 관북형과 남부형의 중간적 특징을 보이는 구조로 관북형과 남부형의 점이지대로 생각하면 된다.

지역별 기후 특색과 연관된 가옥 구조, 울릉도 및 제주도 지역의 가옥 구조 특색을 확인해두자.

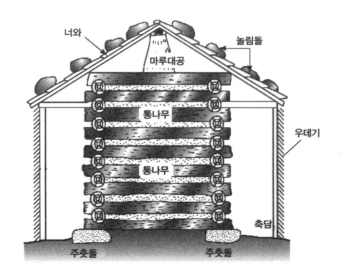

울릉도 우데기

185

그물을 덮은 제주도의 지붕

그렇다면 제주도는 어떨까요? 제주도는 바람이 많은 지역이니까 뭔가 이를 대비할 장치가 필요했겠지요? 예, 그래서 제주도 사람들은 지붕에 그물을 덮어 바람의 피해를 줄이고자 했고, 돌이 많은 지역적 특성을 이용하여 돌담을 쌓았습니다. 안방 뒤에는 고팡(혹은 고방)이라 부르는 곡물 저장 창고를 두었고요.

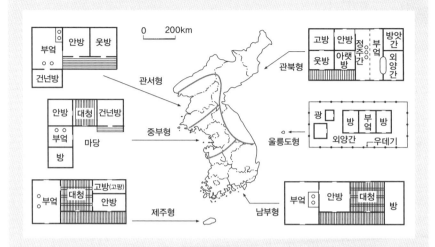

전통 가옥의 형태

- 관북형 : '전(田)'자형. 보온 효과를 높이고 통풍을 막는 데 유리한 폐쇄적인 가옥 구조. 정주간이 있다.

- 관서형·중부형 : 'ㄱ'자·'ㄷ'자형 가옥이 나타나고, 관북·남부형의 특징이 함께 나타난다(점이지대).

- 남부형 : '一'자형. 더위를 피하고 통풍이 유리한 개방적 가옥 구조를 지녔다. 넓은 대청마루가 있다.

- 제주형 : '고팡'이라는 곡물 저장 창고가 안방 뒤에 있고, 그물 덮은 지붕과 돌담이 있다.

- 울릉도형 : 눈이 많이 내리는 지역으로 눈을 막기 위한 벽(방설벽)인 우데기가 존재한다(다른 지역들은 다 기온이 가옥 구조에 영향을 끼쳤으나 울릉도는 강수(강설)가 가옥 구조에 영향을 주었다).

우리나라 전통 가옥 한옥 알아보기

한옥(韓屋)은 전통 한국의 건축 양식으로 지은 재래식 집이다. 일명 '조선집'이라고도 한다(이에 비해 현대식으로 지은 집은 '양옥'이라고 불렀다). 대개 뒤로는 산을 등지고, 앞으로는 물을 마주하되 남쪽으로 집을 안치는 배산임수(背山臨水)의 원칙을 따라 지었다. 온돌로 방바닥을 데워 추운 겨울을 나고, 마루를 놓아 여름을 시원하게 보내도록 만들었다. 한국의 전통 건축양식은 다양한 왕조를 거치며 변모해왔는데, 현재 가장 많이 선호되는 양식은 조선왕조의 양식이다. 일반적으로 한옥에는 대문, 마당, 부엌, 사랑방, 안방, 마루, 외양간, 화장실, 장독대 등이 갖추어져 있다.

**우리나라 전통 가옥을 볼 수 있는
안동 하회마을(좌)
한옥의 부엌(우)**

기초 구조

기단(基壇) : 빗물이 건물 안으로 들어오지 못하도록 주변보다 높이 쌓은 구조물.

주춧돌 : 기둥으로 받는 무게를 땅에 전하는 돌. 기둥 아래서 지붕을 떠받치고 있다.

기둥 : 건물의 몸통을 이루며 지붕을 떠받치고 상부하중을 받아 지면에 전달하여 건물

을 기본적으로 지탱하는 기능을 한다.

공포 : 처마 무게를 기둥에 전달하고 처마를 깊게 해주며, 지붕을 높여주고, 건물을 장식하기 위해 사용된다.

지붕 : 건물의 비, 눈과 햇빛을 막아주는 덮개 역할을 한다. 모양에 따라 맞배지붕, 우진각지붕, 팔작지붕이 있으며 지붕의 형태에 따라 집의 형태를 분류하기도 한다. 기와집의 경우 기와는 수키와 암키, 수막새와 암막새, 아귀토 등으로 모양을 낸다.

대문 : 평대문과 솟을대문이 있다. 솟을대문의 경우 부유층의 집, 궁궐 등에서 발견되며 말이나, 가마가 통과할 수 있도록 높이 솟아 있는 형태이다.

바닥 : 바닥은 주로 온돌, 마루, 전, 흙 등으로 이루어졌다. 마루의 경우 우물마루, 장마루, 골마루가 있으며 우물마루가 가장 일반적인 형태이다.

전통 가옥 종류

막집 : 나뭇가지나 낙엽, 가죽으로 임시로 만든 집. 원시시대에 사용했다.

움집 : 신석기 시대부터 청동기 시대까지 사용. 이엉을 덮어 만든 반지하 가옥이다.

초가집 : 갈대나 볏짚 등을 이용하여 만든 집이다.

기와집 : 흙을 다듬어 불에 구워 만든 기와를 사용한 집이다.

너와집 : 지붕을 붉은 소나무 껍질을 모아 만든 집이다.

귀틀집 : 통나무를 귀틀로 짜 만든 집이다.

너와집

지붕의 종류

팔작집 : 용마루 부분이 삼각형을 이루는 지붕 모양새이다.

박공지붕(맞배지붕) : 지붕의 양면이 마주치는 모양의 지붕으로 측면이 개방된 모양새이다.

우진각 : 네 개의 추녀마루가 동마루에 맞물려 있는 모양새이다.

사각지붕 : 추녀마루가 지붕 가운데로 몰린 모양새이다.

다각집 : 추녀의 마루가 여러 가지로 된 모양새이다.

육모정 : 여섯 개의 기둥으로 여섯모가 난 모양새이다.

단원 김홍도가 그린 기와이기(葺瓦)
단원풍속도첩(檀園風俗畵帖)에서
종이에 담채, 27cm x 22.7cm, 국립
중앙박물관 소장
(자료 출처 : 위키백과)

기온 역전 현상

기온 역전 현상은 말 그대로 기온이 거꾸로 나타나는 현상입니다. 해발고도가 높아지면 기온이 낮아져야 하는데 오히려 기온이 역전되어 기온이 높아지는 현상을 기온 역전 현상이라고 합니다. 기온 역전 현상은 주로 분지나 계곡과 같은 지형에서 잘 발달됩니다. 이런 현상이 어떻게 발생하는지 살펴봅시다.

해가 지고 밤이 되면 지표면이 빠르게 냉각됩니다. 이렇게 지표면이 냉각되면 지표면의 기온도 낮아져 공기의 무게는 무거워집니다. 무거워진 찬 공기는 산사면을 타고 아래쪽으로 내려오고, 따라서 지표면과 가까운 곳에는 찬 공기가 쌓이게 되지요. 반면, 냉각 속도가 느린 상공의 공기는 상대적으로 기온이 높고 무게는 가볍습니다. 결국 분지나 계곡에는 밤부터 새벽에 이르기까지 고도가 낮은 곳에는 찬 공기가, 고도가 높은 곳에는 따뜻한 공기가 분포하게 되는데요, 이것이 바로 기온 역전 현상입니다.

기온 역전 현상이 나타나면 역전층이 형성되는데, 이 역전층은 안정되어 있고 공기의 순환이 일어나지 않아 분지나 계곡 내부에 오염 물질이 쌓여 대기 오염이 심화됩니다. 또한 **지표면의 공기가 차가워 안개가 자주 발생**하게 되고 이로 인해 교통 장애가 일어나기도 하지요. **농작물의 냉해**도 빈번히 발생하고요. 이런 기온 역전 현상은 맑고 바람이 불지 않는 봄·가을, 그리고 지표면이 눈이나 얼음으로 덮여 있는 겨울에 잘 발생합니다.

우리나라의 대표적인 도시들이 침식 분지에 입지하고 있다는 것, 기억하시죠? 그렇다면 침식 분지에 위치해 있는 도시에 기온 역전 현상이 나타난다는 것을 같이 연결시킬 수 있겠지요. **기온 역전 현상은 바람이 불고 지표면의 기온이 높아지면 사라집니다.** 그래서 아침이 되면 기온 역전 현상이 사라지는 것이지요. 또한 일부 산사면의 농작물을 재배하는 농가에서는 기온 역전 현상에 의한 냉해를 막기 위해 농경지 곳곳에 바람개비를 설치하기도 합니다.

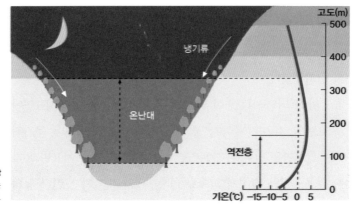

우리나라는 연강수량이 세계 평균 강수량보다 많은 지역으로, 특히 여름에는 비가 많이 내립니다. 봄이면 뉴스마다 "저수지가 마르고 일부 섬 지역에서는 물이 부족하여 급수를 한다"는 소식을 전하고, 여름이 되면 "장마가 시작되었다, 태풍이 와서 물이 넘쳤다 한강의 잠수교가 물에 잠겨 차량을 통제했다" 등등 비가 매우 많이 와서 피해를 일으킨다는 소식을 전합니다. 어떤 지역은 비가 쏟아지는데 또 어떤 지역은 비가 적게 오기도 해요. 이제부터 우리나라의 다양한 강수 특징을 알아보도록 하겠습니다.

강수의 유형

강수는 대기 중에 포함된 수분이 액체나 고체의 형태로 지표에 떨어지는 것으로, 강수에는 비·눈·우박·서리·이슬 등이 포함되나, 비(강우-降雨)와 눈(강설-降雪)이 주를 이룹니다. 강수의 유형에는 **대류성 강수, 전선성 강수, 저기압성 강수, 지형성 강수** 네 가지가 있습니다.

대류성 강수는 강한 햇빛에 의해 지표면이 가열되면서 수증기가 급상승하여 구름이 형성되고 강수 현상이 나타나는 것으로 **한여름 소나기**와 열대 기후 지역에서 주로 내리는 **스콜**이 해당됩니다.

193

전선성 강수는 뜨거운 기단과 차가운 기단처럼 성질이 서로 다른 기단이 만나면 차가운 기단은 뜨거운 기단을 밀어 올리거나 차가운 기단이 뜨거운 기단 밑으로 파고들어 상승 기류가 나타나게 되는데요, 이때 두 기단 사이에는 경계선 즉 전선이 형성됩니다. 이렇게 전선이 형성될 때 내리는 강수를 전선성 강수라고 합니다. 우리나라의 여름에 내리는 장맛비가 바로 장마 전선의 형성으로 내리는 비랍니다.

저기압성 강수는 기압 배치도에서 볼 수 있듯이 저기압에서 내리는 비입니다. 기압이 낮다는 것은 공기가 상승하여 누르는 힘이 약하다는 뜻인데요, 그래서 저기압의 영향을 받으면 비가 내리는 것입니다. 열대 이동성 저기압인 **태풍**이 오면 많은 비가 내리는데 이때의 강수가 바로 저기압성 강수에 해당됩니다.

마지막으로 **지형성 강수**입니다. 지형성 강수는 말 그대로 지형의 영향을 받아 내리는 강수로, **산지 사면**을 바람이 타고 올라가면서 상승 기류가 발생하고 구름이 만들어져 타고 올라가는 사면 즉 **바람받이 사면**에 비를 뿌리게 되는데, 이런 과정을 거쳐 형성되는 강수가 지형성 강수입니다. 우리나라는 산지가 많아 지형성 강수가 자주 발생하지요. 또한 비가 많이 내리는 지역들은 대개 지형성 강수가 자주 발생하는 곳이랍니다.

이제까지 설명한 내용을 한눈에 알아볼 수 있도록 정리하고 넘어갈까요?

우리나라에는 옆에서 제시한 네 가지 강수 유형이 다 나타난다. 그러므로 강수 유형에 해당하는 강수 현상을 함께 연결시킬 수 있어야 하겠다.

대류성 강수	열대지방의 스콜(소나기의 일종), 온대지방의 소나기
전선성 강수	한대전선대의 비, 장맛비
저기압성 강수	태풍
지형성 강수	산맥에 막혀 산지 사면에 내리는 비

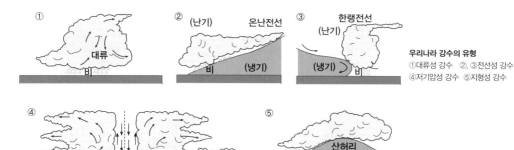

우리나라 강수의 유형
①대류성 강수 ②, ③전선성 강수
④저기압성 강수 ⑤지형성 강수

우리나라의 강수 특색

우리나라는 연 강수량이 약 1200~1300㎜로 습윤 기후 지역에 해당합니다. 따라서 강수량이 식생 분포나 농작물 재배에 영향을 미치지 않습니다. 우리나라는 평균 강수량으로 보면 습윤 기후 지역에 해당하지만, 계절별·연도별·지역별 강수량의 차이가 매우 큽니다.

먼저 계절별 강수량을 살펴볼게요. 우리나라는 연 강수량의 약 50~60%가 여름철에 분포합니다. 하계 강수 집중률은 중부 내륙 혹은 한강 중상류 지역이 가장 높고, 울릉도가 가장 낮습니다(울릉도는 동계 강수 집중률이 최고지요). 그런데 왜 **여름철에 강수량이 집중되는 걸까요?** 이유는 간단합니다. 우리나라에 비를 많이 뿌리는 요인들이 모두 다 여름에 나타나기 때문이죠. 즉 **우리나라의 강수는 장마전선, 태풍, 그리고 습한 남서기류의 영향**을 크게 받는데요, 이런 현상들이 다 여름에 발생하는 탓이랍니다.

우리나라 강수량은 연 변동이 매우 심합니다. 평균 강수량은 약 1200~1300㎜지만, 연도별 강수량은 매년 평균값에서 많이 벗어나 있습니다. 그 이유는 우리나라에 비를 뿌리는 요인들이 매년 달라지기 때문이지요. 우리나라의 강수 현상은 태풍·장마전선·습한 기단 등의 영향을 받는데요, 이런 요인들이 매년 영향을 주는 것은 분명하

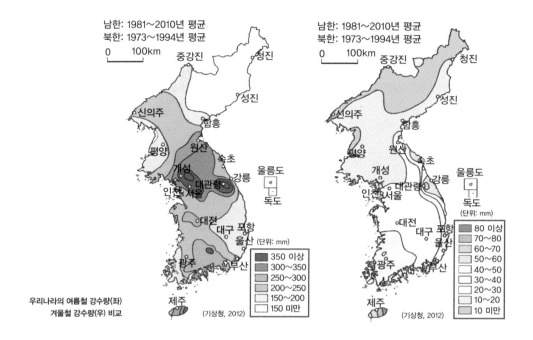

남한: 1981~2010년 평균
북한: 1973~1994년 평균

0   100km

중강진

청진

신의주

성진

함흥

평양

원산

속초

개성

대관령

강릉

울릉도

인천 서울

독도

(단위: mm)

대전

대구 포항

울산

광주

부산

(단위: mm)
350 이상
300~350
250~300
200~250
150~200
150 미만

제주

(기상청, 2012)

**우리나라의 여름철 강수량(좌)
겨울철 강수량(우) 비교**

남한: 1981~2010년 평균
북한: 1973~1994년 평균

0   100km

중강진

청진

신의주

성진

함흥

평양

원산

속초

개성

대관령

강릉

울릉도

인천 서울

독도

(단위: mm)

대전

대구 포항

울산

광주

부산

(단위: mm)
80 이상
70~80
60~70
50~60
40~50
30~40
20~30
10~20
10 미만

제주

(기상청, 2012)

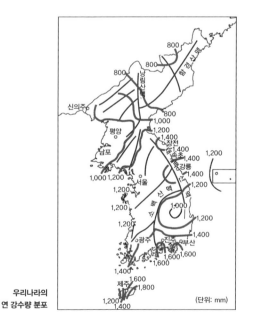

**우리나라의
연 강수량 분포**

지만 영향을 줄 때마다 그 기간이나 횟수, 영향력이 달라지기 때문에 매년 강수량 변동이 클 수밖에 없는 것이지요.

강수량은 일반적으로 남쪽에서 북쪽으로 가면서 감소하지만, 풍향과 지형의 영향으로 강수량의 지역 차는 매우 큽니다. 즉 지형의 영향을 많이 받는다는 것으로, **지형성 강수가 많다는 뜻입니다.**

제주도를 포함한 남해안 일대는 남서 기류와 지형(한라산, 소백산맥 등)의 영향으로 우리나라에서 비가 가장 많이 내리고, 거제도와 서귀포, 남해 일대는 연 강수량이 1900~2000㎜나 됩니다. **한강 중상류 일대(중부**

내륙 일대)는 남서 기류와 태백산맥(서사면)의 영향으로, **북한의 청천강 중상류 일대**는 남서기류와 낭림산맥(서사면)의 영향으로 비가 많이 내려 연 강수량이 많은 **다우지(多雨地)**를 이룹니다. 위에서 말한 세 지역의 공통적 특징은 **서풍(남서기류)의 영향으로 산지의 서쪽 사면에 많은 비가 내린다는 점**입니다. 하지만 우리나라에서 비가 많이 내리는 지역은 위의 세 지역 말고 한 군데 더 존재합니다. 바로 **영동 동해안 일대**입니다. 강릉과 속초는 연 강수량이 1400㎜가 넘고, 북한의 원산·장전도 1300㎜ 이상입니다. 영동 지방은 북동기류와 태백산맥(동사면)의 영향으로 비가 많이 내립니다.

이번에는 우리나라의 **소우지(少雨地)**를 살펴볼까요? 우리나라에서 가장 비가 적게 내리는 곳은 **개마고원 일대**입니다. 대표 지역인 중강진은 연 강수량이 약 600㎜ 정도이죠. 이곳은 함경·낭림·마천령산맥으로 둘러싸인 격해도*가 큰 내륙 고원으로 습기 유입이 어려우므로 비가 적게 내립니다. 그리고 평양과 남포를 중심으로 한 **대동강 하류**는 저평(낮고 평평)한 지형이라 습기를 포함한 바람이 상승기류를 일으키지 못해 역시 강수량이 적습

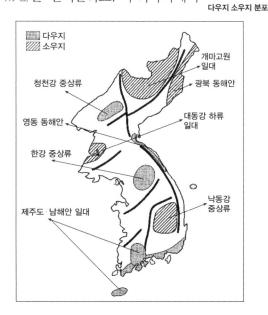

다우지 소우지 분포

니다. 그리고 대구·안동·구미를 중심으로 하는 **낙동강 중상류(영남 내륙 일대)**는 소백산맥과 태백산맥으로 둘러싸인 내륙 분지로 바람의지 사면에 해당하여 비가 적게 내립니다. 위의 세 지역은 형태는 다르지만 모두 지형의 영향으로 소우지가 되었습니다. 그런데 지형과 바다 등

*
격해도(隔海度) : 바다에서부터 거리에 따라 생기는 기후의 차. 해안 지방은 기후의 차가 적은 해양성 기후로 되고, 내륙 지방은 대륙성 기후로 된다.

TIP

다우지는 기본적으로 지형과 남서기류의 영향으로 형성되지만, 영동 동해안은 북동기류의 영향을 받는다. 소우지 역시 지형에 의해 형성되지만, 관북 동해안은 지형·한류의 영향으로 형성된다. 꼭 구분해서 확인하자!

TIP

다섯 군데의 다설지를 바람의 방향에 따라, 눈이 내리는 원인에 따라 분류할 수 있도록 정리하자.

복합적인 이유로 소우지가 된 곳이 있습니다. 바로 청진·나진 등이 중심인 **관북 동해안 일대**입니다. 관북 동해안 일대는 해안가지만 한류가 흐르는데다가, 남서 기류가 불면 함경산맥에 의해 바람 의지 사면이 되고, 북동 기류가 불어도 위치상 북동 기류의 영향을 받지 못해 강수량이 적습니다.

우리나라에는 겨울철 강수량은 적지만, 눈이 많이 내리는 지역이 있습니다. 대표적인 다설지(多雪地)는 **울릉도, 영서 산간지대(대관령 일대), 소백산맥 서사면, 영동 지방, 충남·호남 서해안 일대**가 해당됩니다. 울릉도와 영서 산간지대(태백산맥 서사면), 소백산맥 서사면은 지형과 북서계절풍의 영향으로 눈이 많이 내립니다. 특히 울릉도는 우리나라에서 눈이 가장 많이 내리는 지역인데요, 그 때문에 우데기라는 특수한 가옥 시설을 만들기도 했습니다. 위 세 지역과는 달리 영동 지방은 태백산맥(동사면)과 북동 기류의 영향으로 눈이 많이 내립니다. 충남·호남 서해안 일대는 높은 산지가 분포하지 않는데도 폭설이 내려 대설 피해가 발생하곤 하는데, 이 지역은 북서계절풍에 의해 영하 30℃ 이하로 차가워진 상층의 공기가 따뜻한 바다를 만나면서 기층이 불안정해지고 눈구름이 형성되기 때문입니다.

연평균 적설 일수(1971~2000)(좌)
연강설량(1981~2000)(우)
적설 일수가 많은 지역이 주로 다설지에 해당한다. 단 울릉도가 빠져 있다. (자료 출처 : 기상청)

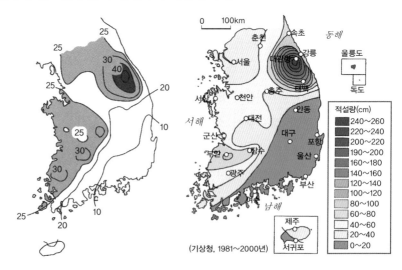

강수의 영향

우리나라는 수자원 이용이 매우 어려운 나라입니다. 습윤 기후 지역인 우리나라가 왜 수자원 이용이 어려운 걸까요? 바로 **강수의 지역 차, 계절 차, 연변동이 모두 크기 때문**입니다. 이런 조건들은 내륙 수운 발달이나 수력 발전에도 불리하게 작용하지요. 더구나 여름철에는 홍수가, 나머지 계절엔 가뭄이 반복되는 나라이니…… 각별한 물 관리가 필요하다는 것은 두말하면 잔소리겠죠? 그래서 우리나라는 오래 전부터 가뭄과 홍수를 대비하기 위해서 다목적 댐, 저수지, 보 등을 설치하고 있답니다. 조림 사업(삼림 녹화 사업)도 부지런히 실시하고 있고요. 또 홍수가 자주 발생하는 곳, 주변이 낮은 범람원이나 강 하류 지역에 지반을 높여서 짓는 **터돋움집**을 만들기도 합니다. 집터를 주위 지형보다는 높게 하여 집을 짓는 것이지요.

세계 물의 날(World Day for Water)

매년 3월 22일은 '세계 물의 날'로서 1992년 국제 연합 총회(United Nations General Assembly)에 의해 선포되었다. 이날은 1992년 브라질 리우데자네이루(Rio de Janeiro)에서 개최된 리우 회의[환경 및 개발에 관한 국제 연합 회의(UNCED, United Nations Conference on Environment and Development)]의 '의제 21(Agenda 21)'에서 최초로 제안되었고, 1993년 제1회 세계 물의 날(World Day for Water) 선포 이후 현재까지 많은 관심 속에 성장해왔다.

국제 연합(UN)과 가입국들은 이날 자신들의 나라에서 세계 물 자원에 대한 구체적인 활동을 권고하는 국제 연합(UN)의 프로그램을 수행하고 있다. 또한 국제 연합(UN) 가입국들과, 깨끗한 물을 지속적으로 이용할 수 있는 거주 환경을 조성하기 위해 활동하는 비정부 기구(NGO)들은 이날 물 문제에 대한 대중의 관심을 이끌어내는 데 주력한다. 예를 들어 1997년부터 매 3년마다 세계 물 위원회(World Water Council)는 세계 물의 날 주간에 수천 명이 참가하는 세계 물 포럼(World Water Forum)을 개최한다. 참가 기관들과 비정부 기구들은 '안전한 식수를 이용하지 못하는 수십억 명의 사람들', '안전한 식수를 이용하기 위한 가정 내 성별 역할'과 같은 주제에 집중하기도 한다. 현재까지 2003년, 2006년, 2009년 세 차례에 걸쳐 세계 물 개발 보고서(World Water Development Report)가 발간되었다. (자료 출처 : 위키백과)

국제 연합이 발표한 '2014 세계 물의 날' 의미

물과 에너지, 이 둘은 독립되어 있는 듯 보이지만 실제로 서로 긴밀하게 연결되어 있다. 에너지의 생산과 분배에 있어 물을 자원으로 많이 사용하는 탓이다. 특히 우리가 잘 아는 수력 발전, 원자력 발전, 그리고 열병합 발전 등이 그렇다. 국제 연합과 긴밀한 관계를 유지하고 있는 여러 기관이 연구한 바에 따르면 사람들이 사용하는 거의 모든 에너지는 물·에너지와 결합성을 가진다. 연구 결과 드러난 가장 불공평한 점은 빈민가에 살고 있는 수십억 인구와 가난한 환경에 처해 있는 시골 지방 거주민들이 식용수로서 적합하지 않은 물을 마시거나 적절한 위생 처리가 되지 않은 식품을 먹고, 또한 제대로 된 위생 서비스조차 받지 못한다는 것이었다. 이러한 문제는 정책 개발을 촉진하는 각 부처 간의 협력 아래 사람들이 안전한 에너지를 사용하고 또 모두가 깨끗한 물을 지속적으로 사용할 수 있도록 노력하는 것이 바로 녹색 경제라는 점을 인식하고, 이에 대해 특별한 관심을 기울일 때 문제 해결의 실마리를 찾을 수 있을 것이다.

2014 세계 물의 날 주요 메시지

1. 물을 사용하려면 에너지가 있어야 하고, 에너지를 생산하려면 물이 있어야 한다.

2. 자원은 유한하지만 인간의 욕구는 계속 증가한다.

3. 에너지를 절약하는 것은 곧 물을 절약하는 것이다. 물을 절약하는 것은 곧 에너지를 절약하는 것이다.

4. 지구상의 최하층 사람들에게 물, 위생 서비스, 그리고 전기를 공급해야 한다.

5. 물과 에너지 효율성을 개선하는 것은 합의를 거쳐 지속해나가야 할 필수 정책이다.

(자료 출처 : 국제연합)

4 바람

"그대 이름은 바람 바람 바람, 왔다가 사라지는 바람……." 이런 노래 가사가 있는데, 여러분은 잘 모르겠지요? 따뜻한 오후에 얼굴을 스치는 봄바람, 청명한 하늘 아래 불어오는 가을바람, 옷깃을 여미게 만드는 칼바람…… 바람의 종류도 다양합니다. 바람은 적당히 불어올 때는 기분 좋고 낭만적이지만, 태풍으로 변하는 순간 인간을 위협하기도 합니다. 바람의 두 얼굴이죠. 이번 시간에는 우리 기후에 영향을 주는 바람들을 살펴볼 텐데요, 그 전에 먼저 우리나라 바람의 특색을 정리해보겠습니다. 북반구 중위도에 위치한 우리나라는 연중 대륙에서 불어오는 편서풍의 영향을 받습니다. **편서풍***이란 위도 30°와 60° 사이의 중위도 지역에서 서쪽에서 동쪽으로 부는 항상풍**(혹은 탁월풍(卓越風)이라고도 합니다)인데요, 우리나라가 대륙성 기후의 특징을 보이는 것은 대륙에서 불어오는 편서풍의 영향을 받기 때문입니다. 대기가 항상 서쪽에서 동쪽으로 이동하는 이유이기도 하지요. 그래서 기상 관측을 통해 일기 예보를 할 때 서쪽의 대기 상태를 확인하는 것이 매우 중요하답니다. 우리나라는 또한 세계에서 제일 큰 대륙인 유라시아 대륙과 태평양 사이에 위치해 있어서 여름과 겨울마다 풍향이 바뀌는 **계절풍**의 영향도 받습니다. 또 한 가지 기억해야 할 바람이 있으니 바로 늦봄부터 초여름 사이 영서지방에 부는 고온 건조한 바람인 **높새바람**입니다. 이 바람은 특정한 좁은 지역에만 부는 바람으로 **국지풍**(혹은 지방풍)이라고 합니다.

계절풍

우리나라 여름에는 해양에서 대륙으로 부는 고온다습한 **여름 계절 풍**(남동·남서 계절풍)이 붑니다. 반대로 겨울에는 대륙에서 해양으로 부는 한랭 건조한 **겨울 계절풍**(북서 계절풍)이 불지요. **계절풍**은 대륙과 해양 사이 비열 차로 인해 형성되는 바람으로 가장 큰 대륙인 유라시아 대륙과 태평양이 만나는 동부 아시아에서만 발생합니다(동부 아시아는 동남아시아와 동북아시아로 구성되는 것, 알고 계시죠~). 계절풍이 부는 지역에서는 모두 주식으로 쌀을 먹습니다.

그럼 이제 계절에 따라 풍향이 바뀌는 이유를 알아볼까요? 여름에는 강한 햇빛으로 대륙의 기온이 상대적으로 많이 올라가게 되는데요, 그러면 공기의 상승이 나타나 저기압이 되고 상대적으로 기온 변화가 크지 않은 해양은 고기압이 됩니다. 바람은 항상 고기압에서 저기압으로 부니까 여름에는 해양에서 대륙으로 바람이 불게 되는 것이지요. 여름철 해양에서 불어오는 바람은 당연히 기온이 높고 습하겠죠? 그러니 **고온다습한 바람**이 불게 되는 것이고, 그 덕분에 우리나라 여름은 더욱 여름다워지는 것입니다. 여름에 부는 계절풍이 우리나라를 비롯한 동부아시아에서 벼농사를 가능하게 해주는 이유입니다. **벼농사**뿐 아니라 우리나라에서 볼 수 있는 **대청마루, 삼베, 모시, 죽부인** 등도 여름 계절풍의 영향으로 나타난 것들입니다.

그런데 **겨울**이 되면 여름과 달리 태양에너지의 힘이 약해지면서 대륙과 해양이 냉각되기 시작합니다. 비열이 작은 대륙은 빨리 냉각되고 기온이 낮아져서 고기압이 되고, 상대적으로 비열이 큰 해양은 천천히 냉각되어 저기압이 되지요. 그래서 겨울에는 여름과 반대로 바

*
편서풍(偏西風) : 위도 30°~60° 사이의 중위도 지역에서 서쪽에서 동쪽으로 부는 항상풍이다. 주로 북반구에서는 남서쪽에서, 남반구에서는 북서쪽에서 불어온다. 무역풍과 초기의 유럽 항해 선박을 위한 왕복 항로로 이용되었다. 편서풍은 지역에 따라 부분적으로 강하거나 약하게 부는데, 특히 남반구는 북반구보다 중위도 지역에 육지가 적기 때문에 마찰이 줄어들어 바람이 더 강하게 분다.

**
항상풍(恒常風) : 탁월풍(卓越風) 또는 일반풍(一般風)이라고도 한다. 일정 지역, 혹은 일정 위도 영역에서 거의 일정한 방향으로 부는 바람이다. 탁월풍과 항상풍, 일반풍은 보통 유사한 의미로 사용되지만, 탁월풍은 특정 지역의 현상을 기술하는 경우에, 항상풍 또는 일반풍은 지구 보편적인 현상을 기술하는 경우에 선호된다. 우리나라의 경우엔 중위도 대에 위치하는 탓에 항상풍은 편서풍에 해당하고, 탁월풍은 북서계절풍에 해당한다.
무역풍(貿易風) : 위도 20° 내외의 지역에서 1년 내내 일정하게 부는 바람이다. 북반구에서는 북동풍, 남반구에서는 남동풍이 적도 방향으로 강하게 부는 바람으로 예전에는 뱃사람들이 이 바람을 많이 이용했다.

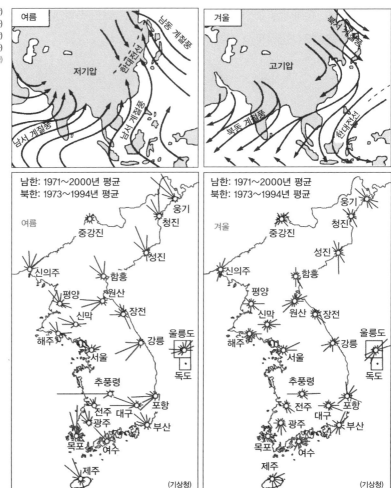

여름 계절풍(좌/상)
여름철 바람장미(좌/하)
겨울 계절풍(우/상)
겨울철 바람장미(우/하)
(출처 : 기상청)

TIP

우리나라에서는 여름 계절풍보다 겨울 계절풍의 풍속도 세다. 여름·겨울 계절풍을 나타내는 풍향도나 바람장미를 보면 이 사실을 확인할 수 있다. 이것은 또한 여름과 겨울 계절풍을 구분하는 방법이기도 하다. 겨울 계절풍은 우리나라 서해안 특히 태안반도 신두리 일대에 대형 해안 사구를 형성하는 데 직접적인 영향을 끼쳤다. 여름 계절풍과 겨울 계절풍의 특색을 잘 구분하고 풍향도나 바람장미(어떤 관측 지점의 어느 기간에 대하여 각 방위별 풍향 출현 빈도를 방사 모양의 그래프에 나타낸 것)가 나왔을 때 어느 계절풍인지 찾아낼 수 있어야 한다.

람이 대륙에서 해양으로 불어오는 것입니다. 기온이 낮고 건조한 대륙에서 불어오는 바람이므로 특성은 **한랭 건조**합니다. 우리나라는 겨울 계절풍의 영향을 받아 **배산임수 취락입지가 발달**했는데요, 그 밖에 **솜옷, 온돌문화, 김장문화,** 그리고 **동서 방향의 밭이랑** 등도 겨울 계절풍의 영향으로 나타난 것들입니다.

높새바람

선생님이 여러분에게 "여러 가지 바람의 종류 중 아는 걸 말해보세요" 하면 십중팔구 "높새바람이요" 하고 대답합니다. 높새바람은 그만큼 유명한 바람이지요. 높새는 순 우리말로 북동쪽을 가리킵니다. 그러니까 높새바람은 북동풍이라는 뜻이겠지요? 높새바람이 형성되는 데에는 많은 조건이 필요합니다. 높새바람은 **늦봄부터 초여름 사이에만 나타난다**는 것, 그리고 **오호츠크 해 기단의 영향을 받는다**는 것, **태백산맥을 넘어 푄현상에 의해 형성된다**는 것을 기억하세요.

오호츠크 해는 한반도 북동쪽에 위치한 바다로 이곳에서 형성된 기단은 한랭 습윤한 특징을 보입니다. 이 기단이 늦봄부터 초여름 사이에 영향을 미치면 우리나라에 북동풍이 부는데요, 이 바람은 영동 지방을 지나 태백산맥을 타고 올라갑니다. 그러면 바람받이 사면에 해당하는 영동 지방에는 비가 내리게 됩니다. 더불어 기온도 낮아지고요. 하지만 반대쪽 사면에 해당하는 영서 지방은 바람의지 사면이 되어 바람이 타고 내려가면서 이 지역에는 고온 건조한 바람이 불게 됩니다. 바람이 산지를 타고 내려가면서 고온 건조한 바람을 불게 만드는 현상을 **푄현상**이라고 하는데, 높새바람은 푄현상에 의해 발생합니다. 선생님이 앞에서 "높새바람은 늦봄부터 초여름 사이에만 나타난다"고 했지요? 그런데 우리나라에서 늦봄부터 초여름 사이는 계절

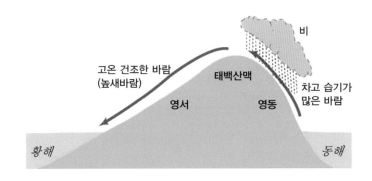

높새바람

적으로 장마철 직전으로 가뭄의 최고조기에 해당합니다. 이 시기에 고온 건조한 바람까지 겹치면 영서 지방은 가뭄 피해에 시달리게 되겠지요.

바람이 부는 시기, 바람의 방향, 영향을 주는 기단 등 위에서 설명한 모든 조건이 다 만족되어야만 높새바람이라고 한다는 점을 꼭 기억하세요. 우리나라는 산지가 많아 푄현상이 자주 일어나지만, 푄현상에 의해 고온 건조한 바람이 분다고 해서 모두 높새바람은 아니라는 뜻입니다. **늦봄부터 초여름 사이에 오호츠크 해 기단에 의한 북동풍이 태백 산맥을 넘으면서 발생한 푄현상으로 영서지방에 나타난 고온 건조한 바람만이 높새 바람입니다.**

우리나라의 4계절 변화 ⑤

북반구 중위도에 위치하는 우리나라는 4계절이 뚜렷합니다. 계절이 뚜렷한 만큼 기상 현상이 다르고 영향을 미치는 기단도 다릅니다. 이번 시간에는 우리나라 기후에 영향을 주는 기단을 중심으로 4계절에 대해 알아보겠습니다.

우리나라에 영향을 미치는 기단

우리나라에 영향을 미치는 기단은 **오호츠크 해 기단, 북태평양 기단, 적도 기단, 시베리아 기단**이 있습니다. **오호츠크 해 기단**은 오호츠크 해에서 발원한 한랭 습윤한 기단으로 한반도의 북동쪽에 위치합니다. 늦봄에서 초여름 사이, 우리나라에 영향을 주며 높새바람과 장마전선을 형성하지요. **북태평양 기단**은 북태평양에서 발원한 고온다습한 기단으로 한반도의 남동쪽에 위치하며, 우리나라 여름을 지배합니다. 오호츠크 해 기단과 함께 장마전선을 형성하고, 한여름의 무더위와 소나기, 열대야(열대일) 등의 특성을 나타내는 데 한몫 단단히 합니다. 또한 남동·남서 계절풍, 즉 여름 계절풍을 형성하지요. **적도 기단**은 적도에서 발원한 기단으로 한반도 남쪽에 위치하는 고온다습한 기단입니다. 우리나라에서 발생하는 태풍과 관계가 깊습니다. 마지막으로 우리나라 겨울에 영향을 미치는 **시베리아 기단**이 있습니다. 시

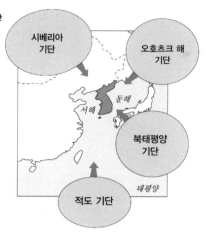

우리나라에 영향을 미치는 기단

시베리아 기단

오호츠크 해 기단

북태평양 기단

적도 기단

서해 · 동해 · 태평양

베리아 기단은 시베리아에서 발원하는 한랭 건조한 기단으로 한겨울 혹한과 겨울의 전형적인 기상 현상인 삼한사온을 형성하고 북서 계절풍인 겨울 계절풍을 일으킵니다. 봄철 꽃샘추위를 일으키는 장본인이지요.

봄철

"봄 사흘 맑은 날이 없다"라는 말을 들어보셨나요? 갈팡질팡하는 봄 날씨를 잘 표현해주는 말인데요, 그렇듯 우리나라 봄 날씨는 매우 변덕스럽습니다. 이유가 무엇일까요? 바로 **이동성 고기압과 저기압이 주기적으로 교차**하는 탓이랍니다. 고기압의 영향을 받으면 날이 맑지만, 저기압의 영향을 받으면 날씨가 흐리고 비가 내리지요. 우리나라 봄철에는 꽃샘추위 혹은 잎샘추위가 나타납니다. 꽃샘추위는 꽃이 피는 것이 샘나서 오는 추위라고들 말하지요. 이름은 정겹지만 실제로 그 위력은 대단합니다. 두터운 겨울옷을 다시 꺼내 입게 만드니까요. 꽃샘추위가 오는 것은 봄이 오면서 후퇴하던 시베리아 기단이 일시적으로 확장되기 때문입니다. 3월 말이나 4월 초쯤 갑자기 기온이 영하로 떨어지거나 꽃이 피어나고 있는 중에 눈이 내리기도 하는 이유이지요.

봄철에는 산불이 가장 많이 발생합니다. 이는 가뭄 현상이 오랫동안 누적된 탓인데요. 앞에서 배웠듯이 우리나라는 여름철에 비가 많이 내린 후로 가을에서 겨울을 지나 봄에 이르기까지 강수량이 적은 상태로 유지되잖아요? 그러니 결국 가뭄이 가장 크게 누적되어 있는 계절이 바로 봄인 것입니다. 또한 기온이 상승하면서 상대 습도는 더 낮아지기 때문에 산불 발생률이 높아져요. 그리고 늦봄부터 초여름 사이 오호츠크 해 기단에 의해 영서 및 수도권 일대에 **높새바람**이 불어 가뭄 피해가 나타나고, 봄의 불청객인 **황사현상**이 나타난다는 점, 꼭 기억합시다.

여름철_장마철과 한여름

봄이 끝나면 장마철이 시작됩니다. **장마철**은 6월 하순부터 7월 하순까지 장마전선에 의해 많은 비가 내리는 기간을 말하는데, 장마전선은 오호츠크 해 기단과 북태평양 기단에 의해 형성됩니다. 장마철에 내리는 강수는 강수의 유형 중 **전선성 강수**에 해당됩니다. 장마전선은 북태평양 기단과 오호츠크 해 기단의 힘에 따라 남북으로 오르내리지만 기본적으로 남쪽에서 북쪽으로 이동합니다. 즉 장마철은 남쪽에서 먼저 시작된다는 뜻이지요. 장마철에 내리는 강수는 연 강수량의 약 30%나 되는데요, 남서 기류가 유입되면 집중호우 형태로 나타납니다. 그래서 우리나라의 집중호우 피해는 주로 6~8월에 집중되지요. 장마철에는 비가 많이 내려 대기 중 수증기량이 늘어나서 낮과 밤의 기온차가 매우 작습니다. 우리나라 4계절 중 장마철이 **기온의 일교차가 가장 작은** 이유입니다.

북태평양 기단과 오호츠크 해 기단이 만든 장마전선이 한반도 북쪽으로 올라가서 장마철이 끝나면, 북태평양 기단의 지배 아래 찌는 듯한 무더위가 시작됩니다. 이때 한반도 남쪽에는 북태평양 기단(즉 고기압)이 자리 잡고 북쪽에는 저기압이 자리를 잡게 되어 **남고 북저의 기압 배치**를 보입니다. 뜨거운 태양빛에 의해 대류성 강수인 소나기가 자주 발생하고, 낮의 기온이 30℃ 이상 되는 **열대일**과 밤의 기온이 25℃ 이상 가는 **열대야** 현상이 나타납니다. 우리나라 한여름은 고온 다습한 남동·남서 계절풍의 영향을 받으며, 적도 기단에 의해 태풍이 발생하여 풍수해를 일으키기도 합니다.

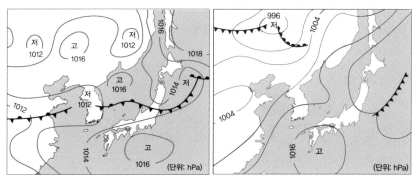

장마철의 일기도(좌)
한여름의 일기도(우)

가을철

무더웠던 여름이 끝나고 북태평양 기단의 힘이 약화되면서 비로소 가을이 시작됩니다. 비록 짧은 기간이긴 하지만 우리가 "대한민국에서 태어나길 잘했다"고 생각하게 만드는 멋진 계절이 오는 것이지요. 하지만 초가을은 날씨가 쾌청하기만 한 것은 아닙니다. 북태평양 기단의 힘이 약해지면서 밀려 올라갔던 장마전선이 남하하여 **초가을 장마**를 일으키거든요. 물론 여름 장마철처럼 오랫동안 계속되지는 않지만요. 이 점만 빼면 가을철 날씨는 '굿'입니다. 주로 이동성 고기압의 영향을 받기 때문에 맑고 **청명하고 건조한 날씨**가 지속되니까요. 맑고 청명한 가을 날씨는 농작물 결실과 수확에 유리하지요.

겨울철

4계절을 마무리하는 겨울입니다. 한랭 건조한 시베리아 기단이 커지기 시작하면서 우리나라는 겨울철로 접어듭니다. 이때 일기도를 보면 우리나라 북서쪽에는 시베리아 기단(즉 시베리아 고기압)이, 북동쪽에는 저기압이 위치하여 **서고 동저의 기압 배치**를 확인할 수 있어요.

210

우리나라 겨울 날씨의 전형은 삼한사온(三寒四溫)인데요, 이는 시베리아 기단의 영향으로 나타납니다. 삼한사온 현상은 시베리아 기단이 주기적으로 3일간 확장, 4일간 축소되어 나타나는 기상 현상으로, 확장되는 3일간은 춥고 축소되는 4일간은 따뜻한 날씨를 보입니다. 또한 겨울철에는 북서계절풍이 불어와 한랭 건조한 날씨를 나타냅니다. 북서계절풍과 북동 기류의 영향으로 폭설이 내리기도 하고요.

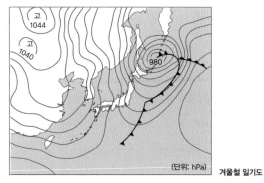

(단위: hPa)   **겨울철 일기도**

우리나라의 절기

절기(이십사절기, 24절기, 二十四節氣)는 한국·중국 등지에서 태양년(太陽年)을 태양의 황경(黃經)에 따라 24등분하여 계절을 자세히 나눈 것으로 절후(節候)·시령(時令)이라고도 한다. 황경이란 태양이 춘분점을 기점으로 황도를 움직인 각도로, 황경이 0°일 때를 춘분으로 하여 아래 표와 같이 15°간격으로 24절기를 구분한다. 절기와 절기 사이는 대략 15일 간격이며, 양력 날짜는 거의 같지만 음력으로는 조금씩 달라지므로 가끔 윤달을 넣어 계절과 맞추고 있다. 24절기는 절(節)과 중(中)으로 분류되는데, 입춘 등 홀수 번째 절기는 절, 우수 등 짝수 번째 절기는 중이 된다. 사계절은 입춘·입하·입추·입동 등 4립(四立)의 날에서 시작된다.

조선 세종 26년(1444년)에 간행된 『칠정산내편(七政算內篇)』에는 다음과 같은 기록이 있다. 요즘처럼 1월을 새해의 시작으로 보지 않고, 태양의 위치에 따라 나눈 24절기 중 입춘을 1년의 시작으로 본다는 점이 특이하다.

*입춘은 1월의 절기이고 우수는 중기이다. 동풍이 불어서 언 땅이 녹고 땅속에서 잠자던 벌레들이 움직이기 시작하면 물고기가 얼음 밑을 돌아다닌다. 기러기가 북으로 날아가며, 초목에서 싹이 튼다.

*경칩은 2월의 절기이고, 춘분은 중기이다. 복숭아꽃이 피기 시작하고, 꾀꼬리가 울며, 제비가 날아온다.

*청명은 3월의 절기이고, 곡우는 중기이다. 오동(梧桐)이 꽃 피고 산비둘기가 깃을 털고, 뻐꾸기가 뽕나무에 내려앉는다.

*입하는 4월의 절기이고, 소만은 중기이다. 청개구리가 울고 지렁이가 나오며, 씀바귀

대설　동지　소한
소설　　　　　　대한
입동　　　　　　입춘
상강　　　　　　우수
한로　　　　　　경칩
추분　　24절기　춘분
백로　　　　　　청명
저서　　　　　　곡우
입추　　　　　　입하
　대서　　　　소만
　소서　망종
　　하지
24절기 그림

가 뻗어오르며, 냉이가 죽고 보리가 익는다.

*망종은 5월의 절기이고, 하지는 중기이다. 왜가리가 울기 시작하며, 사슴의 뿔이 떨어진다. 매미가 울기 시작한다.

*소서는 6월의 절기이고, 대서는 중기이다. 더운 바람이 불고 귀뚜라미가 벽에 다니며, 매가 사나워지고, 썩은 풀이 화하여 반딧불이가 된다. 흙이 습하고 더워지며, 때로 큰 비가 내린다.

*입추는 7월의 절기이고, 처서는 중기이다. 서늘한 바람이 불고 이슬이 내리며, 쓰르라미가 울고 매가 새를 많이 잡는다. 벼가 익는다.

*백로는 8월의 절기이고, 추분은 중기이다. 기러기가 날아오고, 제비가 돌아가며, 뭇새들이 먹이를 저장한다. 물이 마르기 시작한다.

*한로는 9월의 절기이고, 상강은 중기이다. 국화가 노랗게 피고, 초목이 누렇게 낙엽지고, 땅속에서 잠을 자는 벌레들이 땅속으로 들어간다.

*입동은 10월의 절기이고, 소설은 중기이다. 물이 얼기 시작하고 땅이 얼기 시작하며, 겨울이 된다.

*대설은 11월의 절기이고, 동지는 중기이다. 범이 교미를 시작하며, 고라니의 뿔이 떨어지고 샘물이 언다.

*소한은 12월의 절기이고, 대한은 중기이다. 기러기가 북으로 돌아가고, 까치가 깃을 치기 시작하며, 닭이 알을 품는다. 나는 새가 높고 빠르며, 물과 못이 두껍고 단단하게 언다.(자료 출처: 위키백과)

6 기후 변화

    기후가 자연적 혹은 인위적인 요인에 의해 장기간에 걸쳐 변화하는 현상을 **기후 변화**라 합니다. 대표적인 것으로 지구 온난화와 사막화 현상이 있습니다. 기후 변화를 일으키는 **자연적 요인**으로는 **태양의 활동, 태양과 지구의 주기적 거리 변화, 화산 활동, 해류의 변화, 자연적인 이산화탄소 배출량 증가** 등이 있습니다. 이 같은 자연적 요인은 산업혁명 이전의 기후 변화에 절대적인 영향을 끼쳤습니다. 하지만 산업혁명 이후 화석 연료를 사용하게 되면서 **이산화탄소 배출량 증가, 삼림 파괴로 인한 이산화탄소 흡수량 감소** 등 기후를 변화시키는 **인위적 요인**이 작용하게 됩니다. 현재 지구는 온난화 현상으로 인해 기온이 상승하고 있는데요, 우리나라도 온난화의 영향을 받고 있습니다. 지난 100년간 지구의 평균 기온이 0.74℃ 상승한 데 비해 우리나라는 1.7℃ 상승하여 세계 평균보다 두 배 이상 상승한 것으로 파악되었지요. 기온뿐 아니라 강수의 변화도 나타나는데, 강수는 지역에 따라 변화 차이가 큽니다. 우리나라의 연 강수량은 지난 100년 동안 증가했으나 연 강수 일수(日數)는 오히려 감소했고, 호우 일수는 증가했지요. 이 모두 지구 온난화의 결과입니다.

황사현상

황사현상은 봄철에 중국의 고비·타클라마칸 사막의 황사 먼지가 편서풍을 타고 날아오는 현상입니다. 이는 자연적인 현상으로서 사실 우리나라에는 아주 오래전부터 발생하고 있었어요. 그런데 요즘 들어 특히 황사현상 문제가 심각하게 다뤄지는 것은 중국 내륙에 사막화가 진행되면서 전보다 자주, 그리고 훨씬 강력한 황사가 발생되기 때문입니다. 황사현상이 심할 때는 황사 먼지가 편서풍을 타고 태평양을 건너 미국 서부까지 영향을 미치기도 합니다. 황사현상은 **호흡기 및 안과 질환**을 일으키고, **정밀기계의 불량률을 높여 오작동을 일으키며, 항공 교통의 장애를 일으킵니다.** 그래서 황사현상이 심한 날에는 노약자나 호흡기가 약한 사람들에게 가급적 외출이나 야외 활동을 하지 말라고 권하는 것이지요. 하지만 황사현상은 산성토나 산성비를 중화시켜주고, 바다에 영양분을 공급하여 바다 생태계를 활성화시키는 긍정적 역할을 하기도 합니다. **우리나라는 동고서저의 지형적 원인 때문에 황사현상이 동쪽 지역보다 서쪽 지역에서 자주 발생하고 먼지 농도도 진합니다. 황사 먼지는 태백산맥이나 소백산맥을 넘으면서 비와 함께 내리게 되는데, 그 덕분에 바람의지 사면에 해당하는 동쪽 지역에는 황사 횟수가 줄어들고 먼지 농도도 약해지지요.** 황사현상은 비단 중국

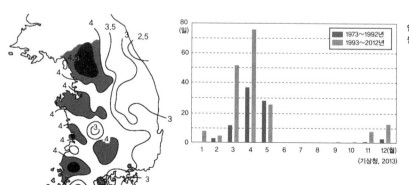

연평균 황사 발생 일수(1971~2000)
월별 황사발생 일수(출처:기상청, 2013)

만의 문제가 아닙니다. 황사현상의 영향권 안에 있는 우리나라와 일본의 문제이기도 하지요. 그러므로 각 나라 간의 공조가 필요합니다. 하지만 무엇보다 중요한 것은 중국 내륙의 사막 발원지에 대대적인 조림 사업 등을 펼쳐 사막화를 막는 것이겠지요? 또한 황사 관측 및 예보 시스템의 선진화도 필요합니다.

서울 상공을 뒤덮은 황사
(2008년 4월 25일)

지구 온난화

선생님이 이 강의를 시작하면서 "산업혁명 이후 화석연료의 사용으로 인한 이산화탄소 배출량이 늘어나고, 삼림의 파괴로 이산화탄소 흡수량이 감소하면서 지구의 기온이 높아졌다"고 말했지요. 기억나시죠? 지구 온난화 현상이 발생하게 된 배경입니다. **이산화탄소는 온실기체*로서 지구에 온실효과**를 일으켜 지구의 기온을 높게 만듭니다.** 무슨 소리냐고요? 좀 더 쉽게 설명해드릴게요. 이산화탄소는 지구가 태양으로부터 오는 에너지를 흡수하게 만들기도 하지만 반대로 지구가 발산하는 에너지를 빠져나가지 못하게 만들기도 합니다. 즉 이산

216

화탄소가 많아지면 지구를 이불처럼 덮어서—마치 온실에 지구를 가둔 것처럼— 지구의 기온을 높게 만드는 것입니다. 이와 같은 지구 온난화 현상은 더운 지역보다 추운 지역의 환경을 크게 변화시킵니다. 지구적 차원에서 볼 때 **해수면 상승으로 인한 해안 저지대 침수, 극지 및 고산 지역의 빙하 감소, 열대 및 아열대 생물의 서식 공간의 확대, 극지·고산 생물 서식 공간 축소** 등을 일으키지요.

우리나라에도 지구 온난화 때문에 **계절의 변화**가 나타나기 시작했습니다. 여름은 길어지고 겨울은 짧아졌으며, 농작물의 재배 북한계선과 재배 적합지가 북상했지요. 더 나아가 고랭지 채소 재배 면적은 감소되었습니다. 또한 더워진 날씨로 인해 전염병과 병충해 피해가 확산되어 **농작물 수확량도 감소**했고요. 바다에서도 이상 현상이 진행 중입니다. 한류성 어족(대구, 명태 등)은 어획량이 감소했고 반대로 난류성 어족(오징어, 고등어 등)은 어획량이 증가했지요. 산지에서도 비슷한 현상이 포착되었는데요, **냉대림 분포 지역은 축소되었고 난대림 분포 지역이 확대**되었거든요. 그 예로 제주도에 생산되던 한라봉이 전남 고흥에서 하나봉이란 이름으로 재배가 되고 있는 것을 들 수 있어

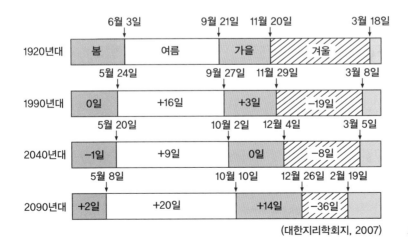

(대한지리학회지, 2007)

서울의 계절 길이 변화

요. 어디 그 뿐인가요? **여름 철새의 텃새화, 서리일수·하천 결빙일수의 감소, 열대야·열대일의 증가도** 나타났습니다. 그리고 **해수면 상승**으로 제주도 용머리 해안이 하루에 4~6시간 이상 잠겨 산책로 통행이 통제되기도 한답니다. 이렇듯 지구 온난화는 우리나라에도 많은 변화를 초래했음을 기억합시다.

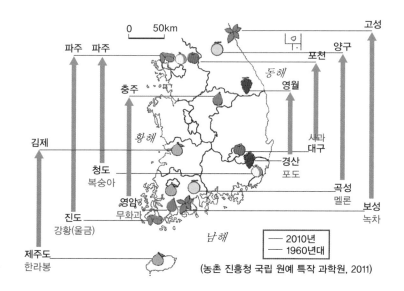

농작물 재배 적지 변화

(농촌 진흥청 국립 원예 특작 과학원, 2011)

지구 온난화를 위한 대책

환경 파괴로 인한 지구 온난화가 실제로 우리의 삶을 위협하게 되면서 이 문제를 해결하기 위한 지구적인 차원의 대응과 범국가적 대책이 필요하게 되었습니다. 1992년 유엔 환경 개발 회의에서는 지구 온난화 방지를 위한 온실가스의 규제를 목적으로 **유엔기후변화협약**을 채택했고, 1997년 일본 교토에서는 기후변화협약 제3차 당사국 총회가 열려 지구 온난화 규제 및 방지를 위한 국제협약인 기후변화협약의 구체적 이행 방안으로 선진국의 온실가스 감축 목표치를 규정하는 교토의정서를 채택했습니다. 교토의정서에는 **배출권 거래제**(온실가스 배출량을 정해놓고, 그 안에서 배출권을 사고 팔 수 있도록 함), **공동이행**(선진국 사이에서 이루어진 환경 투자에 대해 온실가스 감축으로 인정해주는 것), **청정개발체제**(개발도상국에 대한 선진국의 환경투자를 선진국의 온실가스 감축으로 인정해주는 것)라는 온실가스 감축을 위한 구체적 실천 방안 세 가지를 제시했어요.

국가적 차원에서는 유엔기후변화협약에 가입하고 교토의정서 국회 비준 등의 제도적 준비를 마련했고, 온실가스 감축을 위한 전략을 수립하고, 친환경 정책 및 녹색 산업 육성 등 다방면으로 노력을 기울이고 있습니다. 개인적 차원에서는 친환경 제품 사용 및 에너지 고효율 제품 사용, 에너지 절약, 로컬 푸드 운동을 통한 **탄소 발자국*** 감소 등으로 생활 속에서 온실 기체를 줄이는 데 노력을 기울이고 있습니다.

도시 기후

도시 기후란 도시라는 인공적인 공간에서만 나타나는 독특한 기후입니다. 도시는 인간에 의해 조성된 인공적 공간입니다. 그렇다 보니 자연적인 기상 현상과 달리 독특한 특징을 보이는데요, 특히 **기온과 습도가 주변 지역과 다르게 나타납니다.**

도시의 안쪽 즉 도시 중심은 자동차 배기가스 배출, 냉·난방열의 방출, 높은 포장률 등으로 인해 인공열 방출이 많고 대기 오염 등으로 인한 온실효과도 큽니다. 그래서 주변 지역보다 기온이 높게 나타나지요. 서울의 등온선 분포를 보면 서울의 중심 지역이 주변 지역보다 기온이 높고, 안쪽부터 바깥쪽으로 동심원 형태로 등온선이 분포합니다. 이와 같이 도심(도시의 중심)의 기온이 도시 주변부보다 높게 나타나는 현상을 **열섬 현상**(heat island)이라고 합니다. **열섬 현상은 햇빛이 약한 겨울에, 그리고 밤에 두드러지게 나타납니다.** 도시 중심 지역에서 주변 지역보다 개화 시기가 빠르고 단풍 시기가 느린 것도 열섬 현상 때문입니다.

열섬 현상　　　　(단위:℃)

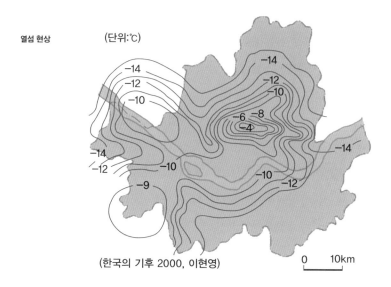

(한국의 기후 2000, 이현영)

0　　10km

　도시 중심에는 습도도 매우 낮게 나타나는데 이를 도시 사막화 현상이라고 합니다. 도시 내부는 **도로 포장률이 높고 녹지가 부족하여 강수 현상이 나타나도 지표에 흡수되지 못하고 강수의 대부분이 바로 하천으로 유입**됩니다. 또한 **주변보다 기온이 높아** 습도가 더욱 낮아질 수밖에 없지요. 그 결과 도시 중심은 이끼나 지의류 등이 살 수 없는 공간으로 바뀌어 사막화되고 맙니다. 이와 같은 **열섬 현상이나 도시 사막화 현상을 막기 위해서는 녹지를 조성하고, 옥상 정원화 사업을 펼치며, 바람길을 조성하여 바람이 잘 통하도록 하고, 투수성이 높은 도로 포장재를 사용하고, 대기 오염 물질 배출 규제 등의 노력**을 기울여야 합니다. 실제로 복개천인 청계천의 아스팔트를 뜯어내고 복원시킨 결과 공기가 맑아지고 청계천 주변 10곳의 평균 기온이 3.6℃ 가량 낮아지는 효과가 나타났다고 합니다.

　도시에서는 주로 도시 주변에서 도시 중심으로 바람이 부는데 이를 도시풍이라고 합니다. 도시풍은 도시 중심의 기온이 높아 상승기류가 나타나 저기압이 되고, 도시 주변은 상대적으로 기온이 낮아져 고기압이 되어 도시 주변에서 도시 중심으로 바람이 불게 되는 것입니다. 풍속은 도시 중심보다 주변이 더 강한데요, 이는 도시 중심엔 고층 건물들이 많아 바람의 흐름을 방해하기 때문입니다. 또한 도시 중심은 대기 오염과 고층 건물로 인해 주변보다 일사량이 적습니다.

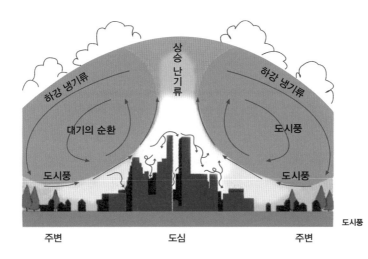

Imago Mundi

유엔기후변화협약

기후 변화에 관한 국제 연합 기본 협약(The United Nations Framework Convention on Climate Change. 약칭 유엔기후변화협약 혹은 기후변화협약 혹은 UNFCCC 혹은 FCCC)은 온실 기체에 의해 벌어지는 지구 온난화를 줄이기 위한 국제 협약이다. 기후변화협약은 1992년 6월 브라질의 리우데자네이루에서 체결되었다. 기후변화협약은 이산화탄소를 비롯 각종 온실 기체의 방출을 제한하고 지구 온난화를 막는 데 주요 목적이 있다. 본 협약 자체는 각국의 온실 가스 배출에 대한 어떤 제약을 가하거나 강제성을 띠고 있지는 않다는 점에서 법적 구속력은 없다. 대신 협약은 시행령에 해당하는 의정서(protocol)을 통해 의무적인 배출량 제한을 규정하고 있다. 이에 대한 주요 내용을 정의한 것이 교토 의정서인데, 지금은 UNFCCC 보다도 널리 알려져 있다.

교토의정서

교토의정서(京都議定書, Kyoto Protocol)는 지구 온난화의 규제 및 방지를 위한 국제 협약인 기후변화협약의 수정안이다. 이 의정서를 인준한 국가는 이산화탄소를 포함한 여섯 종류의 온실 가스의 배출량을 감축하며 배출량을 줄이지 않는 국가에 대해서는 비관세 장벽을 적용하게 된다. 1997년 12월 11일 일본 교토 시 국립교토국제회관에서 개최된 지구 온난화 방지 교토 회의(COP3) 제3차 당사국 총회에 채택되었으며 2005년 2월 16일 발효되었다. 정식 명칭은 기후 변화에 관한 국제 연합 규약의 교토 의정서(Kyoto Protocol to the United Nations Framework Convention on Climate Change)다. 대한민국은 2002년 11월에 대한민국 국회가 이 조약을 비준하였으나 개발도상국으로 분류가 되어 온실가스 감축 의무는 없으며, 대신 공통 의무인 온실가스 국가통계 작성 및 보고 의무는 부담한다. OECD 국가 중 한국과 멕시코 만이 기후변화협약상 Non-

Annex I에 포함되어 교토의정서 Annex B에 따른 감축 의무를 부담하고 있지 않으며, 2007년 기준으로 영국(UK)에 이어 온실가스 배출량이 OECD국가 중 9위를 차지하고 있어 교토의정서의 공약기간인 2008~2012년 뒤의 Post-교토체제에서는 Annex I국가로 분류되어 감축 의무를 부담하게 될 가능성이 높다. 교토의정서에서 지정한 감축 대상 가스로는 이산화탄소, 메테인, 아산화질소, 과불화탄소, 수소화불화탄소, 육불화황이 있다.

기후 변화가 인간에게 미치는 영향

기후 난민

• 기후 난민은 기후 변화의 원인으로 생존을 위협받아 어쩔 수 없이 삶의 터전을 떠나는 사람들로 그 수는 대략 2천5백만에서 3천만 명으로 추산된다. 2050년에는 2억에서 10억의 기후 난민이 발생할 수 있다.

• 네팔에 생긴 최초의 '기후 난민촌' 주민 150명은 기후변화로 초래된 물 부족 사태로 인해 새로운 정착지로 다시 이주하고 있다. (2010년 7월)

충돌

• 미국의 정보기관은 지구온난화를 심각한 안보 위협으로 간주하고 있다. 미국의 일급 정보분석가인 토마스 핑거(Thomas Finger)는 머지않아 홍수와 가뭄이 전 세계적으로 발생하여 대규모 이주와 혼란을 야기할 것이라고 지적했다. (2010)

• 다르푸르 분쟁은 수단의 다르푸르에서 발생한 분쟁으로, 토착 세력인 아프리카계의 분리 독립을 요구하는 과정에서 발생되었다. 하지만 그 이면에는 기후 변화로 인해 농경을 실시하는 아프리카계 주민과 유목을 실시하는 아랍계 사이에 계속된 충돌이 있었고 결국 이것은 많은 사상자와 난민을 발생시킨 분쟁의 원인이 되었다. 이 분쟁의 주원인이 바로 지구 온난화이다. (Atlantic Monthly, 2007)

질병

•기온 상승은 말라리아의 확산과 청설병 바이러스, 웨스트 나일 바이러스, 뎅기열과 여러 가지 많은 질병들을 일으키고 있는데, 이런 질병들에 노출된 적이 없는 새로운 대륙이나 고지대 지방의 수백만 명에게 감염되고 있다.

•기후 변화는 2080년경에 4억 명의 말라리아 환자를 추가로 발생시킬 수 있다. (UN)

•기후 변화로 인해 천식 같은 호흡기 질환이나 재난과 관련된 정신질환도 더 늘어날 것으로 예상된다.

인명 손실

•기후 변화 재난으로 이미 31만 5천 명이 매년 사망하고 있고, 3억 2천 5백만 명이 심각한 피해를 입고 있다. (Global Humanitarian Forum, 2009)

식량 부족

•세계 인구의 절반이 금세기 내에 심각한 식량 부족 사태에 직면할 것이다. (University of Washington 연구팀, Science, 2009)

•러시아, 독일, 캐나다, 아르헨티나, 호주, 우크라이나, 파키스탄 등지에서 홍수나 가뭄으로 인한 수확량 손실이 이미 일어나고 있다. (2010년 9월)

•식량 가격이 2010년 8월에 전 세계적으로 5% 인상되었다. 모잠비크에서는 빵 가격 인상으로 식량 폭동이 일어나 10명의 사망자와 3백 명의 부상자가 발생했다. (2010년 9월)

•식량 가격 인상이 2008년에 전 세계적인 식량 폭동을 유발시켰는데, 이것은 중국과 인도의 인구를 위한 동물사료의 수요 증가와 기후 변화가 겹쳐 일어난 현상이다. (유엔 세계식량계획)

•기아로 고통 받는 인구가 2009년 처음으로 10억을 넘어섰다.

•기아와 영양실조로 9백만이 넘는 세계 인구가 매년 죽어가고 있다. 그중 5백만 명이 어린이들이다.

물 부족

• 세계의 강들이 전 지구적으로 '위기상황'에 처해 있다. 세계 인구의 거의 80%가 물 부족 사태로부터 위협을 받고 있다. 조사된 바에 따르면 수원의 거의 3분의 1이 생물다양성 손실로부터도 심각한 위협을 받고 있다. (US researchers Professor Peter McIntyre of the University of Wisconsin-Madison and City College of New York modeler Charles Vöömarty)

• 물 부족에 대한 최근의 지역별 보고서

1. 중동지역의 물 공급량은 1960년대의 4분의 1 수준으로 떨어졌다. (Arab Forum for Environment and Development (AFED), 2010) 티그리스와 유프라테스 강의 유량은 가뭄으로 정상 수량의 3분의 1 미만으로 줄어들었다. (UN Inter-Agency Information and Analysis Unit (IAU))

2. 영국의 여름이 점점 더 덥고 건조해지는데, 이렇게 되면 하천 유량의 80%가 감소하면서 극심한 물 부족 사태를 야기할 수 있다. (Britain's Government Office for Science, 2010)

3. 세계 인구의 절반에 공급되는 우물의 지하수원이 말라가고 있다. (Lance Endersbee, Monasy University, Australia)

4. 11억 인구가 안심하고 마실 수 있는 물이 부족하다. (세계보건기구, 2005)

(자료 출처 : 위키백과)

7 자연 생태계와 자연 재해

우리는 생태계라는 말을 많이 듣고 또 사용하지만 그 의미를 정확히 모르는 경우가 많습니다. 자연 생태계는 지형, 기후, 토양, 생물이 상호 작용하며 하나의 체계를 이루는 것입니다. 그래서 기후가 바뀌면 식생이나 토양 혹은 생물 특성과 분포가 달라지는 것이지요. 그리고 자연 생태계 속에서 자연의 활동이 인간에게 물적·인적 피해를 일으키기도 합니다. 이번 시간에는 자연 생태계 중 식생과 토양, 그리고 자연 재해에 대해 알아보겠습니다.

식생 분포

식생은 지표를 덮고 있는 식물 피복을 말합니다. 우리나라는 연 강수량이 약 1200~1300mm로 강수량이 많은 편이라 강수량이 식생 분포에 영향을 주지는 않습니다. **우리나라 식생 분포는 주로 기온에 의해 달라집니다.** 기온은 위도와 해발고도에 따라 달라진다고 했지요? 그래서 **식생도 위도와 해발고도에 따라 다른 분포**를 보입니다. 위도에 따른 기온 차로 인해 위도와 유사한 분포로 식생 종류가 나뉘면 이를 **식생의 수평적 분포**라고 합니다. 우리나라는 제주도를 포함한 남부지방부터 중부, 북부로 올라가면서 난대림, 온대림, 냉대림이 분포하는데요, **남부 지역의 난대림**은 최한월 평균 기온 0℃ 이상인 지역에 분포하며 상록활엽수*림에 해당하고 난대 기후 지역과 그 분포가 일치합니다. **중부 지역은 온대림**으로 온대 기후 지역과 그 분포가 일치하고, 우리나라에서 분포 지역이 사실상 가장 넓습니다. 이 지역은 낙엽활엽수**와 침엽수가 섞여 있어 혼합림으로 불리기도 하며 북부 지역과 남부 지역의 점이지대 형태를 보입니다. 북부 지방은 최한월 평균 기온이 −3℃ 이하로 냉대 기후에 해당합니다. 따라서 **북부 지역에는 상록침엽수*림인 냉대림이 분포**합니다. 이와 같이 식생의 수평적 분포는 위도의 영향을 받아 기후 분포와 유사하게 나타납니다.

이와 달리 **기온은 해발고도에 따라 달라지기도** 합니다. 해발고도가 높아짐에 따라 기온이 낮아지므로 해발고도에 따라 식생 분포가 다르게 나타납니다. 제주도 한라산을 보면 저지대에는 난대림이 분포하지만 해발 고도가 높아짐에 따라 온대림-냉대림-관목림이 분포합니다. 이렇듯 해발고도에 따라 식생 분포가 다르면 이를 식생의 수직적 분포라고 합니다. **우리나라 식생의 수직적 분포는 제주도 한라산에서 가장 뚜렷하고 다양하지만, 남부−중부−북부로 갈수록 단순해지고 냉대림의 분포 고도가 낮아집니다.**

우리나라 식생의 수평적 분포

*
상록활엽수 : 한반도 남해안과 제주도를 포함한 여러 섬을 대표하는 것이 상록활엽수림인데, 북가시나무·녹나무·후박나무·동백나무·구실잣밤나무·사철나무 등으로 이루어졌다. 이들을 '조엽수라고 부르기도 하는데, 이는 동백나무의 잎처럼 잎이 두껍고 크지 않으며, 표면에 큐티클 층이 잘 발달하여 윤이 나기 때문에 붙여진 이름이다.

**
낙엽활엽수 : 북한에서 시작하여 남한의 대부분은 냉온대의 낙엽활엽수림(하록수림)대에 속하는데, 세계적으로 북방 침엽수림과 스텝의 중간에 나타난다. 잎은 비교적 얇고 부드러우며 앞뒤가 뚜렷하고 잎이 달릴 때는 옅은 녹색을 나타낸다. 일반적으로 잎이 짙은 녹색으로 자라다가 계절과 더불어 노랗거나 붉게 단풍이 든 뒤 떨어진다. 낙엽활엽수의 대표 식물은 너도밤나무이지만, 우리나라에서는 울릉도를 제외하고 너도밤나무가 자라지 못한다. 단풍나무·참나무·신갈나무·밤나무 등이 우리나라 대표적 낙엽활엽수에 해당한다.

***
상록침엽수 : 북한 북동부는 아한대에 속하므로 상록 침엽수림이 우세하다. 상록 침엽수는 추운 겨울과 짧은 생육 기간에 알맞은 식물이다. 겨울철에는 물의 손실을 최소한으로 줄이다가 봄이 되어 기온과 땅속의 온도가 높아지면 광합성 등의 생리적 활동을 바로 시작한다(푸른 잎을 달고 있어 가능하다).

침엽수림대(냉대)
낙엽 활엽수림대(온대 북동부)
낙엽 활엽수림대(온대 북서부)
낙엽 활엽수림대(온대 중부)
낙엽 활엽수림대(온대 남부)
상록 활엽수림대(난대)

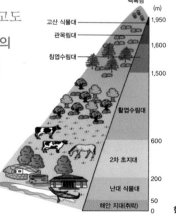

한라산의 수직적 식생 분포

백록담 (m)
고산 식물대 — 1,950
관목림대 — 1,600
침엽수림대 — 1,500
활엽수림대 — 600
2차 초지대 — 200
난대 식물대 — 50
해안 지대(취락) — 0

토양 분포

토양은 암석의 풍화 산물과 생물과 식생의 영향을 받아 형성됩니다. 우리나라 토양은 산성화된 토양이 많은데요, 여름철 집중 호우로 인해 유기질(영양분인 염기)의 손실이 많았던 데다가 화학 비료를 과다하게 사용해왔기 때문이죠. 토양의 산성화를 막으려면 화학 비료 대신 유기질 비료인 퇴비와 석회질 비료를 사용하고, 집중 호우 시 토양 침식을 막을 수 있는 등고선식·계단식 경작을 활성화해야 합니다.

토양에도 종류가 있습니다. 먼저 어느 한 곳에서 이동이 없는 상태로 기반암이 깨져 형성된 **정적토**가 있어요. 그리고, 여러 가지 작용에 의해 토사가 이동해와서 형성된 **운적토**가 있습니다. **정적토**는 기반암이 그 자리에서 풍화작용을 받아 형성된 것으로 토양 형성 기간이 길고 토양 단면이 잘 발달한 **성숙토의 특징**을 보입니다. 하지만 **운적토**는 하천이나 바람 등에 의해 이동해온 토사가 쌓여 형성된 것으로서 생성 기기가 짧고 토양 단면이 발달하지 못한 **미성숙토**에 해당하지요.

이제 구체적으로 우리나라 토양에 대해 알아볼까요? 우리나라의 토양에는 성숙토와 미성숙토가 있습니다. 먼저 성숙토를 살펴볼게요. 앞에서 설명했듯이 **성숙토는 토양 단면이 잘 발달한 토양으로 생성 시간이 깁니다.** 이런 토양들은 주로 정적토의 특징을 보입니다. 성숙토에는 **성대토양**과 **간대토양**이 있습니다. 성대토양은 그 이름을 분석해보면 어떤 토양인지 알기 쉽습니다. 성(成)은 이루다, 대(帶)는 띠라는 뜻이죠? 어른들은 허리에 메는 벨트를 혁대라고도 하시는데요, 혁대의 '대' 자가 바로 띠 대(帶)입니다. 그런데 지구의 가로 띠는 위도잖아요? 그러니까 띠를 이루는 토양이란 다시 말해 지구의 가로 띠인 위도와 유사하게 분포하는 토양을 의미하는 것입니다. 위도는 기온을 변화시키고, 기온은 기후에 영향을 미치고, 또 기후는 식생을 좌우합니다. **성대토양은 바로 기후와 식생을 반영한 토양**입니다. 기반암이 풍화되어 토양이 되는 과정에서 기반암의 특징 대신 기후와 식생을 품은 토양이 바로 성대토양입니다. 따라서 **성대토양은 기후와 식생(식생의 수평적 분포) 분포에 거의 일치**해서 나타납니다.

우리나라 성대 토양분포

회백색토
회갈색토
갈색토
황갈색토
적색토

0 100km

동해

서해

남해

(농촌 진흥청, 2010)

북부지방의 특성을 정리하자면 한마디로 **냉대 기후–냉대림–냉대토**인데요, 냉대토는 회백색토입니다. 기온이 낮은 탓에 땅 위에 있던 부식물이 썩지 못하고 쌓여 있고 부식산이 배출되면서 산성이 된 토양이죠. 산성 물질이 토양에 쌓이면 토양 속의 철과 알루미늄 등이 녹아서 빠져나가 산화작용이 일어나지 못하므로 토양 색은 회백색을 띕니다. 회백색토는 **강산성의 척박한 토양**으로 농경에 불리합니다.

우리나라에 가장 넓게 분포하는 **온대 기후** 지역엔 **온대림**–갈색 삼림토가 분포합니다. 온대 기후 지역의 갈색 삼림토는 북부 지역의 회백색토와 남부 지역의 적색토의 중간적 특색을 보이는 곳으로 점이지대라 생각하면 됩니다.

마지막으로 **남부 및 남해안 일대 구릉지**에는 적색토가 분포합니다. 앞에서 설명한 식으로 하자면 난대 기후–난대림–적색토지만, 우리나라 남부 및 남해안 일대에 분포하는 적색토는 현재의 기후를 반영하는 토양이 아닙니다. 적색토는 일반적으로 열대나 아열대 기후에서 분포하는 토양인데, 현재 우리나라는 열대도 아열대 기후도 아니거든요. 이 적색토는 현재의 기후가 아닌 과거의 고온 다습한 기후(중생대로 추정) 하에서 형성된 토양으로 추정되며, **고토양(혹은 화석 토양)**이라고 부릅니다. **회백색토나 갈색 삼림토는 현재 기후와 식생과 일치하여 분포하지만 적색토는 현재 기후가 아닌 과거 기후를 반영**하고 있다는 것, 주의하세요!

성숙토의 다른 종류로 **간대토양**이 있습니다. 간대토양에서 간(間)은 한자로 사이, 대(帶)는 성대 토양에서와 같이 '띠'를 의미합니다. 그러니까 간대토양은 성대토양 사이사이에 불규칙하게 분포하는 토양을 의미하는 것이겠지요? 간대토양은 왜 성대토양 사이에 불규칙하게 분포하게 되었을까요? 그 이유는 바로 간대토양이 기반암 성분을 그대로 반영하는 토양인 탓입니다. 기반암이 풍화되어 토양이 되는 과정에서 성대토양은 기반암의 특징을 잃고 기후와 식생을 반영했지만, 간대토양은 기반암의 특징을 그대로 간직하면서 토양이 되었습니다. 그렇기 때문에 간대토양은 특정 암석이 분포하는 곳에 분포하여 불규칙적일 수밖에 없는 것이지요.

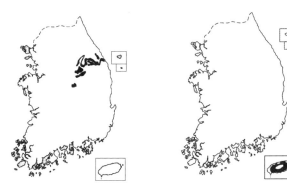

우리나라 간대 토양 분포
석회암 풍화토(좌)
현무암 풍화토(화산 회토)(우)

우리나라에는 간대토양이 두 가지가 있습니다. 현무암이 풍화되어 형성된 **흑갈색의 현무암 풍화토**와 석회암이 풍화되어 형성된 **붉은색의 석회암 풍화토**입니다. 현무암 풍화토는 현무암질 용암의 분출이 일어나 현무암이 기반암인 지역에 주로 분포합니다. 우리나라에서는 제주도와 한탄강을 중심으로 한 철원 용암대지에서 현무암 풍화토를 볼 수 있어요. 석회암 풍화토는 석회암이 분포하는 지역에 분포하므로 카르스트 지형 분포 지역과 일치합니다. 강원도 남부의 삼척·영월, 충청북도 북부의 단양·제천, 경상북도 북부의 울진 등에서 석회암 풍화토를 볼 수 있습니다. 과거 기후를 반영한 적색토와 마찬가지로 석회암 풍화토도 철과 알루미늄 등의 활발한 산화작용으로 토양색이 붉습니다.

그럼 이제 **미성숙토**로 넘어가볼까요? 시작 부분에서 설명했듯이 미성숙토는 **토양 단면이 잘 발달하지 못하고 생성 시기가 짧은 토양**입니다. 그렇다면 왜 토양 단면이 발달하지 못했을까요? 그 이유는 토사의 이동·퇴적 작용으로 토양이 형성되거나 형성 시기가 짧았던 탓입니다. 우리나라의 미성숙토는 **충적토**와 **염류토**가 대표적입니다. 충적토는 하천의 운반·퇴적작용으로 형성된 토양인데요, 주로 범람원이나

우리나라의 성숙토에는 성대토양과 간대토양이 있다. 성대토양에는 회백색토·갈색 삼림토·적색토가 있고, 간대토양에는 현무암 풍화토·석회암 풍화토가 있다.

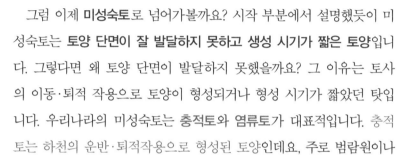

우리나라 미성숙토 분포
충적토(좌)
염류토(우)

삼각주에 분포하는 운적토가 대표적이지요. 이 토양은 하천을 따라 길고 좁게 분포하며 비옥해서 농경(특히 벼농사)에 유리합니다. 그리고 염류토는 하구나 간척지에 분포하는 토양으로 조류의 영향을 받아 염분을 포함하지요. 염분만 제거하면 매우 비옥한 토양이므로 염류토는 대개 염분을 제거한 뒤 농경지로 사용합니다.

우리나라에서 발생하는 자연 재해

자연 재해는 자연 현상이 인간에게 피해를 입히는 것으로 기후적인 재해와 지형적인 재해로 구분할 수 있습니다. **기후적인 요인에는 가뭄, 홍수, 태풍, 폭설, 폭염, 냉해, 한파 등이 있고, 지형적인 요인에는 지진, 화산, 산사태 등이 있습니다.** 우리나라에 발생하는 자연 재해는 기후적인 요인의 재해가 주를 이룹니다. 지진과 화산에 대해서는 안전 지대로 보고된 만큼 아직까지는 지진과 화산 피해가 나타나지 않았습니다.

우리나라에 발생하는 재해 중에 산사태가 있는데요, 산사태는 그 자체로 보면 지형적인 요인에 의한 것이지만 실은 산사태가 일어나는 주된 이유가 기후(특히 집중 호우)에 있으므로 기후에 의한 재해라고 생각하면 됩니다.

우리나라에 자주 발생하는 자연 재해 중 가뭄을 살펴볼까요? 가뭄은 오랜 기간 동안 강수 현상이 나타나지 않아 발생하는 재해인데, 진행 속도가 느리고 피해 범위가 넓은 것이 특징입니다. 우리나라에서는 주로 봄철에 가뭄에 의한 피해가 크게 나타나고, **산불 발생** 빈도 역시 봄철에 가장 높습니다.

이와 반대로 집중 호우 등의 강수 현상으로 하천이 범람하고 주변 지역이 침수되는 홍수가 있어요. 홍수는 주로 여름철에 발생하며 지표의 포장 상태와 배수 처리 시설 등에 의해 피해 정도가 달라집니다. **홍수와 가뭄은 정 반대의 자연 재해지만 대비책은 유사합니다.** 두 경우 모두 **다목적 댐, 저수지, 보 등을 건설하여 물 자원을 효율적으로 관리**하고 조림 사업 등을 실시하여 빗물이 지하수 형태로 서서히 하천에 유입되도록 하니까요.

폭설은 주로 겨울철에 발생하는데 짧은 기간 눈이 많이 내려 발생합니다. 우리나라의 폭설 피해는 주로 **충청도와 전라도 지역이 큰데**,

이 지역 일대가 소백산맥 서사면과 충남·호남 서해안에 해당하는 지역으로 다설지인 탓입니다. 폭설의 피해 중 대표적인 것으로 비닐하우스나 축사 붕괴, 교통 장애 등이 있어요. 폭설 피해가 잦은 곳일수록 신속하고 정확한 일기 예보가 제공되어야 하고, 주민들은 일기 예보를 주시해야 하며, 눈이 내린 후에는 신속하게 제설 작업을 진행해야 합니다.

우리나라에 발생하는 자연 재해 중 가장 큰 피해를 일으키는 것은 태풍*입니다. 대개 7~9월 사이 1년에 2~3개의 태풍이 우리나라를 강타하는데요, 태풍은 북태평양 서쪽에서 발생하는 열대 저기압을 이르는 말입니다. 풍속은 17m/s 이상이고, 주로 필리핀 동쪽 해상에서 발생되어 적도에서 위도 30°부근까지는 북서진하다가 편서풍이 부는 위도 30°~60°부근에서는 북동진합니다. 태풍은 **강한 바람과 많은 양의 비를 동반**하므로 바람과 비에 의한 풍수해를 일으킵니다. 하지만 태풍은 고위도로 갈수록, 또 육지를 만날수록 그 세력이 약해집니다.

태풍은 진행 방향을 두고 볼 때 왼쪽과 오른쪽의 양상이 매우 다릅니다. **태풍 진행 방향의 왼쪽은 안전 또는 가항 반원이라 부르고, 오른**

＊
태풍은 열대 이동성 저기압으로 발생하는 지역에 따라 부르는 이름이 다르다. 동북아시아 즉 우리나라·중국·일본에서는 태풍이라 부르고, 인도양·남태평양 일대에서는 사이클론, 태평양 북동부·대서양에서는 허리케인이라 부른다.

열대저압부의 위성사진
2008년 8월 13일 제주도 부근을 촬영한 것이다.

쪽은 위험 반원이라고 부릅니다. 그 이유는 태풍의 바람 방향과 편서풍의 방향 때문입니다. 태풍은 저기압으로, 북반구에서 저기압은 바람이 반시계 방향으로 불어 들어갑니다. 태풍은 반시계 방향으로 회전하며 북동진하는 것이지요. 이때 태풍의 왼쪽은 태풍의 바람 방향과 편서풍이 서로 부딪혀 풍속이 줄어들게 되어 그 피해가 상대적으로 적습니다. 태풍의 왼쪽을 가항 반원이라 부르는 것은 항해가 가능하다는 뜻에서인데요, 가능하다의 한자 가(可)와 항해의 항(航) 자를 합쳐 쓴 것이지요. 반대로 태풍의 오른쪽은 태풍의 바람 방향과 편서풍 방향이 같아 두 바람의 힘이 더해져 그 피해가 매우 큽니다. 우리나라의 **충청도나 수도권 일대는 대부분 태풍의 왼쪽 즉 안전(가항) 반원에 해당하기 때문에 태풍이 와도 비와 바람이 많이 나타날 뿐 피해가 크지 않지만, 경상도나 강원도 일대는 태풍으로 인한 인명·재산 피해가 매우 큽니다.** 특히 강원도는 태풍의 왼쪽에 해당하는데도 피해가 크지요. 그 이유는 바로 태백산맥이 있기 때문입니다. 안전 반원에 해당하더라도 산맥으로 인한 지형성 강수가 나타나 많은 양의 비를 뿌리거든요.

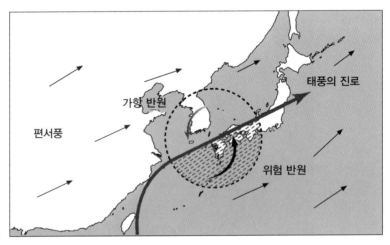

태풍의 진행 방향과
태풍의 가항(안전) 반원과 위험 반원

태풍은 우리에게 큰 피해를 주지만 일면 **긍정적인 역할**도 합니다. 일단 많은 강수를 수자원으로 이용하여 물 부족 현상을 해소할 수 있고, 저위도 지역의 에너지를 고위도 지역으로 전달해주어 지구의 열평형을 유지시켜주고, 강한 바람으로 바닷물을 뒤섞어 적조 현상을 방지해주기도 합니다. 또한 수중에 산소를 공급하여 해양 생태계를 활성화시키지요(태풍에 의해 바닷물이 잘 뒤섞인 해 가을에는 수산자원의 어획량이 매우 풍부해지기도 합니다). 태풍은 매년 우리나라를 찾아오는 자연 재해이므로 많은 비와 강한 바람에 미리 대비해야 하고, 피해가 예상되는 지역 주민들은 기상 특보를 늘 경청하고, 비상시 대처 요령을 숙지하고 있어야 할 것입니다.

태풍이란 말은 어떻게 생겼을까?

현재의 태풍이란 말의 유래에 대해서는 여러 가지 설이 있는데, 그중 설득력 있는 것은 다음과 같다.

*그리스신화에 등장하는 크고 무서운 괴물 티폰(Typhon)에서 비롯된 'typhoon'이 태풍(颱風)으로 변했다.

*아라비아어로 폭풍우를 뜻하는 'tufan'이 동양에 전해져 '태풍'이 되었고 영어에 전해져 'typhoon'이 되었다.

*중국 푸젠성과 타이완에서 쓰이는 민남어로 타이완 쪽에서 부는 거센 바람을 풍사(風篩, 백화어:Hong-thai)라고 하므로 그것이 다른 나라로 퍼졌다.

*중국 광둥성에서 격렬한 바람을 대풍이라고 말한 것이 그 뒤 서양에 전해져 그리스신화 티폰의 영향으로 그리스 식의 'typhoon'이라는 이름으로 쓰이게 되었고 이것이 동양에 역수입되어 '태풍'이 되었다.

*오키나와(당시는 류큐)에서 만들어진 말이라는 설도 있다.

태풍의 구분

*태풍과 열대저압부: 세계 기상 기구(WMO)에서는 중심 부근의 최대 풍속이 33m/s 이상의 열대 저기압을 태풍으로 분류한다. 대한민국과 일본에서는 일반적으로 17m/s 이상을 태풍으로 분류한다.

*태풍의 판단: 열대저압부에서 태풍으로의 발달 판정 기준은 최대 풍속이 17.2m/s 이상이며 기상 위성 사진으로 분석한 열대 저기압 강도 지수가 일정값 이상(2.5)이며 계통적인 강풍 반경의 존재 여부, 열대저압부의 상하층 조직화 정도, 상층의 발산, 하층의 수렴 등이 종합적으로 검토된 후 기준 이상이라고 판단될 때 태풍으로 선언한다.

*열대저압부: 대한민국 기상청에서는 중심 최대 풍속이 17.2m/s 미만의 열대 저기압을 열대저압부로 구분한다. 즉, 열대저압부는 태풍으로 명명되기 이전, 열대폭풍(TS)으로 발달하기 이전 상태의 열대 저기압을 뜻한다.

태풍의 이름

과거에는 1조에서 4조까지, 한 조에 각각 21개로서 모두 84개의 이름을 갖추어 순차적으로 이름을 붙였다. 만약 지난해 2조의 Nora까지 붙이고 끝났다면, 올해는 맨 처음 발생한 태풍의 이름은 Nora 다음의 Opal부터 시작하며, 3조가 모두 끝나면 다음 4조로 옮기는 식으로, 계속 차례대로 4개조로 순회하면서 이름을 붙였다. 현재 태풍의 이름은 일본 기상청 산하 도쿄 지역특별기상센터가 붙인다. 140개의 이름을 돌아가며 붙이는데, 이는 WMO 태풍 위원회의 14개 참여기관이 10개씩 제안한 것으로 국가 명을 기준으로 로마자 순으로 돌아가며 붙이는 식이다. 총 140개의 이름들은 28개씩 5개 조로 나뉘어 1조 부터 5조까지 순환되면서 사용된다. 하지만, 회원국에게 아주 심각한 피해를 입힌 태풍의 이름은 영구 제명되고 새로운 이름으로 교체된다. 아래 표는 북서태평양에서 발생하는 열대 저기압에 부여하는 140개의 명칭이다.

제안한 국가	이름				
	1조	2조	3조	4조	5조
캄보디아	담레이(DAMREY)	콩레이(KONGREY)	나크리(NAKRI)	크로반(KROVANH)	사리카(SARIKA)
중국	하이쿠이(HAIKUI)	위투(YUTU)	펑선(FENGSHEN)	두쥐안(DUJUAN)	하이마(HAIMA)
북한	기러기(KIROGI)	도라지(TORAJI)	갈매기(KALMAEGI)	무지개(MUJIGAE)	메아리(MEARI)
홍콩	카이탁(KAITAK)	마니(MANYI)	풍웡(FUNGWONG)	초이완(CHOIWAN)	망온(MAON)
일본	덴빈(TEMBIN)	우사기(USAGI)	간무리(KAMMURI)	곳푸(KOPPU)	도카게(TOKAGE)
라오스	볼라벤(BOLAVEN)	파북(PABUK)	판폰(PHANFONE)	참피(CHAMPI)	녹텐(NOCKTEN)
마카오	산바(SANBA)	우딥(WUTIP)	봉퐁(VONGFONG)	인파(IN-FA)	무이파(MUIFA)
말레이시아	즐라왓(JELAWAT)	스팟(SEPAT)	누리(NURI)	멜로르(MELOR)	므르복(MERBOK)
미크로네시아 연방	에위니아(EWINIAR)	피토(FITOW)	실라코(SINLAKU)	네파탁(NEPARTAK)	난마돌(NANMADOL)
필리핀	말릭시(MALIKSI)	다나스(DANAS)	하구핏(HAGUPIT)	루핏(LUPIT)	탈라스(TALAS)
대한민국	개미(GAEMI)	나리(NARI)	장미(JANGMI)	미리내(MIRINAE)	노루(NORU)
타이	쁘라삐룬(PRAPIROON)	위파(WIPHA)	메칼라(MEKKHALA)	니다(NIDA)	꿀랍(KULAP)
미국	마리아(MARIA)	프란시스코(FRANCISCO)	히고스(HIGOS)	오마이스(OMAIS)	로키(ROKE)

베트남	손띤(SONTINH)	레끼마(LEKIMA)	바비(BAVI)	꼰선(CONSON)	선까(SONCA)
캄보디아	암필(AMPIL)	크로사(KROSA)	마이삭(MAYSAK)	찬투(CHANTHU)	네삿(NESAT)
중국	우쿵(WUKONG)	하이옌(HAIYAN)	하이선(HAISHEN)	덴무(DIANMU)	하이탕(HAITANG)
북한	소나무(SONAMU)	버들(PODUL)	노을(NOUL)	민들레(MINDULLE)	날개(NALGAE)
홍콩	산산(SHANSHAN)	링링(LINGLING)	돌핀(DOLPHIN)	라이언록(LIONROCK)	바냔(BANYAN)
일본	야기(YAGI)	가지키(KAJIKI)	구지라(KUJIRA)	곤파스(KOMPASU)	하토(HATO)
라오스	리피(LEEPI)	파사이(FAXAI)	찬홈(CHANHOM)	남테운(NAMTHEUN)	파카르(PAKHAR)
마카오	버빙카(BEBINCA)	페이파(PEIPAH)	린파(LINFA)	말로(MALOU)	상우(SANVU)
말레이시아	룸비아(RUMBIA)	타파(TAPAH)	낭카(NANGKA)	므란티(MERANTI)	마와르(MAWAR)
미크로네시아 연방	솔릭(SOULIK)	미탁(MITAG)	사우델로르(SOUDELOR)	라이(RAI)	구촐(GUCHOL)
필리핀	시마론(CIMARON)	하기비스(HAGIBIS)	몰라베(MOLAVE)	말라카스(MALAKAS)	탈림(TALIM)
대한민국	제비(JEBI)	너구리(NEOGURI)	고니(GONI)	메기(MEGI)	독수리(DOKSURI)
타이	망쿳(MANGKHUT)	람마순(RAMMASUN)	앗사니(ATSANI)	차바(CHABA)	카눈(KHANUN)
미국	우토르(UTOR)	마트모(MATMO)	아타우(ETAU)	에어리(AERE)	비센티(VICENTE)
베트남	짜미(TRAMI)	할롱(HALONG)	밤꼬(VAMCO)	송다(SONGDA)	사올라(SAOLA)

은퇴한 태풍의 이름(2000년 이후)

와메이 (VAMEI) · 차타안 (CHATAAN) · 루사 (RUSA) · 봉선화 (PONGSONA) · 임부도 (IMBUDO) · 매미 (MAEMI) · 수달 (SUDAL) · 라나님 (RANANIM) · 맛사 (MATSA) · 나비 (NABI) · 룽왕 (LONGWANG) · 짠쯔 (CHANCHU) · 빌리스 (BILIS) · 샤오마이 (SAOMAI) · 상산 (XANGSANE) · 두리안 (DURIAN) · 모라꼿 (MORAKOT) · 켓사나 (KETSANA) · 파마 (PARMA) · 파나피 (FANAPI) · 와시 (WASHI) · 보파 (BOPHA) · 소나무 (SONAMU) · 우토르 (UTOR) · 피토 (FITOW) · 하이옌 (HAIYAN)

(자료 출처 : 위키백과)

1. 우리나라 기후 특색

① 냉·온대 기후 : 북반구 중위도에 위치, 사계절 뚜렷

② 대륙성 기후 : 유라시아 대륙 동안에 위치, 기온의 연교차 큰 기후

2. 우리나라 기온 분포

① 기온의 계절 차 : 겨울 〉여름

② 기온의 지역 차 : 남북 차 〉동서 차

　　　　　　　남부(저위도)에서 북부(고위도)로 갈수록 기온 낮아짐

　　　　　　　해안이 내륙보다, 동해안이 서해안보다 연평균 기온 높음

③ 기온의 동서 차 : 여름보다 겨울에 뚜렷

　　　　　　　동위도 지역 겨울 기온 동해안 〉서해안 〉내륙

　　　　　　　→ 지형(함경, 태백산맥) + 해류(수심 깊은 동해)

④ 기온의 연교차 : 최난월 평균 기온 − 최한월 평균 기온

　　　　　　　남부(저위도, 제주도 최저) 〈 북부(고위도, 중강진 최대)

　　　　　　　해안 〈 내륙, 동해안 〈 서해안

3. 기온의 영향을 받은 생활양식

① 여름 : 모시·삼베, 대청마루, 염장식품 등

② 겨울 : 솜옷·털옷, 온돌, 김장 문화 등

③ 개화 시기 : 남부(저위도)에서 북부(고위도)로 갈수록 늦어짐

④ 단풍 시기, 김장 시기 : 북부(고위도)에서 남부(저위도)로 갈수록 늦어짐

⑤ 무상기일 : 서리가 내리지 않는 일수, 농작물 생육기간과 재배에 영향을 줌

　　　　　　북부에서 남부로 갈수록, 내륙에서 해안으로 갈수록 길어짐

⑥ 서리일수 : 서리가 내리는 일수, 무상기일과 반대 개념

　　　　　　남부에서 북부로 갈수록, 해안에서 내륙으로 갈수록 길어짐

4. 전통 가옥 구조 : 주로 기온의 영향을 받음(①~③)

① 관북형 : 추위 대비, 폐쇄적 가옥구조, 田자형, 정주간

② 남부형 : 더위 대비, 개방적 가옥구조, 一자형, 넓은 대청마루

③ 제주형 : 고팡(고방 – 곡물 저장 창고), 그물 덮은 지붕, 돌담

④ 울릉도형 : 우데기(다설에 대비한 방설벽) – 강수(다설)영향

5. 기온 역전 현상

 : 해발고도가 높아지면서 기온이 높아지는 현상

① 발생 : 분지나 계곡, 바람이 없고 맑은 날

　　　　　　 일교차 큰 봄·가을, 지표면이 차가운 겨울에 자주 발생

② 영향 : 안개 발생으로 인한 교통 장애, 냉해 발생

6. 강수의 유형

① 대류성 강수 : 열대의 스콜, 한여름 소나기

② 전선성 강수 : 장마철에 내리는 장맛비

③ 저기압성 강수 : 태풍에 의한 강수

④ 지형성 강수 : 바람받이 사면에 내리는 비

7. 우리나라 강수 특색

① 습윤 기후 지역 : 연 강수량 약 1200~1300mm

② 강수의 계절 차 큼

 : 하계 강수 집중률 약 50~60%

　많은 비를 뿌리는 요인(장마, 태풍, 다습한 남서기류 등)들이 여름에 나타남

③ 강수의 연 변동 큼 : 강수를 일으키는 요인들의 영향력이 매년 달라짐

④ 강수의 지역 차 큼

 : 지형과 풍향의 영향에 따라 다우지와 소우지로 구분

　다우지 – 제주도를 포함한 남해안 일대(남서기류+지형 – 한라산, 소백산맥)

한강 중상류(남서기류＋태백산맥), 청천강 중상류(남서기류＋낭림산맥)

영동 동해안(북동기류＋태백산맥)

소우지 – 개마고원(격해도가 큰 내륙 고원)

대동강 하류(저평한 지형)

낙동강 중상류(태백·소백산맥으로 둘러싸인 내륙 분지)

관북 동해안(한류, 남서기류의 바람의지사면, 북동기류의 영향 받지 못함)

다설지 – 울릉도(최다설지, 북서 계절풍＋산지 지형)

영서 산간지대(대관령 일대, 북서 계절풍＋태백산맥)

소백산맥 서사면(북서 계절풍＋소백산맥)

영동 지방(북동기류＋태백산맥)

충남·호남 서해안(북서 계절풍으로 차가워진 상층 공기＋따뜻한 바다)

8. 강수의 영향

: 수자원 이용이 어려움(강수의 연 변동·계절 차·지역 차 크기 때문)

수력 발전·내륙 수운 불리 등

(대책) 다목적 댐, 저수지, 보 등 설치, 조림(삼림 녹화) 사업 실시, 터돋움집 건설 등

9. 계절풍

① 여름 계절풍 : 남동·남서 계절풍, 해양에서 대륙으로 부는 고온다습한 바람

(영향) 벼농사, 대청마루, 모시옷, 삼베옷, 죽부인 등

② 겨울 계절풍 : 북서 계절풍, 대륙에서 해양으로 부는 한랭건조한 바람

(영향) 배산임수 취락 입지, 솜옷, 온돌, 김장, 동서 방향 밭이랑 등

10. 높새바람(국지풍의 일종)

: 늦봄부터 초여름 사이 영서 지방에 부는 고온 건조한 북동풍

오호츠크 해 기단의 영향, 푄현상(태백산맥)

영서 지방과 멀리 경기 일대까지 가뭄에 의한 피해를 일으킴

11. 우리나라에 영향을 미치는 기단

① 오호츠크 해 기단

  : 오호츠크 해에서 발원, 한랭습윤, 늦봄~초여름, 높새바람·장마전선

② 북태평양 기단

  : 북태평양에서 발원, 고온다습, 여름, 장마전선·한여름(무더위, 열대일, 열대야 등)

③ 적도 기단 : 적도에서 발원, 태풍

④ 시베리아 기단 : 시베리아에서 발원, 한랭건조, 겨울(혹한, 삼한사온)·봄철 꽃샘추위

12. 계절별 기후 특색

① 봄 : 이동성 고기압·저기압의 — 일기 변화 심함, 꽃샘추위(시베리아 기단)

       황사현상, 산불 발생 빈도 최고, 높새바람(오호츠크 해 기단)

② 장마철 : 장마전선(북태평양 기단+오호츠크 해 기단)에 의한 전선성 강수

          남북으로 오르내리긴 하지만 기본적으로 남쪽에서 북쪽으로 이동

          장마철이 나타나는 6~8월 사이에 집중호우로 인한 피해가 큼

          기온의 일교차 최저, 불쾌지수↑

③ 한여름 : 북태평양 기단의 영향, 남고북저의 기압 배치

          무더위, 열대일, 열대야, 소나기(대류성 강수)

④ 가을 : 이동성 고기압의 영향 – 맑고 청명한 날씨(농작물 수확·결실 유리), 초가을 장마

⑤ 겨울 : 시베리아 기단의 영향, 서고동저 기압 배치, 삼한사온, 폭설

13. 황사현상

: 봄철 중국 내륙의 사막의 황사 먼지가 편서풍을 타고 이동하는 현상

  중국 사막화로 황사현상이 심화됨

  (영향) 호흡기 질환 및 안 질환 유발, 정밀 기계 불량률·오작동↑

  (대책) 한중일 공조, 황사 발원지에 조림 사업 실시, 관측 및 예보 시스템 선진화 등

14. 지구 온난화

: 온실 기체 배출량 증가로 온실 효과가 나타나 지구의 기온이 높아지는 현상

① 지구적 차원 : 해수면 상승으로 해안 저지대 침수, 극지·고산 지역 빙하 감소

　　　　　　　 극지·고산 생물 서식 공간 축소, 열대·아열대 생물 서식 공간 확대 등

② 한반도 차원 : 여름 일수 증가, 겨울 일수 감소, 농작물 재배 북한계선·재배 적지 북상

　　　　　　　 고랭지 채소 재배 면적 감소, 한류성 어족 감소, 난류성 어족 증가

　　　　　　　 냉대림 분포 지역 축소, 난대림 분포 지역 확대, 열대일·열대야 증가

　　　　　　　 서리일수·하천 결빙일수 감소, 열대성 질병 발병률 증가 등

③ 온실 기체 배출량 감소를 위해 범국가적·국가적·개인적 차원에서 많은 노력을 기울임

15. 도시 기후

: 도시 지역에서 국지적으로 나타나는 독특한 기후

① 열섬 현상

: 도시 중심의 기온이 도시 주변 지역보다 높게 나타나는 현상

　(원인) 인공열 방출, 대기 오염, 높은 도로 포장률 등

　(발생 시기) 여름철보다 겨울철, 낮보다는 밤에 두드러짐

② 도시 사막화 현상

: 도시 내부가 주변보다 습도가 매우 낮게 나타나는 현상

　(원인) 높은 도로 포장률, 녹지 부족, 열섬 현상

③ 열섬 현상·도시 사막화 현상을 막기 위해서는 녹지 조성, 옥상 정원화, 바람길 조성,

　투수성 높은 포장재 사용, 대기 오염 물질 배출 규제 등이 필요

16. 식생 분포

① 식생의 수평적 분포 : 위도에 따른 식생 분포

분포	기후	특징
북부지역	냉대기후	냉대림, 상록침엽수림
중부지역	온대기후	온대림, 혼합림, 낙엽활엽수+침엽수
남부지역	난대기후	난대림, 상록활엽수림

② 식생의 수직적 분포 : 해발 고도에 따른 식생 분포

제주도 한라산 가장 뚜렷·다양(난대림-온대림-냉대림-관목림)

북부로 갈수록 식생의 수직적 분포 단순, 냉대림 고도 낮아짐

17. 토양 분포

구분	요인	이름	특징
성숙토 (정적토)	성대토양 (기후의 영향)	회백색토	냉대기후-냉대림, 강산성토, 개마고원 일대
		갈색 삼림토	온대기후-온대림, 한반도 전 지역
		적색토	고토양(화석토양), 남해안 일대
	간대토양 (기반암의 영향)	석회암 풍화토	적색토, 강원도 남부 · 충북 북부 · 경북 북부 일대
		현무암 풍화토	흑색갈토, 제주도 · 철원 일대
미성숙토 (운적토)	하천의 영향	충적토	비옥, 벼농사에 유리, 범람원, 삼각주 일대
	조류의 영향	염류토	염분 제거되면 비옥, 조차 큰 해안의 간척지

18. 태풍

: 북태평양 서쪽(필리핀 동쪽 해상)에서 발생하는 열대 저기압

① 7~9월 사이에 우리나라에 2~3개 발생(7~9월 사이 태풍의 피해가 큼)

② 진로 : 북위 30° 부근부터 북동진함

③ 피해 : 집중 호우와 강풍 피해(풍수해) 유발

④ 가항 반원 : 항해가 가능한 태풍의 왼쪽 반원(편서풍과 태풍 바람 방향 반대)

⑤ 위험 반원 : 태풍 피해가 큰 태풍의 오른쪽 반원(편서풍과 태풍 바람 방향 비슷)

⑥ 역할 : 물 부족 해소, 지구 열평형 유지, 적조 현상 방지, 해양 생태계 활성화

대표 문제 풀이

1. 그래프에 들어갈 내용으로 옳지 <u>않은</u> 것은?

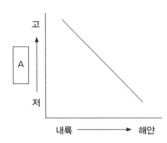

① 연교차
② 서리일수
③ 1월 평균 기온
④ 7월 평균 기온
⑤ 하계 강수 집중률

* 정답 : ③

그래프는 내륙은 수치가 높고 해안은 그 수치가 낮은 현상을 찾는 것입니다. 내륙에서 해안으로 갈수록 작아지는 것은 연교차, 서리일수, 7월 평균 기온, 하계 강수 집중률입니다.
③ 1월 평균 기온은 해안이 내륙보다 높습니다.

2. 제시한 가옥 구조를 통해 확인할 수 있는 내용으로 옳은 것은?

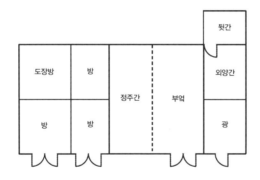

① 폐쇄적 가옥 구조이다.
② 강수의 영향을 받았다.
③ 홑집 구조로 지어진 가옥이다.
④ 제주도 지역에서 흔히 볼 수 있다.
⑤ 정주간은 곡물을 저장하는 창고이다.

* 정답 : ①

제시한 가옥 구조는 추운 겨울을 대비하기 위한 관북형 가옥구조입니다. 田자형 가옥 구조로 겹집 구조로 지어졌고 길고 추운 겨울을 잘 보내기 위해 부엌 옆에 벽이 없는 공간인 정주간이 있습니다. 정주간은 여러 용도로 이용하는 생활공간으로 보면 됩니다. 더위를 대비한 시설은 대청마루는 존재하지 않습니다.
② 기온의 영향을 받은 가옥 구조입니다. ③ 겹집 구조로 지어졌습니다. ④ 관북 지방에서 잘 발달합니다.
⑤ 정주간은 작업하고 먹고 쉬기도 하는 생활공간입니다.

3. 지도는 우리나라의 소우지를 나타낸 것이다. 이에 대한 설명으로 옳은 것을 〈보기〉에서 고른 것은?

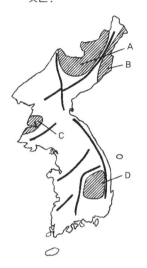

〈 보 기 〉

ㄱ. A는 격해도가 내륙 고원으로 우리나라 최소우지이다.

ㄴ. B는 수심 깊은 동해의 영향으로 소우지가 되었다.

ㄷ. C는 청천강 하류 일대로 저평한 지형으로 강수량이 적다.

ㄹ. D는 분지 지형으로 강수량이 적어 과수 재배가 잘 된다.

① ㄱ, ㄴ   ② ㄱ, ㄹ   ③ ㄴ, ㄷ

④ ㄴ, ㄹ   ⑤ ㄷ, ㄹ

* 정답 : ②

지도는 우리나라 소우지 분포를 나타낸 것입니다. A는 개마고원 일대로 격해도가 큰 내륙 고원이며 우리나라 최소우지입니다. B는 관북 동해안 일대로 한류와 지형의 영향 등으로 강수량이 적습니다. C는 대동강 하류로 저평한 지형으로 상승 기류가 잘 발생되지 않아 비가 적게 내립니다. D는 낙동강 중상류 일대로 태백·소백산맥으로 둘러싸인 분지 지형으로 비가 적게 내려 과수 재배에 유리합니다.
ㄴ. B는 수심 깊은 동해가 아닌 한류와 지형의 영향입니다.
ㄷ. C는 대동강 하류 일대입니다.

4. 그래프는 A∼D 지역의 월평균 기온 변화를 나타낸 것이다. 이에 대한 설명으로 옳지 <u>않은</u> 것은?

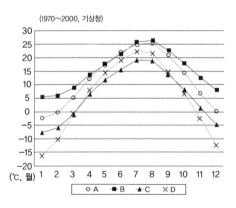

① 기온의 지역 차는 여름보다 겨울이 크다.

② 동위도라면 해발고도는 A보다 C가 높다.

③ 상록 활엽수림이 분포하는 지역은 B이다.

④ 하천 결빙 일수는 C가 D보다 더 길다.

⑤ 기온의 연교차가 가장 큰 지역은 D이다.

* 정답 : ④

A는 서울, B는 제주, C는 대관령, D는 중강진의 월평균 기온분포입니다. 겨울과 여름 중 지역 간 기온 차이가 큰 계절은 월별 기온 간격이 넓은 겨울입니다. 동위도에서 A와 C의 해발고도를 비교하려면 여름 기온 확인하면 됩니다. A와 C 중 여름이 서늘한 곳은 C이므로 해발고도가 높습니다. 상록활엽수림은 최한월 평균 기온 0℃ 이상이어야 분포하므로 B에만 분포합니다. 하천 결빙 일수는 겨울 기온이 낮은 지역이 더 길게 나타납니다. 기온의 연교차는 최난월 평균 기온에서 최한월 평균 기온을 뺀 값이므로 D가 제일 크고, B가 제일 작습니다.
④ 하천 결빙 일수는 D가 더 깁니다.

5. 우리나라 주변의 기압 배치가 아래와 같을 때 기후 특색으로 옳은 것은?

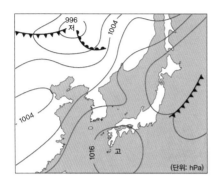

① 열대야와 열대일이 반복된다.

② 맑고 청명한 날씨가 계속된다.

③ 전선성 강수 현상이 장시간 나타난다.

④ 한랭건조한 기단의 영향으로 강수량이 매우 적다.

⑤ 이동성 고기압과 저기압의 잦은 통과로 날씨 변화가 심하다.

* 정답 : ①

제시한 일기도는 한여름입니다. 북태평양 기단의 영향을 받는 한여름은 열대야·열대일·폭염이 나타납니다. 강한 일사로 인한 대류성 강수인 소나기가 자주 내리는 시기로 남고북저의 기압배치를 보입니다.
② 맑고 청명한 날씨는 가을입니다.
③ 전선성 강수가 장시간 나타나는 계절은 장마철입니다.
④ 한랭건조한 기단의 영향을 받는 계절은 겨울입니다.
⑤ 이동성 고기압과 저기압의 잦은 통과로 날씨 변화가 심한 계절은 봄입니다.

6. 지도의 (나) 지역과 비교한 (가) 지역의 특징으로 옳은 것을 〈보기〉에서 고른 것은?

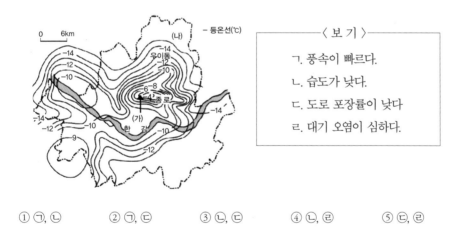

〈 보 기 〉

ㄱ. 풍속이 빠르다.

ㄴ. 습도가 낮다.

ㄷ. 도로 포장률이 낮다

ㄹ. 대기 오염이 심하다.

① ㄱ, ㄴ   ② ㄱ, ㄷ   ③ ㄴ, ㄷ   ④ ㄴ, ㄹ   ⑤ ㄷ, ㄹ

* 정답 : ④

자료는 도시 기후의 열섬 현상을 나타낸 것입니다. 열섬 현상은 인공열 방출, 대기 오염, 높은 도로포장률 등으로 도시 중심의 기온이 주변보다 높게 나타나는 현상입니다. 도시 중심인 (가)는 도시 주변인 (나)보다 기온, 도로 포장률, 대기오염도 값은 크고, (나)는 (가)보다 습도, 녹지면적, 풍속 값은 큽니다.
ㄱ. 풍속은 건물 등 장애물이 많아 느립니다.
ㄷ. 도로 포장률은 높습니다.

7. 자료는 광주·목포·여수 일대의 계절별 바람장미를 나타낸 것이다. 이에 대한 설명으로 옳은 것은?(단, (가), (나)는 여름, 겨울 중 하나임)

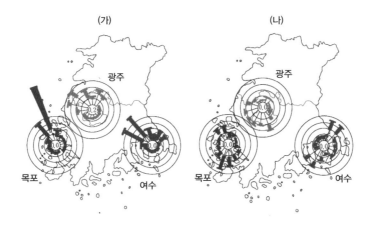

① 배산임수 취락입지는 (가)와 관계 깊다.

② (가)는 우리나라에 벼농사를 가능하게 한다.

③ 울릉도에 내리는 눈은 (나)와 관련 있다.

④ (가)는 (나)보다 고온다습하다.

⑤ (나)는 (가)보다 풍속이 강하다.

* 정답 : ①

제시된 광주·목포·여수 일대의 바람장미 중 (가)는 겨울 계절풍, (나)는 여름 계절풍입니다. (가)는 시베리아 기단의 영향으로 한랭건조하며 풍속이 (나)보다 강하며 배산임수 취락 입지, 온돌, 김장 문화 등에 영향을 주었고 울릉도의 눈은 북서계절풍과 지형의 영향을 나타냅니다. (나)는 고온다습한 북태평양 기단의 영향으로 우리나라에 벼농사를 가능하게 했고 대청마루, 모시옷, 삼베옷 등에 영향을 주었습니다.
② 벼농사를 가능케 한 바람은 (나)입니다.
③ 울릉도에 다설 현상과 관련 있는 바람은 (가)입니다.
④ 고온다습한 바람은 (나)입니다.
⑤ 풍속은 (가)가 (나)보다 강합니다.

8. 표는 어느 해 5월 각 지방의 기후 값을 나타낸 것이다. 이러한 현상과 관계 깊은 내용을 〈보기〉에서 고른 것은?

관측 지점	서울	춘천	원주	인제	대관령	강릉
최고기온(℃)	23.1	23.9	21.6	20.7	12.5	16.9
상대습도(%)	59.8	64.0	70.8	61.6	88.9	72.4

① ㄱ, ㄴ   ② ㄱ, ㄷ   ③ ㄴ, ㄷ   ④ ㄴ, ㄹ   ⑤ ㄷ, ㄹ

9. 그래프는 세계 평균 기온의 변화 추이이다. 이런 추세가 지속될 경우, 우리나라에 나타나게
   될 현상으로 옳은 것은?

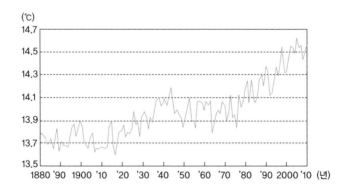

① 무상기일이 짧아진다.

② 김장 시기가 빨라진다.

③ 열대야·열대일이 증가한다.

④ 고랭지 채소 재배 면적이 넓어진다.

⑤ 오징어, 고등어의 어획량이 감소한다.

그래프는 지구 온난화 현상으로, 지구 온난화 현상이 나타나면 우리나라에도 많은 변화가 나타납니다. 여름이 길어지고 겨울이 짧아지고, 서리가 내리지 않는 일수인 무상기일이 길어지고, 김장 시기가 늦어집니다. 농작물의 북한계선과 재배 적지가 북상하고 고랭지 농업 고도 한계가 높아져서 고랭지 채소 재배 면적이 감소합니다. 냉대림은 축소되고 난대림은 확대되며, 한류성 어족의 감소와 난류성 어족의 증가가 나타날 것입니다. 그리고 열대야·열대야는 증가하고 하천 결빙일수는 감소할 것입니다.

① 무상기일이 길어집니다.
② 김장 시기가 늦어집니다.
④ 고랭지 채소 재배 면적은 감소합니다.
⑤ 오징어, 고등어의 어획량은 증가합니다.

10. 자료의 (A)에 대한 설명으로 옳은 것을 고르면?

기상청은 21일 오전까지 서울과 경기, 충청, 전라도 등 서쪽 지방에   (A) 가 나타날 것으로 전망했다.

기상청 관계자는 20일 "이번 (A)는 지난 18일 중국 네이멍구에서 발생했으며 중국 북부 지방으로 향하던 중 일부가 우리나라를 통과하면서 주로 서쪽 지방이 영향권에 들게 됐다"며 "모래 먼지를 실은 기류가 중국의 주요 공업 지대를 거쳐온 만큼 중금속 유해물질도 많이 포함하고 있으니 주의해야 한다"고 말했다.   -2013.5.20. ○○일보

〈 보 기 〉

ㄱ. 편서풍의 영향으로 나타난다.

ㄴ. 산성비와 토양 산성화를 가중시킨다.

ㄷ. 호흡기 및 안과 질환을 일으키기도 한다.

ㄹ. 지구 온난화 현상으로 나타나기 시작했다.

① ㄱ, ㄴ   ② ㄱ, ㄷ   ③ ㄴ, ㄷ   ④ ㄴ, ㄹ   ⑤ ㄷ, ㄹ

자료 (A)는 황사현상입니다. 황사현상은 봄철 중국 내륙 사막에서 황사 먼지가 편서풍을 타고 우리나라와 일본 등지로 이동하는 현상입니다. 자연적인 현상으로 이전부터 나타났던 기상 현상이나 중국 사막화로 인해 발생 빈도가 높아지고 있습니다. 황사현상이 나타나면 호흡기나 안과 질환을 일으켜 외출 및 야외 활동 자제를 권하기도 합니다. 정밀 기계 불량률을 높여 오작동을 일으키고 항공 교통의 장애를 초래하기도 합니다. 하지만 황사현상은 태양 복사에너지 흡수로 대기 온도를 낮추고 산성비와 산성토를 중화시켜주며 바다에 영양분을 공급하여 해양 생태계를 활성화시키는 장점이 있기도 합니다.
ㄴ. 산성비와 토양 산성화를 완화시킵니다.
ㄹ. 지구 온난화 현상 이전부터 나타난 기상 현상입니다.

11. 우리나라의 식생 분포를 나타낸 것이다. 이에 대한 설명으로 옳은 것을 〈보기〉에서 고른 것은?

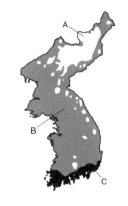

〈 보 기 〉

ㄱ. A에는 침엽수림과 낙엽 활엽수림이 함께 분포한다.

ㄴ. B에는 갈색 삼림토가 분포한다.

ㄷ. C는 상록침엽수림이 주를 이룬다.

ㄹ. 지구 온난화로 A의 면적은 줄어들고 C의 면적은 늘어난다.

① ㄱ, ㄴ   ② ㄱ, ㄷ   ③ ㄴ, ㄷ   ④ ㄴ, ㄹ   ⑤ ㄷ, ㄹ

* 정답 : ④

지도의 식생은 우리나라 식생의 수평적 분포로 위도에 따른 식생 분포를 나타낸 것입니다. A는 상록침엽수림인 냉대림으로 냉대기후와 회백색토가 분포합니다. B는 우리나라에서 가장 넓은 면적을 차지하는 온대림(혼합림)으로 낙엽활엽수와 침엽수림이 혼재하고 온대기후와 갈색삼림토가 분포합니다. C는 상록활엽수인 난대림으로 난대기후가 분포하고 고토양인 적색토 분포 지역과 유사합니다.
　ㄱ. A에는 상록침엽수림이 분포합니다. ㄷ. C에는 상록활엽수림이 분포합니다.

12. 자료와 같은 분포를 보이는 토양에 대한 설명으로 옳은 것은?

① 회백색의 척박한 토양이다.

② 모암의 영향을 받은 토양이다.

③ 토양 단면이 잘 발달되어 있다.

④ 과거 기후를 반영한 고토양이다.

⑤ 하천 퇴적 작용으로 형성된 토양이다.

* 정답 : ⑤

제시된 자료의 토양은 하천 퇴적으로 형성된 충적토로 미성숙토에 해당합니다. 하천을 따라 길게 분포하며 비옥하여 농경 특히 벼농사에 이용됩니다.
① 회백색의 척박한 토양은 냉대기후를 반영한 회백색 토입니다.
② 모암의 영향을 받은 토양은 간대토양으로 석회암 현무암 풍화토입니다.
③ 토양 단면 발달은 성숙토에서 볼 수 있습니다.
④ 과거의 기후를 반영한 고토양은 남해안 일대의 적색토입니다.

13. 일기도에 나타난 자연 재해에 대한 설명으로 옳지 <u>않은</u> 것은?

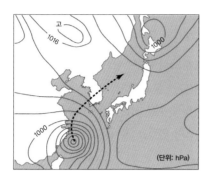

① 적도 기단에서 발원한다.

② 낙과(落果) 피해가 예상된다.

③ 지구의 열평형을 유지시킨다.

④ 주로 7~9월 사이에 발생한다.

⑤ 진행 방향의 왼쪽은 오른쪽보다 위험하다.

* 정답 : ⑤

제시된 일기도는 태풍을 나타낸 것입니다. 태풍은 적도 기단에서 발원한 열대 저기압으로 7~9월 사이 우리나라에 2~3개 정도 불어옵니다. 강한 바람과 많은 양의 비를 동반하여 풍수해를 일으킵니다. 태풍은 반시계 방향으로 바람이 불어들면서 북동진하는 편서풍의 영향을 받아 태풍의 진행 방향의 왼쪽은 편서풍과 서로 부딪혀 바람의 세기가 약해집니다. 반대로 태풍의 진행 방향의 오른쪽은 편서풍과 바람 방향이 비슷해 두 바람의 힘이 더해져 바람의 세기가 강해집니다. 그래서 태풍의 왼쪽은 바람이 약해 피해가 적어 가항(안전)반원이라고 부르고, 태풍의 오른쪽은 바람이 세기가 강해 피해가 커서 위험반원이라고 부릅니다. 태풍은 우리에게 많은 피해를 주지만 적도의 뜨거운 열기를 고위도 지역으로 전달해주는 즉 지구 열평형을 유지시켜주는 역할을 하고 적조 현상을 방지해주고 바다에 산소 공급을 하여 해양 생태계를 활성화 시킵니다.

⑤ 진행 방향의 오른쪽이 왼쪽보다 위험합니다.

거주와
여가 공간

4강

1 전통 촌락의 형성 및 특징

여러분! '전통 촌락' 하면 어떤 그림이 떠오르나요? 초가집이 모여 있고, 앞마당엔 작은 꽃밭이 있고, 뒷마당엔 텃밭과 장독대…… 대개 이런 그림이 그려지죠? 용인 민속촌이라든가 아산 외암리 민속마을, 안동 하회마을의 풍경처럼 말입니다. 이번 시간에 여러분과 함께 살펴볼 내용은 우리 조상들이 살았던 전통 촌락에 대한 것인데요. '전통'이라는 단어가 들어간다고 해서 무조건 고리타분하다고 생각하지 말고, 시간 여행을 한번 떠나는 거다 생각해봅시다.

전통 촌락은 요즘 사람들이 거주하는 도시와 매우 다릅니다. 어떤 특징이 있냐고요? 우선 인구 밀도가 낮고, 인구 규모도 작으며, 주로

충청남도 아산시 외암리 민속마을(좌)
[CC BY–SA 3.0]
한국 민속촌(우)

농·림·수산업 즉 1차 산업에 종사하지요(2·3차 산업 발달은 미약해요). 그리고 우리의 전통 생활양식과 가치관을 담고 있으므로 전통 문화를 보존하고 있는 지역이기도 합니다. 이제부터 전통 촌락의 특징들을 하나씩, 자세하게 살펴볼까요?

전통 촌락의 입지 조건

전통 촌락은 **자연적** 혹은 **인문적 요인에 따라 특정 장소에 분포**합니다. 먼저 **자연적 조건**에 따른 입지를 살펴봅시다. 앞의 지형 단원에서 범람원과 삼각주에 대해 알아보았던 것, 기억하시나요? **범람원과 삼각주**에는 공통적으로 자연 제방이 분포하는데 그곳에는 물을 피할 목적으로 취락(마을)이 입지한다고 했었지요. 한 가지 더 말씀드리자면, **선상지의 선단**과 **제주도 해안가**에는 지하수가 드러나는 **용천대**가 있어서 물을 얻기 쉬운 덕에 대규모 취락이 입지한다고 했고요. 여기서 자연 제방 상의 촌락과 용천대에 분포하는 촌락은 공통적으로 물이라는 자연적 조건을 만족시키는 장소에 입지한 것입니다. 여러분, 혹시 감입 곡류 하천 주변의 하안단구도 기억나세요? 감입 곡류 하천 주변은 평지나 완경사면을 보기 어려우나 **하안단구의 단구면**은 하천보다 높고 평평(혹은

선단(용천대)에 입지한 취락(좌)
제주도 해안 취락(우)

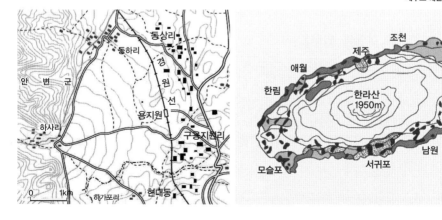

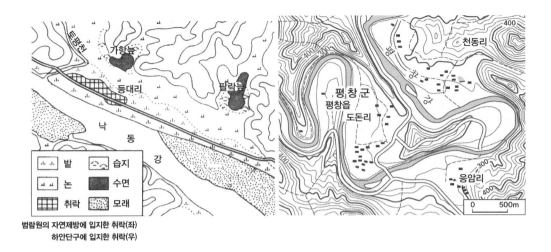

범람원의 자연제방에 입지한 취락(좌)
하안단구에 입지한 취락(우)

경사 완만)하여 농경지나 취락이 입지한다고 했었지요. 결국 하안단구에 입지한 마을도 자연적 조건에 따라 들어선 것입니다. 자연적 조건을 고려해 입지한 촌락은 아직까지도 볼 수 있답니다.

이번에는 인문적 조건에 따라 형성된 촌락들을 살펴볼게요. 조선시대에 역원제(驛院制)라고 하는 제도가 있었습니다. 역과 원은 쉽게 말해 관리나 여행자에게 숙식을 제공하고 말을 갈아탈 수 있게 해주는 곳이었어요. 육상 교통과 관련된 시설들이죠. 역원이 있는 곳에는 자연스럽게 촌락(마을)이 형성되었는데요, 이런 마을을 **역원(驛院) 취락**이라고 합니다. 물론 지금은 자동차와 철도 교통이 발달한 덕에 역원시설이 사라지고 그와 더불어 역원취락도 사라졌지만요. 그런데 역원 취락의 흔적은 지명으로 남아 있기도 해요. **역촌동, 역삼동, 이태원, 조치원, 인덕원** 등이 이에 해당합니다.

과거에는 하천에 다리가 없었어요. 그래서 하천을 건널 때 늘 나룻배를 이용했지요. 나룻배가 정박하는 곳이 나루터인데 이 곳은 배를 타려는 사람, 배에서 내린 사람 등 사람들의 왕래가 많았지요. 따라서 이들에게 숙식을 제공하고 물건을 사고파는 마을이 자연스레 형성되었는데, 이처럼 하천 주변 나룻배가 정박하는 곳에 형성된 마을을 나루터 취락이라 합니다. 하천 교통과 관련된 취락이죠. 하지만 나루터 취락도 근대화를 거치면서 사라지게 됩니다. 하천에 다리가 놓이고 더 이상 나룻배를 이용하지 않게 되면서요. 나루터 취락도 역원 취락과 마찬가지로 그 흔적이 지명으로 남았습니다. 나루터 취락은 주로 하천 주변에서 '~도, ~진, ~포'로 끝나는 지명들로 확인할 수 있는데요, 오늘날의 **벽란도, 삼랑진, 노량진, 마포, 반포, 영등포** 등이 이에 해당합니다. 그리고 ~도, ~진, ~포로 끝나지는 않지만 지하철 노선도를 보면 역 이름 중에 여의나루, 광나루, 잠실나루가 있는데 이것도 나루터와 더불어 나루 취락과 관련 있는 것입니다.

방어를 목적으로 군사를 주둔시킨 지역에 취락이 형성되기도 했습니다. 한반도는 삼면이 바다인 관계로 바다를 지키는 것이 매우 중요했답니다. 해안가 방어를 위해 존재했던 취락이 병영촌인데요, 이에 해당하는 마을이 바로 **좌수영, 우수영, 통영** 등입니다. 또한 북쪽 중국과 만나는 접경지에 국경선을 방어하기 위해 형성된 진취락도 있습니다. 북한의 **중강진, 혜산진** 등이 이에 해당됩니다.

그런데 여러분! 뭔가 빠진 것 같지 않나요? '전통 촌락 입지' 하면 생각나는 것이 있는데…… 예, 바로 배산임수 촌락입니다. 배산임수는

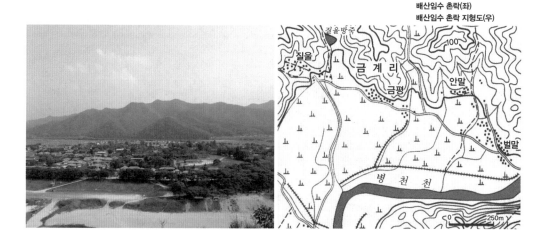

배산임수 촌락(좌)
배산임수 촌락 지형도(우)

풍수지리 상 길지(吉地)에 해당하는 곳으로 배산임수는 사상적 명당이기도 하지만 실제로 사람들에게 많은 이로움을 주는 장소입니다. 뒤에 있는 산은 북서풍을 막아주고 땔감 등의 연료를 제공해주며, 앞에 흐르는 물은 농업이나 생활용수로 이용하기 좋거든요. 우리나라 농촌 마을들이 배산임수 조건을 갖춘 곳에 많이 입지하는 이유입니다.

전통 촌락의 형태

전통 촌락은 그 특성에 따라 가옥들이 모여 있기도 하고 흩어져 있기도 합니다. 가옥들이 모여 있는 촌락은 **집촌(集村)**, 반대로 흩어져 있는 촌락은 **산촌(散村)**이라고 합니다. 먼저 집촌을 살펴봅시다. **집촌**은 협동 노동과 공동으로 외적을 방어하기 위해 형성되었는데요, 주로 **집약적으로 토지를 이용하는 벼농사 지역과 평야 지역에 발달**했습니다. 가옥들이 모여 있어서 주민들 간 교류가 많아 **공동체 의식이 강하**고 따라서 노동력을 함께 나눌 수 있었거든요. 집촌은 **가옥의 밀집도가 높은 대신 가옥과 경지와의 결합도는 낮고 가옥과 경지 사이의 거리는 멉니다.** 배산임수 촌락, 동성동본의 혈족들이 모여 사는 **동족촌이**

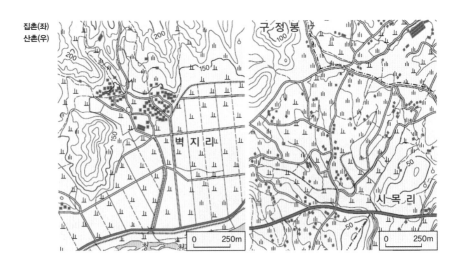

집촌(좌)
산촌(우)

260

대표적인 집촌에 해당합니다.

산촌은 집촌과 달리 **경지가 좁은 지역이나 간척지처럼 새로운 개척지에 발달**합니다. 이런 곳에는 가옥들이 대개 사용 가능한 경지를 따라 분포하기 때문이지요. 산촌은 조방적(粗放的) 토지 이용*이 나타나는 **밭농사 지역에 주로 분포**하는데, 가옥들이 흩어져 있어 주민들 간 **공동체 의식은 집촌보다 약**합니다. 가옥과의 밀집도가 낮은 편이고요. 그 대신 **가옥과 경지와의 결합도는 높고, 가옥과 경지 사이의 거리는 가깝습니다.** 이 같은 산촌은 산지에 분포하는 촌락인 **산지촌(山地村)**에서 흔히 볼 수 있습니다.

기능에 따른 전통 촌락 구분

전통 촌락은 기능에 따라 **농촌·어촌·산지촌·광산촌**으로 구분합니다. **농촌**은 농업을 생업으로 하는 촌락인데요, 우리나라에서는 벼농사를 주로 실시하므로 **평지에 집촌의 형태로 발달**합니다. **어촌**은 어업·양식업·수산물 가공업에 주력하는 촌락으로서 **해안가에 입지**합니다. 해안가에 농경지가 분포하는 경우엔 반농반어촌 즉, 농업과 어업이 함께 이루어지는 촌락을 형성하기도 하지요. **산지촌**은 말 그대로 **산지에 있는 촌락**으로 임업·밭농사·목축업에 주력하지요. 산지촌은 지형적 이유 때문에 **촌락의 규모가 작고 산촌(山村)을 이루는 경우가 많습니다.** 광산촌은 **지하자원 개발이 이루어지는 곳에 형성**된 촌락으로 우리나라에서는 탄광촌이 대표적입니다. 광산촌은 지하자원 생산량이 촌락 성쇠에 큰 영향을 줍니다.

변화하는 전통 촌락

앞에서 말씀드린 전통 촌락들은 근대화와 도시화로 인해 변화의 급물살을 타고 있는데요, 우리나라의 대표적 촌락인 농촌부터 그 사

*
조방적 토지 이용 : 단위 면적 당 투입되는 자본과 노동의 크기를 토지 이용의 집약도라 하는데 이때 집약도가 낮은 것을 조방적 토지 이용이라 한다. 단위 면적에 대단위 자본과 노동을 투입해 개발하는 집약적 토지 이용에 반대되는 개념. 도시와 달리 촌락은 농산물, 축산물, 수산물 등을 생산하는 1차 산업이 발달하며, 인구 밀도가 낮기 때문에 토지 이용이 조방적이다.

정을 알아보겠습니다. **농촌의 변화** 중 가장 특징적인 것은 **인구 감소 현상**입니다. 젊은 사람들(청장년층)이 농촌을 떠나 도시로 가는 것이 큰 이유이죠. 농가 인구와 농경지 면적 감소가 모두 나타나지만 농가 및 농가 인구 감소가 더 커서 농가 당 경지 면적은 오히려 증가합니다. 노년층의 비중이 높아져서 **노동력 부족**과 **고령화 문제**가 심각하게 대두됩니다. 청장년층의 유출은 아이들(유소년층)의 감소로 이어져 지역 초등학교가 통·폐합되기도 합니다. 우리나라 농촌의 일반적 변화 양상입니다.

하지만 농촌에서 모두 벼농사를 짓는 건 아닙니다. 도시와 멀리 떨어져 있지만 교통로가 연결되어 있고 유리한 기후를 이용(여름-서늘, 겨울-따뜻), 다양한 채소를 재배하여 도시 주민에 공급하는 상업적 농업을 실시하는 **원교 농촌**도 있거든요. 원교 농촌의 대표적인 예가 고랭지 농업을 실시하는 농촌들입니다. 고랭지 농업을 실시하는 원교 농촌은 도시에서 멀리 떨어진 농촌이지만 고랭지 채소(배추·무)를 노지에서 생산하는 상업적 농업의 특징을 보입니다. 이와 반대로 도시 근처에 위치해 있어 도시의 영향을 직접적으로 받는 **근교 농촌에서는 인구가 증가**하고 있습니다. 농경지와 녹지들이 창고·아파트·도로·상업 시설 등으로 바뀌면서 농촌에 도시적 경관이 늘어나고, 다른 일과 농사를 겸하는 겸업농가도 늘어나고 있지요. **겸업농가**란 농업 이외에 2·3차 산업에 종사하는 가족 구성원을 가진 농가인데, 겸업농가의 증가는 곧 농가 소득 중 농업 이외의 소득이 증가한다는 것을 의미합니다. 도시 진입이 수월한 이런 곳에서는 주민 중 도시로 출·퇴근 하는 사람이 많아지고, 또 젊은 사람들(청장년층)의 전입이 점차 늘어나는 추세입니다. 근교 농촌에서는 주로 비닐하우스를 이용한 상업적 원예 농업을 실시합니다. 서로 다른 일에 종사하고 타 지역 유입 인구가 많아지는 탓에 주민 간 공동체 의식은 그리 높지 않습니다.

농촌 지역은 인구가 감소하고 도시와 경제적 격차가 커지는 문제를 극복하기 위해 다각도로 노력하고 있습니다. 농업과 공업이 결합된 농공단지를 조성하고, 농촌 체험 마을을 조성하여 2·3차 산업의 소득 증대를 꾀하는가 하면, 친환경 농법을 도입하여 농업 생산물의 고품질화와 대중화를 통한 성공적인 상업화에 공을 들이고 있지요.

　어촌도 마찬가지입니다. 어족 자원의 감소로 연근해 어업의 어획량이 감소하여 이제는 잡는 어업에서 **기르는 어업(양식업)**으로, 그리고 **관광어촌**(어촌 체험 마을, 갯벌, 사빈 등을 이용한 해수욕장)으로 변모를 시도하고 있습니다.

　자원의 생산량이 존립 여부를 좌우하는 광산촌도 많은 변화를 겪고 있답니다. 우리나라의 대표적인 광산촌인 **탄광촌**은 석탄 산업의 쇠퇴와 가정용 연료 수요 변화로 인해 소비량이 대폭 줄자 원래의 기능을 잃고 쇠퇴하고 있어요. 강원도의 태백·정선, 충남의 보령, 경북의 문경이 대표적인 탄광촌인데요, 이 지역들 역시 현재는 모두 관광지로 그 기능이 바뀌었습니다. 태백은 **폐광을 재활용한 석탄 박물관 건축과 눈꽃 축제**를 마련했고, 정선은 석탄을 운반하던 철로를 이용해서 관광용 **레일 바이크**를 운영 중이며, 카지노장인 **강원 랜드**를 세워

굴속을 달리는 레일바이크
머드 축제 기간 동안 열리는 진흙탕
싸움 [CC BY 2.0]

관광객을 유치하고 있지요. 또한 충남 보령에서는 석탄 박물관과 **머드 축제**를, 경북 문경에서는 석탄 박물관 및 조선시대 영남 지방과 한양의 길목이었던 **문경새재**를 관광지로 탈바꿈시키는 작업을 계속하고 있답니다.

정주 공간과 정주 체계 ②

정주 공간(定住空間)이란 사람들이 살아가는 생활공간을 말하는 것으로 도시와 촌락으로 구성됩니다. **도시**는 좁은 공간에 많은 사람들이 모여 살고 있어서 인구 규모가 크고 인구 밀도가 높은 지역입니다. **지역 주민들은 주로 2·3차 산업에 종사하고, 주변 촌락에 재화와 서비스를 제공하는 중심지 역할**을 수행하지요. 이와 반대로 **촌락**은 적은 인구가 1차 산업을 생업으로 삼는 곳이므로 인구 규모가 작고 인구 밀도가 낮은 지역입니다. 주로 **도시에 식량과 자연적 여가 공간을 제공**합니다. 도시는 촌락보다 상위 계층이고, 촌락은 도시보다 하위 계층 정주 공간입니다.

정주 체계는 정주 공간이 체계를 이루는 것으로 그 기능에 따라 계층 구조를 형성하는 것을 의미합니다. 즉, 정주 공간이 각각의 중심지가 되고 보유한 기능에 따라 순위가 나뉘는 것이지요. 정주 공간은 보유 기능에 따라 고차 중심지 혹은 저차 중심지로 구분됩니다. **고차 중심지는 보유 기능이 많고, 최소 요구치*가 크고, 최소 요구치를 만족시키기 위한 범위가 넓고, 재화의 도달 범위*도 넓습니다.** 우리나라 정주 공간에서 가장 고차 중심지에 해당하는 도시는 서울입니다. 서울 같이 큰 도시를 유지하기 위한 최소한의 수요는 매우 크고, 서울이 미치는 영향력은 우리나라 전체에 해당합니다. 고차 중심지는 **수가 적고,**

*
최소 요구치 : 중심지를 유지하기 위한 최소한의 수요
재화의 도달 범위 : 중심지 기능이 미치는 범위
예를 들어 고차 중심지인 서울을 유지하기 위한 최소한의 수요가 바로 서울의 최소 요구치에 해당하고, 서울의 영향력이 미치는 범위가 곧 서울의 재화 도달 범위이다.

265

중심지 사이의 간격이 넓습니다. 서울과 6개 광역시와 같은 대도시들은 모두 고차 중심지에 해당하겠지요. 저차 중심지는 고차 중심지와 반대로 **보유 기능이 적고, 최소 요구치가 작고, 최소 요구치의 범위가 좁으며, 재화의 도달 범위 또한 좁습니다. 그리고 중심지 수가 많고, 중심 간 간격은 좁습니다.** 소도시들은 저차 중심지에 해당합니다.

중심지의 보유 기능 정도에 따라 정주 체계가 나뉘듯 도시들도 체계를 가집니다. **도시 체계**는 도시의 계층 구조를 의미하는 것으로, 도시 간 상호 작용을 통해서 계층 질서를 확인할 수 있답니다. 보유 기능이 많고 영향력을 크게 행사하는 고차 중심지에 해당하는 도시들은 도시 간 상호작용이 활발합니다. 도시 체계를 확인할 수 있는 **도시 간 상호작용 지표**에는 **도시 간 교통량, 도시 간 물자 이동량, 도시 간 정보 이동량, 도시 간 인구 이동량** 등이 있습니다. 이와 같은 도시 간 상호 작용 지표를 통해 보면 우리나라 도시는 5~6개의 계층으로 나누어져 있음을 알 수 있어요. **제1계층은 서울이고, 제2계층은 6대 광역시**들입니다. 계층이 낮아질수록 중심지 수(도시 숫자)는 많아지고 조밀하게 분포합니다.

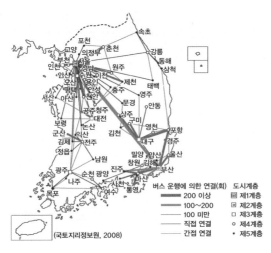

버스 운행에 따른
우리나라 도시체계

(국토지리정보원, 2008)

266

우리나라 도시들은 여러분도 아시다시피 대도시 중심으로 성장해 왔습니다. 최근에는 대도시 주변의 위성도시나 신도시의 성장이 활발하지요. **우리나라 대도시들은 수도권과 남동임해 지역, 서울과 부산을 연결하는 경부축 중심으로 발달**되어 있습니다. 따라서 도시 간 격차가 크고, 도시 분포의 격차도 큽니다. 도시 간 격차가 크다는 사실을 보여주는 좋은 예가 바로 **종주도시화 현상***인데요, 이것은 쉽게 말해 1위 도시 인구가 2위 도시 인구의 2배를 넘는 현상입니다. 우리나라 1위 도시인 서울의 인구(천만)는 2위 도시인 부산의 인구(3백6십만)의 두 배를 넘어요. 도시 간 격차가 엄청나죠? 1960년부터 지금까지 인구 기준으로 도시 순위를 매기면 서울과 부산이 항상 1·2위를 차지합니다. 3위와 4위는 대구·인천이었는데 얼마 전부터 인천·대구로 순위가 바뀌었답니다. 50년이 넘는 기간 동안 도시 순위 1~4위 안에 드

*
종주도시: 다른 말로는 수위도시라고 한다. 특정 도시에 한 국가나 한 지역의 인구, 인프라 등이 집중하여 나타나는 도시로서 투자 독점, 인력 흡수, 문화 지배, 타도시의 발전 저해, 생산 대비 고소비율 등의 특징을 보인다.
종주도시화 현상 : 수위 도시의 인구가 2위 도시 인구보다 2배 이상 많은 현상. 어느 국가에서나 발전 초기에는 모든 기능이 종주 도시에 집중된다. 국가가 어느 정도 발전되고 나서도 이런 문제가 해소되지 않으면 필연적으로 성장 불균형이 따르게 마련이다. 대부분의 국가에서는 수도가 종주도시가 된다(미국의 워싱턴 D.C. 예외). 수도가 지나치게 종주도시화 하는 것을 막기 위해 수도 자체를 이전하는 경우도 있다.

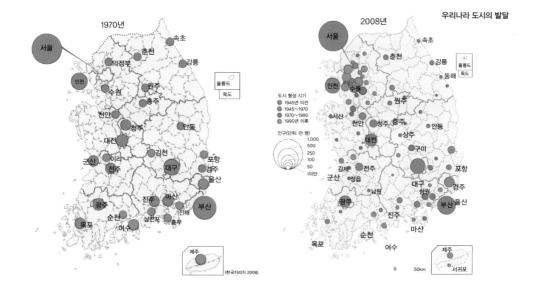

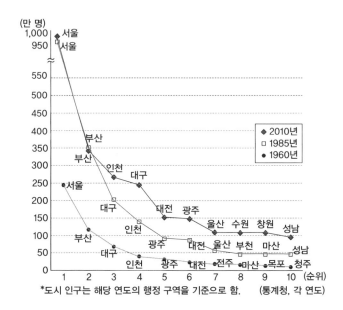

*도시 인구는 해당 연도의 행정 구역을 기준으로 함.　(통계청, 각 연도)

는 도시가 변하지 않았다는 것은 다른 도시들이 아무리 성장해도 따라 잡을 수 없을 만큼 도시 간 격차가 크다는 뜻이겠지요.

도시 내부 지역 분화 & 도시 내부 구조 ③

도시 내부는 업무·서비스, 공업, 주거 공간 등 기능에 따라 지역이 나눠집니다. 이 같은 지역 분화는 대도시에서 더욱 뚜렷하게 나타나지요. 왜 이렇게 기능에 따라 분화되는 것일까요?

도시 각 지역의 교통 발달 정도는 위치에 따라 다르게 나타납니다. 이런 특성은 **접근성**에 영향을 미칩니다. 접근성이란 말 그대로 다른 지역에서 내가 있는 지역으로 다가오기 쉬운 정도라는 뜻입니다. 그러니까 접근성에 가장 큰 영향을 미치는 것은 교통 발달 정도겠지요? 지하철의 여러 가지 노선이 만나는 환승역은 출구도 매우 많고, 버스 노선도 많습니다. 이런 경우 우리는 접근성이 높다고 이야기합니다. 하지만 주거지에 위치한 지하철역에 가보면 상황이 다르다는 것을 알 수 있죠. 출구가 달랑 두 개만 있는 역도 있고, 다른 데로 이동하는 버스 노선도 몇 개 되지 않습니다. 접근성이 상대적으로 낮은 것이지요. 접근성의 문제가 주요하게 다루어지는 이유는 접근성이 바로 사람의 왕래와 관련이 있기 때문이에요. 접근성이 높으면 사람의 왕래가 많아지므로 땅을 이용해서 얻는 수익인 지대가 덩달아 높아집니다. 즉 접근성이 높은 지역에서 장사를 하면 내 물건을 사줄 사람이 많아지므로 땅을 이용해서 얻는 수익이 늘어난다는 뜻이지요. 하지만 접근성이 낮은 지역은 사람의 왕래가 많지 않으므로 장사를 해도

269

한국지리에서 나오는 '지대'는 먼저 땅을 이용해서 얻는 수익이라 기억하고, '지대 지불 능력'이란 용어가 나오면 그때는 임대료로 기억해야 한다.

물건을 사줄 사람들이 별로 없겠지요? 그러니 땅을 이용해서 얻는 수익인 지대도 낮아질 수밖에 없습니다. 그런데 말이죠, 여러분! 지대가 높으면 그곳을 서로 차지하려는 경쟁이 일어나게 마련이어서 지가, 즉 땅의 가격이 올라갑니다. 정리하면, **접근성이 높으면 지대가 높고, 지대가 높으면 지가가 높다**는 것이지요. 도시 내부 분화의 요인은 접근성과, 지대, 그리고 지가입니다.

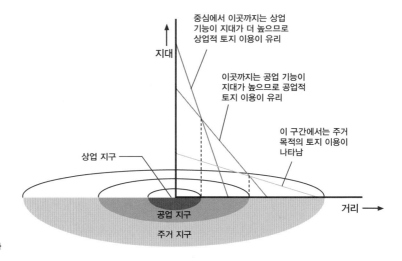

지대와 기능 지역 분화

도시 내부의 기능은 임대료를 지불할 수 있는 능력이 높은 기능도 있고, 그렇지 않은 기능도 있으며, 접근성에 영향을 많이 받거나 혹은 그렇지 않은 기능들이 있습니다. 이런 기능들은 접근성·지대·지가에 따라 도시의 중심으로 모이기도 하고 도시 중심에서 멀어지기도 합니다. 도시의 중심을 도심이라고 하는데요, 도심으로 집중하는 현상을 **집심현상**, 도심에서 멀어지는 현상을 **이심현상**이라고 합니다. 업무·서비스 기능은 임대료를 지불할 수 있는 능력이 높고 접근성에 영향을 많이 받으므로 집심현상에 의해 도심으로 모이고, 임대료를 지불할 수 있는 능력이 낮은 주택·학교, 그리고 넓은 부지를 필요로 하는 공장 등은 이심현상으로 도심에서 멀어지게 됩니다. 이러한 과정을 통해 도시 내부가 분화되는 것이지요. 여기서 임대료를 지불할 수 있는 능력을 **지대 지불 능력**이라는 말로 표현하는데요, 말이 조금 어렵지요? 지대 지불 능력이란 개념에서 사용하는 '지대'와 위에서 언급한 지대는 의미가 다릅니다. **접근성·지대·지가를 말할 때의 지대는 땅을 이용해서 얻는 수익을 의미하지만, 지대 지불 능력에서 말하는 지대는 임대료를 의미**합니다.

접근성·지대·지가의 요인과 집심현상·이심현상을 거치면서 **도시 내부는 도심·부도심·중간 지역·주변 지역·개발 제한 구역으로 나누어집니다.** 도심은 도시의 중심을 줄인 말로서 중추관리 기능들이 밀집해 있다고 하여 **중심업무지구**라고 부르기도 하는데요, 이를 영어로 하면 C.B.D(Central Business District)입니다. **접근성·지대·지가는 도시 내부에서 최고점**을 찍습니다. 도심은 토지 이용이 가장 집약적인 지역이어서 자연스레 **건물의 고층화와 과밀화**가 나타나지요. 은행·관청·기업 본사 등 **핵심 업무 기능이 대거 입지**하고, 백화점·귀금속점·호텔 등 **전문·고급 서비스 기능을 가진 업체들이 들어섭니다.** 서울을 예로 들어볼게요. 서울의 도심은 조선시대 수도인 한양 즉 사대문 안에 해당됩니다. 명동·종로·을지로·동대문 일대가 서울의 도심인데요, 이곳에는 백화점이 두 개 있습니다. 하지만 백화점 건물이 하나가 아닌 두 개 혹은 세 개씩이나 되고, 고가 수입품을 판매하는 명품관이 별도로 존재합니다. 또한 종로 일대에는 귀금속점이 길을 따라 분포해 있는가 하면, 악기만 전문으로 판매하는 상점이 분포하기도 해요.

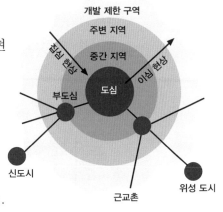

도시 내부 구조 모식도

*
상주인구 : 주민등록을 가지고 거주하는 인구로서 특정 조사 지역에 밤에도 거주한다고 하여 '야간 인구'라고도 불린다.

주간인구(晝間人口) : 어떤 특정 지역에서 주간에만 현존하는 인구를 이르는데 상주인구(야간인구)에 대칭되는 개념으로 사용된다. 그 지역에서 일하는 취업자나 통학생을 비롯하여 여행·상용·쇼핑 등으로 일시적으로 체류하는 사람도 포함할 수 있다.

이처럼 도심에 업무·서비스 기능이 집중되는 반면 주거·교육 기능은 도심 바깥으로 분산됩니다. 결국 **도심에는 상주인구(常住人口)*가 감소**하게 되는 것인데요. 서울 시내 롯데 백화점이 있는 소공동은 상주인구가 10명이 채 되지 않는다고 합니다. 이처럼 낮에는 도심으로 출근한 직장인들과 서비스 기능을 이용하려는 사람들이 모여 북적거리지만, 밤이 되면 사람들이 도심 밖의 거주지로 돌아가 도심이 텅 비어버리는 현상을 **인구 공동화(空洞化)**라고 부릅니다. 인구 공동화 현상이 발생되면 도심의 초등학교 학생 수와 학급 수가 감소하게 되고, 동마다 상주인구가 적어져서 하나의 동사무소가 여러 개 동의 행정업무를 관리하기도 합니다. 출·퇴근 시 교통 혼잡은 두말하면 잔소리고요.

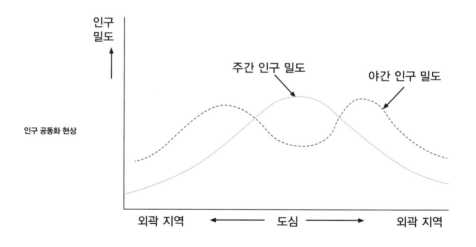

부도심은 도심의 기능을 분담하여 도심의 과밀화와 교통 혼잡을 완화시키는 역할을 하는 곳입니다. 쉽게 생각해볼게요. 학급에는 회장이 있고, 회장을 돕는 부회장이 있듯이, 도시 내부에도 도심과 도심의 기능을 분담하는 부도심이 있다고 보면 됩니다. 부도심은 **도심과 중간 지역 사이의 교통 결절점*에 분포**하고 **도심 다음으로 접근성·지대**

*
도시 결절점 : 결(結)은 한자로 맺다, 절(節)은 마디. 즉 결절점이란 끊어진 마디마디를 묶는 지점이라는 뜻으로, 지리학에서는 여러 개의 교통로나 교통수단이 만나는 곳(교통이 편리한 곳)을 의미한다.

·지가가 높으며, 주로 **도심의 서비스 기능을 분담**합니다. 서울의 부도심 지역으로는 영등포-여의도, 신촌, 잠실, 영동, 미아, 청량리 등이 있는데요, 이곳들의 공통점은 각 유명 백화점의 분점이 입지한다는 것입니다. 부도심이 늘어날수록 도시는 다핵도시로 변하게 됩니다.

도심과 주변 지역을 비교하는 질문이 많이 나오므로 주간인구 지수라는 개념과 두 지역의 특징을 잘 비교해두어야 한다.

도심을 둘러싸고 있는 지역은 **중간 지역**으로 업무·서비스 지역인 도심과 주거 중심 지역인 주변 지역 사이에 위치해 있어 업무·서비스·공업·주거 기능이 혼재되어 있는 점이지대의 특징을 보입니다. 중간 지역 중 도심 혹은 주변 지역과 만나는 접경부에는 불량 주택 지역인 빈민가 혹은 슬럼이 분포합니다.

그리고 주거지와 학교, 공장이 위치해 있는 **주변 지역**이 있습니다. 이곳은 도시로 가장 늦게 편입되었기 때문에 일부 지역에서는 도시적 경관과 농촌적 경관이 혼재되어 나타나기도 해요. 주로 대단위 아파트 단지가 세워지고, 주간인구보다 상주인구가 더 높게 나타나는 지역이죠. 주변 지역은 주간인구 지수(주간인구/상주인구×100)가 낮지만, 이와 반대로 도심은 주간인구 지수가 높습니다.

마지막으로 주변 지역을 둘러싸고 있는 그린벨트 즉 **개발 제한 구역**이 있습니다. 개발 제한 구역은 말 그대로 개발을 제한하는 구역이라는 뜻인데요, 이는 **스프롤 현상*을 막기 위해 설정한 녹지 공간**입니다. 개발 제한 구역의 설정으로 도시 주변 녹지의 무분별한 훼손은 막았지만 이로 인해 사유재산권 행사의 제한이 발생되었답니다.

*
스프롤 현상(Sprawl 現象) : 도시의 급격한 팽창에 따라 도시 교외지역이 무질서하게 주택화하는 현상이다. 교외의 도시계획과 무관하게 땅값이 싼 지역을 찾아 주택이 침식해 들어가는 이 현상은 토지이용과 도시시설 정비상 많은 문제들을 발생시키고 있다.

4 도시 재개발

도시 내부는 시간이 지나면서 기능에 따라 나뉘고, 인구와 기능의 증가에 따라 필요한 시설들이 늘어나게 됩니다. 결과적으로 도시민들은 보다 쾌적한 주거환경을 필요로 하게 되는데요, 이 같은 욕구를 충족시키고자 이루어지는 것이 도시 재개발입니다. 즉 도시 성장으로 인한 기능들을 재배치하고, 낙후된 지역을 개발하여 쾌적한 주거 환경을 공급하는 것이 바로 **도시 재개발**이지요.

도시 재개발은 **개발 방법**에 따라 세 가지로 나눕니다. 기존 시설을 전면 철거하고 새로운 시설물로 대체하는 **철거 재개발**, 역사·문화적 보존 가치가 있는 지역에서 기존 시설을 유지·관리하는 **보전 재개발**, 지역의 기존 골격을 유지하면서 필요한 부분을 수리·개조하여 보완하는 **수복형 재개발**이죠.

또한 도시의 **어느 지역**을 재개발하는가에 따라 주거지 재개발과 도심 재개발로 **구분하기도 합니다**. **도심 재개발**은 도심의 주택과 노후 시설이 입지한 곳을 업무·서비스 지역으로 개발하는 것으로 도시 공간을 기능적으로 재배치할 수 있다는 장점을 갖지요. **주거지 재개발**은 불량 주거 지역의 환경 개선 및 사회 기반 시설 확충 등을 목적으로 하는 재개발로 주로 철거형 재개발 방법을 통해 이루어집니다. 하지만 주거지 철거형 재개발은 불량 주택 지역이 대단위 아파트 단위로 바

274

꿔면서 이주비용이 매우 커져 원주민의 정착률이 매우 낮아지게 되어 지역 공동체가 해체되고, 지역이 가지고 있던 독특한 문화와 특징이 함께 사라진다는 문제가 발생합니다. 또 다른 문제점은 지역 주민들의 의사가 반영되지 않는다는 것, 이용이 가능한 시설까지 모두 철거하므로 자원이 낭비된다는 점, 그리고 재개발로 인한 이권을 둘러싸고 개발업자와 지역 주민, 지역 주민들 간에 갈등이 발생하게 된다는 것입니다. 이런 문제들을 해소하려면 재개발이 공공의 이익을 도모하는 목적으로 이루어져야 하고, 한편으로는 원주민의 정착률을 높일 수 있는 대안을 마련해야 합니다.

철거민·이주민 문제를 다룬 문학 작품

원미동 사람들 (양귀자 연작소설)

산업화 시대에 살았던 소시민들의 일상을 수도권 인근 중소도시인 원미동을 중심으로 펼쳐낸 소설. 박정희식 개발 독재로 인해 생긴 서울의 비대화와, 농촌에서 도시로의 급격한 이주현상에 따라 원미동으로 흘러들어온 사람들이 등장인물을 구성한다. 이웃끼리의 방관, 물질주의로 인한 경쟁, 당대 한국 사회의 부조리 등을 사실주의적 관점으로 드러냈다. 학생들의 부모님 세대가 겪은 애환을 들여다보고 싶다면, 현재에도 진행 중인 도시 사회의 폭력성에 대해 알고 싶다면 필독해야 할 작품이다.

난장이가 쏘아올린 작은 공 (조세희 연작소설)

도시 재개발로 인해 쫓겨난 서민들은 어떤 삶을 살았는가? 산업발전기의 열풍이 어떠한 시대적 상처를 남겼는가? 달동네에서 밀려나 은강에 정착해 하층민으로 살아가는 영수네 가족들을 중심으로, 사회운동에 빠진 젊은이들, 재벌가의 형제간의 갈등, 영수의 가족에게 동질감을 느끼는 중산층 여인 등 당대 각 계층의 이야기가 펼쳐진다. 무조건적 자본주의식 산업 개발이 인간사에 희망만을 가져다주지 않으며, 오히려 좌절하는 이들이 끊임없이 발생한다는 소설 속 메시지는 30년이 지난 지금에도 여전히 유효하다.

소수의견 (손아람 장편소설)

서울 도심의 재개발 구역, 경찰과 철거민이 대치 중이던 낡은 건물에 별안간 경찰의 진압이 개시된다. 철거민 소년을 구타하던 전경이 소년의 아버지 '박재호'에 의해 목

숨을 잃는다. '나'는 박재호의 변호를 맡은 국선변호사이다. 국가기관의 방해와 약자에게 불리한 사법체계 속에서, '나'는 진실을 파헤치기 위해 고군분투한다. 국가의 시스템이 70년대 이후 얼마나 개발중심 산업 논리에 유리하게 작용해왔는지, 법 테두리 안에서 약자들의 진실이 어떻게 은폐되는지를 조명한 소설이다.

5 대도시권의 형성

도시가 발전하면서 양적·질적 성장이 나타나는 것은 필연입니다. 시간이 지나면서 인구 밀도나 구성원에 변화가 생기고, 사람에게 필요한 장치나 시스템은 늘어나는 반면 불필요하다고 여겨지는 것들은 없어지기도 하죠. 이렇듯 도시가 질적·양적으로 성장하는 것을 **도시화(都市化)**라고 하는데, 도시화에는 **도시 인구 증가, 도시 수와 도시 면적 증가, 2·3차 산업 발달, 도시적 생활양식의 보편화** 등이 해당됩니다.

도시화 정도는 전체 인구 대비 도시에 살고 있는 인구 비율인 도시화율을 기준으로 단계를 나누어 파악할 수 있습니다. 도시화 단계는 초기 단계, 가속화 단계, 종착 단계로 구분합니다. **초기 단계**는 도시화율이 20~30%로 진행되고, 도시에 살고 있는 사람보다 촌락에 살고 있는 사람의 비율이 높은 산업화 이전의 농업 사회입니다. 경제 발전 정도로 보았을 때 후진국들이 이 단계에 해당합니다. 우리나라도 1960년대 이전까지는 초기 단계에 해당되었습니다. 대부분의 사람들이 농촌에 거주해서 **인구 분포가 비교적 균등**했고, **인구 이동도 활발하지 않았어요.** 두 번째 단계는 가속화 단계인데요, 말 그대로 도시 인구가 급증하여 도시화율이 급격히 높아지는

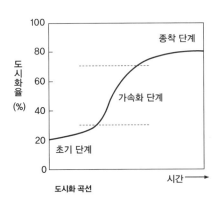

도시화 곡선

단계입니다. 산업화로 인해 농촌 인구가 도시로 이동하는 **이촌향도 현상**이 활발히 일어나 도시 인구가 급증하게 됩니다. 가속화 단계에서는 급격한 도시화로 인해 **과잉 도시화 현상**이 나타나기도 합니다. 산업 사회, 그리고 급속한 산업 성장이 나타나는 **개발도상국**들이 가속화 단계에 해당합니다. 우리나라의 경우 1960~1980년대가 이 단계에 해당되었습니다. 마지막으로 **종착 단계**는 도시 인구 비율이 70~80% 이상인 지역으로 도시 인구 증가율이 둔화되고 도시 인구가 주변부 혹은 농촌으로 이동하는 **교외화·역도시화**가 나타나는 시기입니다. 종착 단계는 **후기 산업 사회**에서, 그리고 **선진국**에서 볼 수 있으며 현재 우리나라도 2013년 기준으로 도시 인구 비율이 91.5%로 종착 단계에 해당합니다.

도시가 성장하여 대도시가 되면 도시의 영향력이 커지면서 주변 지역과 상호 작용이 활발히 일어나게 됩니다. 이런 과정을 거치면서 대도시와 그 주변이 하나의 생활권으로 묶이게 되는데 이를 **대도시권**이라고 합니다. 대도시권의 가장 대표적인 예는 **수도권**인데요, 일반적으로 대도시를 중심으로 일상생활이 가능한 범위가 대도시권에 해당합니다. 구체적으로 대도시 통근권·통학권이 이에 해당하지요.

대도시권은 **인구 밀도 상승으로 인한 도시의 지가 상승, 교통 혼잡 등 과밀화로 인한 불편함을 해결하기 위해 형성**됩니다. 대도시 기능의 일부가 주변으로 이전한 것이라고 보면 이해하기가 훨씬 쉽겠지요? 교통망의 발달은 대도시권 형성과 발달에 매우 큰 몫을 차지합니다. 지하철이나 광역 버스, 마을버스 연결 등 다양한 경로로 대도시와 주변 도시가 연결되면서 대도시를 벗어나도 생활하는 데 크게 불편함이 없어지게 된 덕분이죠. 대도시 과밀화 현상이 나타나 주변부로 이동하고 싶어도 교통이 발달하지 않는다면 이동은 불가능하니까요. 결

＊
교외화 : 도시가 성장하면서 대도시가 되고, 대도시와 그 주변이 하나의 생활권으로 묶이는 과정을 통해 주거지도 대도시 주변으로 이동하게 되는 현상을 이른다.
역도시화 : 교외화 과정에서 도시민들이 농촌으로 되돌아가는 현상. 교외화 현상과 역도시화 현상 모두 종착 단계에서 발생한다.

국 대도시에서 벗어나고 싶어 하는 사람들의 욕구와 그것을 가능하게 해주는 교통 발달이 대도시권을 형성·확대시키고, 시간이 지날수록 대도시권의 범위를 더욱 더 넓게 만드는 요인으로 작용하는 것입니다. 선생님이 여러분처럼 학교에 다니던 시절에는 수도권이 서울을 중심으로 반경 30~40㎞ 정도에 지나지 않았답니다. 그런데 지금은 70~80㎞ 정도로 확대되었지요. 수도권 확대 현상은 수도권 지하철의 종착역 변화를 보면 쉽게 확인할 수 있습니다.

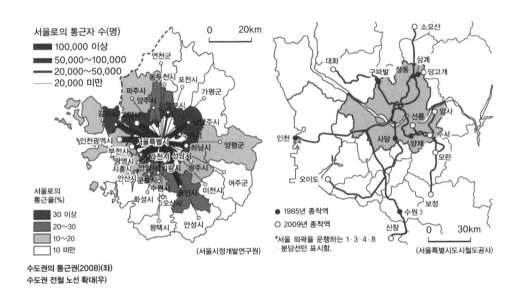

수도권의 통근권(2008)(좌)
수도권 전철 노선 확대(우)

대도시권은 **중심 도시, 교외 지역, 대도시 영향권, 배후 농촌 지역으로 구분**됩니다. 중심 도시는 도심과 여러 개의 부도심을 보유하고 있는 다핵도시 특징을 보이는 대도시**입니다.** 교외 지역은 대도시와 가장 근접한 지역으로 아파트 단지 등의 주거 기능, 상업 기능, 공업 기능이 모두 보이는 지역으로 도시화가 뚜렷하고 대도시의 영향을 가장 많이 받는 곳입니다. 그리고 도시적 경관은 미약하나 농업에 종사하지 않는 주민들과 도시로 통근하는 주민이 많고, 비농업적 토지 이용

사례가 많이 나타나는 등 대도시와 밀접한 관계를 맺고 있는 대도시 영향권이 존재합니다. 마지막으로 통근과 통학의 한계 지역으로 근교 농업*과 낙농업이 실시되는 배후 농촌 지역이 있습니다.

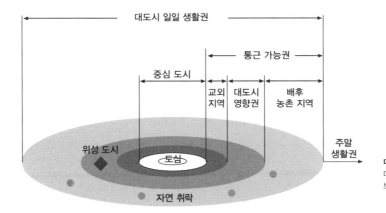

대도시권의 내부 구조 모식도
대도시를 중심으로 한 대도시권 확대를 보여준다.

근교지역·대도시 영향권·배후 농촌 지역 즉 통근 가능권에는 대도시와 교통로로 연결된 위성도시가 발달합니다. 대도시 주변 위성도시는 대도시의 기능을 분담하기 위해 만든 도시로 서울 주변에 많이 분포합니다. 안산과 부천은 공업과 주거 기능을 분담하고, 과천은 행정과 주거 기능을 분담합니다. 그리고 성남(분당)·고양(일산)·남양주 등은 주로 주거 기능을 담당합니다. 우리나라 대도시 주변 위성 도시들은 생산 기능을 갖추지 못한 **베드타운**(bed town, 침상도시)화된 지역인 경우가 많습니다. 자족 기능이 약한 도시로서 생산 기능이 약하기 때문에 업무나 공업 기능이 취약하고 주거와 서비스 같은 소비 기능이 강하지요. 이런 베드 타운은 중심도시와 연결된 교통로가 끊어질 경우 존립이 불가능합니다. 대도시 의존도가 매우 높은 탓이죠. 그래서 많은 주민들이 출근 시간대에는 대도시로, 퇴근 시간대에는 위성도시로 이동하는 바람에 중심도시와 위성도시 간 출퇴근 시간대에 교통 혼잡이 발생합니다.

*
근교 농업 : 대도시 근처에서 꽃·과일·채소 등 상업적 원예 작물을 재배하여 대도시에 판매하는 농업. 상업적인 농업으로 주로 시설 재배(비닐하우스)를 통해 이루어진다.

배후 농촌 지역은 대도시와의 접근성이 높아지면서 대도시의 영향을 많이 받게 되어 변화의 소용돌이 속에 놓이게 되지요. 농경지가 감소되고 도로, 아파트, 물류 창고 등 도시적 토지 이용이 증가되는가 하면, 비닐하우스를 이용한 시설 재배가 늘어나 상업적 농업이 활발해지고 토지 이용의 집약도가 증가합니다. 그리고 도시민을 위한 관광 농원 및 체험 농원, 펜션 등이 개발되어 여가 공간으로 바뀌기도 하고요. 겸업농가의 증가로 농업 이외의 소득도 증가합니다. 하지만 직업 간, 주민 구성 간 이질성이 높아 지역 공동체 의식은 약합니다.

여가 공간 ⑥

  여가 공간은 여가 생활이 이루어지는 공간으로 일상생활을 벗어나 휴식을 취하거나 자기계발 등을 위한 다양한 활동을 할 수 있도록 마련된 공간을 의미합니다. 여가 공간은 **자연 공간, 역사 공간, 체험 공간, 테마 공간, 문화 시설** 등 주제나 모습이 매우 다양합니다. **도시와 촌락은 모두 여가 공간을 제공**합니다.

  도시의 여가 공간은 여가 활동을 위해 만들어진 **인공 시설물이 중심**으로 극장·공연장·놀이시설 등이 이에 해당됩니다. 반면 **촌락의 여가 공간**은 하천(급류타기 등의 물놀이), 바다(해수욕장·갯벌 체험 등), 산(등산 등) 등 자연지물을 이용한 **자연 환경 중심**으로 형성됩니다.

  사람들의 인식이 변화하고 여가 활동에 대한 수요가 늘어나면서 여가를 즐기는 공간 역시 여러 가지 변화를 겪고 있지요. 즉 복합적이면서 특정한 테마를 담고 있는 공간으로서 가서 보고 감상하는 것이 전부가 아닌 전문가들의 설명을 곁들이거나 방문객들이 실제로 체험하고 학습할 수 있도록 변화를 꾀하는 것이지요. 촌락은 농촌 체험, 어촌 체험, 생태 체험 등 체험 위주의 마을로 변신 중인데요, 최근 등장한 슬로 시티는 고유문화와 정체성을 유지하고 있는 마을을 중심으로 느림의 미학을 체험하도록 안내하는 여가 활동 공간입니다.

남양주시
조안면

영월군 김삿갓면

제천시 수산면, 박달재

예산군
대흥·응봉면

상주시
함창읍, 이안·공검면

청송군
부동·파천면

전주시
한옥마을

담양군
창평면

하동군
악양면

신안군
증도

장흥군 장평면
장흥군 유치면

완도군
청산면

우리나라 슬로시티(2014)

이 같은 움직임은 사람들의 관광 형태에도 변화를 불러 일으켰습니다. 과거 우리나라 관광은 저렴한 비용으로 많은 사람들이 여러 지역을 수박 겉핥기식으로 둘러보는 대중 관광 형태가 우세했지요. 그러다 보니 많은 사람들을 위한 대형 숙박시설, 대형 식당, 대형 주차장 등의 편의시설이 갖추어야 했고, 그 과정에서 불가피하게 관광지 훼손 문제가 불거졌습니다. 또한 많은 인원이 짧은 시간 안에 저렴한 비용으로 관광지를 둘러보는 형태였으므로 관광지 고유의 특성을 느끼거나 체험하기도 어려웠고요.

대중 관광이 불러온 부정적인 측면을 보완하고자 마련된 것이 바로 대안 관광입니다. 대안 관광은 지속가능한 관광의 형태를 말하는데요, 이는 관광지 개발이나 관광에 있어 자연이나 지역 문화를 훼손하지 않고 현 세대의 욕구를 충족시키는 관광입니다. 즉 친환경적인 관광을 지향하는 것이죠. 다양한 문화 관광, 생태 관광, 체험 관광 등이 대안 관광의 좋은 예들입니다. 관광 인원수의 제한, 관광객을 위한 편의 시설 최소화, 전문 관광 회사가 아닌 지역 주민들이 주체가 되는 관광이 대안 관광의 기본 틀입니다. 요즈음에는 이 같은 형태의 관광이 자연·문화의 훼손을 막고, 지역 경제를 활성화 시킬 수 있는 바람직한 대안으로 각광 받고 있답니다.

18-1 추자도
추자항

18 산지천마당
만세동산

19

20 김녕 서포구
21 제주해녀박물관 1 우도
1-1

16 고내포구
시흥초 2
광치기해변

15 광령 1리사무소

한림항 비양도 선착장
온평포구 3

13 14 저지마을회관
용수포구 14-1

4 표선해수욕장

12 무릉2리

10 9 대평포구 8 월드컵경기장 7-1 6 5
황순해수욕장 월평마을 7 외돌개 쇠소깍 남원포구
모슬포항
11 가파도
10-1

한라산 국립공원

제주도 올래길 생태 관광

1. 촌락의 입지 조건

① 자연적 조건 : 용천대 – 득수, 제주도 해안 취락, 선상지 선단 취락

　　　　　　　자연제방 – 피수, 범람원·삼각주

　　　　　　　하안단구 – 평평한 지형과 홍수피해 적음

② 인문적 조건

: 교통 ┌ 육상 교통(역원취락, 역삼동, 역촌동, 이태원, 조치원 등)

　　　└ 하천 교통(나루터취락, 벽란도, 노량진, 마포, 영등포 등)

　방어 ┌ 병영촌, 해안선 방어, 통영, 좌수영, 우수영 등

　　　└ 진취락, 국경선 방어, 중강진, 혜산진 등

③ 배산임수 촌락

: 풍수지리 사상의 명당에 해당하는 곳이자 우리나라 전통 촌락의 주요 입지 장소

　산 – 북서풍 막아주고, 연료를 제공해줌

　물 – 농업·생활용수 공급

2. 전통 촌락의 형태

① 집촌 : 가옥이 밀집되어 있는 마을, 벼농사 지역·평야 지역에 주로 분포

　　　　(목적) 협동 노동 및 외적의 공동 방어

　　　　(특징) 강한 공동체 의식, 가옥과의 밀집도 높음

　　　　　　　가옥과 경지 사이 결합도 낮음(가옥과 경지 사이 거리 멂)

② 산촌 : 가옥이 흩어져 있는 마을

　　　　밭농사 지역·경지가 좁은 지역·신개척지·산간 지역에 주로 분포

　　　　(특징) 약한 공통체 의식, 가옥과의 밀집도 낮음

　　　　　　　가옥과 경지 사이 결합도 높음(가옥과 경지 사이 거리가 가까움)

3. 기능에 따른 전통 촌락 구분

① 농촌 : 농업을 생업으로 하는 촌락, 벼농사, 집촌

② 어촌 : 어업·양식업·수산업 가공업을 생업으로 하는 촌락, 반농반어촌 존재

③ 산지촌 : 임업·밭농사·목축업을 생업으로 하는 촌락, 산지에 분포, 산촌

④ 광산촌 : 지하자원 개발로 형성된 촌락, 지하자원 생산량이 촌락 성쇠에 영향을 줌

4. 전통 촌락의 변화

① 농촌의 변화

　·벼농사를 실시하는 도시와 거리가 먼 농촌

　　: 인구 감소(청장년층 유출), 농가 감소)농경지 면적 감소 → 농가당 경지 면적 증가

　　　노동력 부족, 고령화 문제, 유소년층 감소(초등학교 통폐합)

　·원예작물을 생산하는 도시와 거리가 먼 농촌(원교농촌)

　　: 유리한 기후 + 편리한 교통 → 도시에 채소를 공급, 노지 재배, 원교 농업 실시

　　　(예) 고랭지 농업(여름에 서늘한 기후 + 편리한 교통=도시에 배추·무 공급)

　·원예작물을 생산하는 도시와 거리가 가까운 농촌(근교 농촌)

　　: 인구 증가(청장년층 유입), 농경지가 창고, 아파트, 창고 등으로 바뀜,

　　　도시로 출퇴근하는 인구 증가, 겸업농가(농업 이외 소득) 증가

　　　근교농업 발달(도시 근처에서 도시로 원예작물 공급)

　　　시설 농업(비닐하우스) 발달

② 어촌의 변화

　: 잡는 어업에서 기르는 어업으로 변화함, 관광어촌(어업과 서비스업 결합)으로 변신

③ 광산촌의 변화

　: 대표적 광산촌인 탄광촌은 석탄산업 쇠퇴와 가정용 연료 수요 변화로 쇠퇴

　　태백·정선·문경·보령 등 – 관광지로 변화됨

5. 정주 공간 & 정주 체계

① 정주 공간 : 사람들이 살아가는 생활공간, 도시와 촌락으로 구분

② 정주 체계

 : 정주 공간이 기능에 따라 계층 구조를 이루는 것

　보유 기능에 따라 고차·저차 중심지로 구분됨

③ 최소 요구치 : 중심지가 유지되기 위한 최소한의 수요

④ 재화의 도달 범위 : 중심지 기능이 미치는 범위

⑤ 고차·저차 중심지 비교

	예	최소 요구치	재화의 도달 범위	중심지 수	중심지 간격	중심지 보유 기능	이용 빈도 수
고차 중심지	대도시	큼	큼	적음	넓음	많음	적음
저차 중심지	소도시	작음	작음	많음	좁음	적음	많음

⑥ 도시 간 정주 체계

 : 도시 간 상호 작용을 통해 계층 질서 확인 가능

　도시 간 상호 작용의 지표(도시 간 교통량·물자·정보·인구 이동량 등)

⑦ 우리나라 도시 체계

 : 대도시 중심 성장(수도권, 남동지역, 경부축 중심)

　최근 대도시 주변 신도시·위성도시 성장,

　도시 간 격차 큼(종주 도시화 현상), 도시 분포 격차 큼

6. 도시 내부 지역 분화

① 요인 : 접근성(다른 지역에서 내가 있는 곳으로 다가 오기 쉬운 정도)

　　　　　지대(땅을 이용해서 얻는 수익)

　　　　　지가(땅의 가격)

② 과정

 : 집심현상 – 도시 중심으로 지대 지불 능력이 높은 기능이 모이려는 현상

　　　　　서비스·업무 등

이심현상 – 도시 중심에서 지대 지불 능력이 낮은 기능이 멀어지려는 현상

　　　　　　　　주택, 학교, 공장 등

7. 도시 내부 구조

① 도심

: 도시 중심, 중심업무지구(C.B.D), 접근성·지대·지가 최고, 중추관리 기능 집중

　고급·전문 서비스 기능, 집약적 토지이용(건물의 과밀화, 고층화 등)

　인구 공동화 현상(상주인구 감소 현상)

② 부도심

: 도심의 기능 분담(주로 서비스 기능 분담, 도심 과밀화 및 교통 혼잡 완화)

　도심과 중간 지역 사이 교통 결절점(교통 편리 지점)에 입지

　부도심이 많아질수록 도시는 다핵도시화 됨

③ 중간 지역

: 도심을 둘러싸고 있는 지역, 빈민가(슬럼) 분포

　도심과 주변 지역의 점이지대(업무·서비스·주거·공업 기능 혼재)

④ 주변 지역

: 도시의 가장 바깥쪽 지역으로 도시로 가장 늦게 편입된 지역

　주택(대단위 아파트 단지)·학교·공장 분포

　도시적 경관과 농촌적 경관의 혼재, 주간인구 지수 낮음

⑤ 그린벨트

: 시가지의 무질서한 팽창 즉 스프롤 현상을 막기 위해 설치한 개발 제한 구역

8. 도시 재개발

① 개발 방법 : 철거형 재개발, 보전 재개발, 수복 재개발

② 개발 지역 : 도심 재개발, 주거지 재개발

③ 주거지 재개발 시 철거형 재개발을 주로 실시

그 과정에서 지역 문화 파괴, 지역 주민 의사 반영×, 낮은 원주민 정착률

자원 낭비(철거형 재개발의 단점) 등의 문제가 발생

9. 도시화

① 도시의 양적·질적 성장

: 도시 인구 증가, 도시 수·면적 증가, 2·3차 산업 발달, 도시적 생활양식 보편화

② 도시화 : 도시 인구/전체 인구×100

　-초기 단계 : 도시 인구 비율 20~30%, 산업화 이전 농업 중심 사회

　　　　　　　인구 이동↓, 인구의 균등 분포

　-가속화 단계 : 산업화·도시화로 인한 이촌 향도 현상으로 도시 인구 급증

　　　　　　　과잉도시화

　-종착 단계 : 도시 인구 비율 70~80%, 도시 인구 증가율 둔화

　　　　　　　교외화·역도시화 현상

10. 대도시권의 형성

① 의미 : 대도시를 중심으로 일상생활이 이루어지는 생활권(예-수도권)

　　　　　대도시를 중심으로 한 통근권·통학권이 이에 해당됨

② 형성 원인 : 대도시 과밀화로 인한 배출 요인 상승+교통 발달

③ 수도권의 통근 범위와 수도권 지하철 노선 확대로 대도시권의 확대 확인 가능

④ 중심도시, 통근 가능권(교외 지역, 대도시 영향권, 배후 농촌 지역)으로 구분됨

⑤ 위성도시 : 대도시와 통근 가능권 사이 교통로가 연결된 지역에 분포

　　　　　　　대도시 기능 분담을 목적으로 형성

　　　　　　　주로 베드타운(침상 도시)인 경우가 많음. 자급자족×

　　　　　　　직장은 대도시, 소비와 거주는 위성도시

　　　　　　　(출근시 대도시로, 퇴근시 위성도시로⋯⋯ 교통 혼잡 발생)

11. 여가 공간

: 여가 생활이 이루어지는 모든 공간, 도시·촌락 모두 여가 공간이 될 수 있음

① 도시의 여가 공간 – 인공시설물 중심(극장, 공연장, 놀이시설 등)

② 촌락의 여가 공간 – 하천, 바다. 산 등 자연환경 중심

③ 관광의 변화

┌ 대중관광 : 기존 대규모의 인원이 저렴한 비용으로 수박겉핥기 식의 관광

│　　　　　　관광지 훼손↑(대형의 편의시설이 필요했기 때문)

│　　　　　　관광지 고유 특성을 느끼거나 체험 어려움

└ 대안관광 : 대중 관광의 대안, 지속 가능한 관광(환경 친환적 관광)

　　　　　　지역의 문화나 특징을 체험하고 느낄 수 있도록 한 소규모 관광

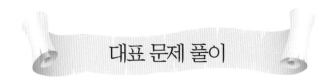

대표 문제 풀이

1. 자료는 지훈이가 전통 촌락의 입지에 대하여 정리한 것이다. A~D 중 옳은 것을 고르면?

구분	입지 사례	주요 입지 요인
A	나루터 취락(노량진, 마포)	주요 도로상의 교통 요지였음
B	방어 취락(중강진, 통영)	군사가 주둔하던 요충지였음
C	배산임수(背山臨水)	땔감을 구하기 쉽고 남동풍을 피할 수 있음
D	범람원의 자연제방	농경지와 거리가 가깝고 홍수 피해가 적음

① A, B   ② A, D   ③ B, C   ④ B, D   ⑤ C, D

* 정답 : ④

표는 우리나라 전통 촌락 입지와 그 특징을 나타낸 것입니다. 우리나라 전통 취락은 범람원·삼각주의 자연제방에 피수의 목적으로 입지한 취락, 제주도와 선상지 선단의 용천대에 득수의 목적으로 입지한 취락, 경사가 완만하고 홍수 피해가 적은 감입 곡류 하천 주변 하안단구 취락이 있습니다. 이들은 자연적 조건으로 취락이 입지한 것입니다. 반면 인문적 조건의 영향을 받은 촌락도 있습니다. 육상 교통과 관련된 역원취락, 하천 교통과 관련된 나루터 취락, 방어의 목적으로 형성된 진취락, 병영촌 등이 이에 해당합니다. 그리고 우리나라 전통 촌락의 주요 입지 장소 중 풍수지리 사상의 명당인 배산임수에 입지한 촌락이 있습니다.
A. 하천 교통과 관련 있습니다. C. 북서계절풍을 막아주는 역할을 합니다.

2. A, B 촌락에 대한 설명으로 옳은 것을 〈보기〉에서 골라 바르게 연결한 것을 고르면?

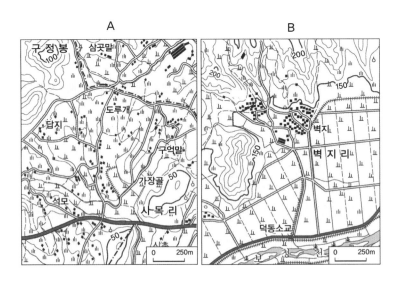

<< 보 기 >>

ㄱ. 공동의 외적 방어가 필요하다.

ㄴ. 농경지와 가옥 사이 거리가 멀다.

ㄷ. 경지 규모가 협소하고 불연속적이다.

ㄹ. 신개척지나 간척지 등에서 흔히 볼 수 있다.

	①	②	③	④	⑤
A	ㄱ	ㄱ	ㄴ	ㄷ	ㄷ
B	ㄴ	ㄹ	ㄷ	ㄱ	ㄹ

A는 가옥이 흩어져 분포하는 산촌, B는 가옥들이 밀집되어 분포하는 집촌입니다. 산촌은 경지가 협소한 지역, 산지 지역, 신 개척지나 간척지 등지에 주로 분포하는 촌락으로 경지와 가옥 사이 결합도는 높지만 가옥 사이의 결합도는 낮습니다. 집촌은 공동 방어와 협동 노동력을 필요로 하는 지역에서 분포하며 주로 벼농사 지역이나 평야 지역에서 볼 수 있습니다. 가옥과 경지 사이 결합도는 낮고 가옥 간 결합도는 높아 주민 간 유대감과 공동체 의식이 강합니다.

ㄱ, ㄴ은 집촌의 특징, ㄷ, ㄹ은 산촌의 특징입니다

3. (가)~(다) 지역에 대한 옳은 설명을 〈보기〉에서 고른 것은?

서울 □□고속 터미널의 운행 현황

구분 지역	운행 시간표				거리 (km)
	첫차	막차	배차 간격	소요 시간	
(가)	05:30	익일 01:00	5~10분	3시간 30분	290.8
(나)	06:00	23:20	50~60분	4시간 10분	346.8
(다)	10:10	16:10	2회	3시간 45분	307.7

<< 보 기 >>

ㄱ. (가)는 (나)보다 중심 기능이 단순하다.

ㄴ. (나)는 (다)보다 서울과의 교류가 더 활발하다.

ㄷ. (다)는 (나)보다 상위 계층의 도시이다.

ㄹ. 중심지의 영향력은 (가) 〉 (나) 〉 (가) 순으로 넓다.

① ㄱ, ㄴ   ② ㄱ, ㄷ   ③ ㄴ, ㄷ   ④ ㄴ, ㄹ   ⑤ ㄷ, ㄹ

서울과 (가), (나), (다) 지역과의 고속버스 운행 시간표를 통해 도시 계층 구조를 확인할 수 있습니다. 배차 간격을 통해 서울과 가장 교류가 많은 지역은 (가), (나), (다) 순으로 나타납니다. 결국 이 세 지역 중 가장 큰 중심지는 (가)〉(나)〉(다) 순입니다. 고차 중심지일수록 영향을 미치는 범위는 넓고 보유 기능이 많습니다.

ㄱ. (가)는 (나)보다 중심지 기능이 다양합니다. ㄷ. (다)는 (나)보다 하위 계층 중심지입니다.

4. 그래프는 도시 내 기능별 지대를 나타낸 것이다. 이에 대한 설명으로 옳은 것은?

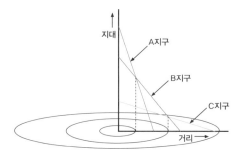

① A 지구는 상업·업무 지구이다.

② 집심 현상으로 B 지구가 형성되었다.

③ B 지구는 C 지구보다 지대가 낮다.

④ B 지구는 지대 지불 능력이 가장 높은 기능이 입지한다.

⑤ 인구 공동화 현상은 C 지구에 나타난다.

* 정답 : ①

그래프는 지대 그래프로 A 지구는 도심에서 멀어질수록 지대가 크게 감소하는 것을 통해 도심에 입지해야 유리한 상업·업무 기능이 입지한 상업·업무 지구, B는 공업, C는 주택 지구에 해당합니다.
② 집심 현상으로 형성된 것은 A 지구입니다. ③ B 지구는 C 지구보다 지대가 높습니다.
④ 지대 지불 능력이 가장 높은 기능은 A에 입지합니다. ⑤ 인구 공동화 현상은 A에 입지합니다.

5. (가), (나) 지도는 서울의 어떤 현상에 대한 분포를 표현한 것이다. (나) 지역에 비해 (가) 지역에서 상대적으로 수치가 높게 나타나는 항목을 〈보기〉에서 고른 것은?

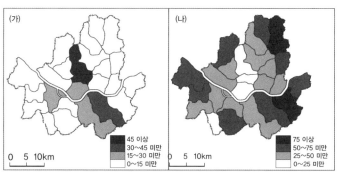

* 전체 구 중에서 최고값을 가진 구의 값을 100으로, 최저값을 가진 구의 값을 0으로 해서 각 구의 값을 표현한 것임.

(서울 특별시, 2005년)

───────〈 보 기 〉───────

ㄱ. 대기업 본사 ㄴ. 초등학교 학생 수

ㄷ. 상업지 평균 지가 ㄹ. 출근 시간대 순 유출 인구

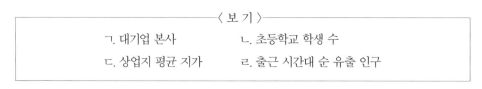

① ㄱ, ㄴ ② ㄱ, ㄷ ③ ㄴ, ㄷ ④ ㄴ, ㄹ ⑤ ㄷ, ㄹ

294

(가)는 상업과 업무 시설이 발달한 지역에 수치가 높은 현상을, (나)는 주거 시설이 발달한 지역에 수치가 높은 현상을 표현하고 있습니다. (가)는 대기업 본사, 상업지 평균 지가, 출근 시 유입 인구, 주간 인구 지수, 지가 통계치가 높고, (나)는 초등학교 학생 수, 상주인구, 퇴근 시 유입 인구 통계치가 높습니다.

ㄴ, ㄹ은 (나)에서 높게 나타납니다.

6. 자료는 도시 재개발 사례이다. (나)와 비교한 (가)의 상대적 특성을 그래프의 A~E에서 고른 것은?

> (가) 서울의 마지막 달동네인 노원구 ○○ 마을은 1960~70년대 주거·문화의 모습과 자연, 골목길 등 정감 어린 마을 모습을 유지하면서 유네스코 역사 마을 보존 원칙에 따라 기존 마을 형태를 남겨두고 일부 주택만 개량할 계획이다.
>
> (나) 1960년대 이후 무작정 상경한 사람들이 터를 잡고 살았던 곳으로 유명한 서울역 앞 ◇◇동이 추억 속으로 사라질 예정이다. 재개발 사업이 본격화되면서 이 일대는 2013년 말까지 철거 후 대규모 아파트 단지가 들어설 계획이다.

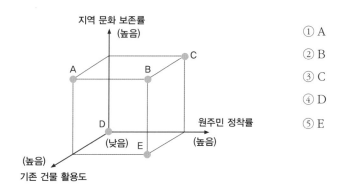

① A
② B
③ C
④ D
⑤ E

자료의 (가)는 수복형 재개발의 형태이고, (나)는 철거형 재개발의 형태이다. 철거형 재개발은 원주민의 낮은 정착률, 지역 문화 해체, 자원의 낭비, 지역 주민의 반영 어려움 등의 문제가 있습니다. (가)는 지역 문화 보존률이 높고(A, B, C), 원주민 정착률이 높고(B, C, D), 기존 건물 활용도가 높으므로(A, B, C) 이를 종합하면 B입니다.

7. 그래프는 도시화 곡선이다. (가)에 대한 설명으로 옳은 것을 〈보기〉에서 고른 것은?

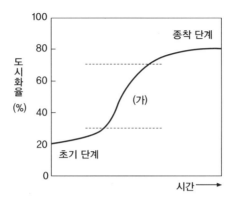

〈 보 기 〉

ㄱ. 역도시화·교외화 현상이 활발하다.

ㄴ. 인구 분포가 비교적 고른 시기이다.

ㄷ. 산업화로 이촌향도 현상이 두드러진다.

ㄹ. 급속한 도시화로 도시의 각종 시설 부족 문제가 발생한다.

① ㄱ, ㄴ   ② ㄱ, ㄷ   ③ ㄴ, ㄷ   ④ ㄴ, ㄹ   ⑤ ㄷ, ㄹ

* 정답 : ⑤

그림은 도시화 곡선으로 (가)는 도시화 단계 중 가속화 단계에 해당합니다. 가속화 단계는 산업화와 도시화로 이촌향도 현상이 두드러져 도시 인구가 급증하고, 과잉 도시화가 나타나기도 합니다.

ㄱ. 역도시화와 교외화는 종착 단계에 나타납니다.

ㄴ. 인구 분포가 비교적 고른 시기는 초기 단계입니다.

8. 자료에서 파악할 수 있는 관광 유형의 특징으로 옳은 것을 〈보기〉에서 고른 것은?

슬로시티 ☆☆ 방문을 환영합니다.

우리 ☆☆면은 산세와 풍광이 좋고 공기가 맑은 천혜의 자연 환경을 지닌 아름다운 고장입니다. 각종 규제들로 인해 지역 개발이 어려운 지역이었으나 이를 기회로 받아들여

유기 농업의 메카로 성장하였고, 지금은 잘 보전된 자연, 그리고 전통 및 지역 공동체를 기반으로 한 슬로 라이프의 메카로 거듭나고 있습니다. 느림의 미학을 배울 수 있는 ☆☆ 에서 잠시 여유를 갖고 평안히 쉬었다 가시기를 희망합니다.

⟨ 보 기 ⟩

ㄱ. 대중 관광　　　　ㄴ. 친환경적인 관광

ㄷ. 대규모 편의 시설　　ㄹ. 지역 주민의 높은 참여도

① ㄱ, ㄴ　　　② ㄱ, ㄷ　　　③ ㄴ, ㄷ　　　④ ㄴ, ㄹ　　　⑤ ㄷ, ㄹ

* 정답 : ④

자료는 슬로푸드 운동에서 시작한 슬로시티에 대한 설명입니다. 느림의 미학을 통해 지역의 문화나 특징을 실제 느끼고 체험할 수 있는 관광 형태로 대중 관광의 대안인 대안 관광, 지속 가능한 관광, 친환경적인 관광에 해당합니다. 대안 관광은 대중 관광과 달리 대규모 편의 시설이 필요하지 않고, 관광지의 훼손이 적고, 지역 주민과 지자체 주도로 이루어져 지역 주민들의 참여도가 높습니다.
ㄱ, ㄷ은 대중 관광의 특징입니다.

생산과 소비의 공간

5강

1 자원의 특성과 분포

우리는 하루 종일 자원을 사용하며 생활합니다. 전등, 텔레비전, 컴퓨터, 휴대폰 등 우리가 사용하는 가전제품은 다 전기를 필요로 해요. 난방과 온수를 제공하는 보일러는 천연가스와 전기를 필요로 하고요. 또한 대중교통의 수단으로 이용하는 열차는 과거에는 석탄을 연료로 사용하였으나 지금은 전기를 이용합니다. 버스나 택시는 석유 혹은 LPG 가스를 연료로 움직이고요. 이렇듯 우리 삶에 꼭 필요한 자원에 대해 이제부터 알아보겠습니다.

자원의 의미와 특성

우리는 살면서 많은 **자원**을 이용합니다. 우리의 삶에 필수적인 자원이란 자연에서 얻을 수 있는 것으로 인간이 그것을 필요로 하고, 인간의 기술로 개발되어야 하며, 개발했을 때 경제적 가치를 지니는 것이어야 합니다. 이 같은 개념 정의를 통해 짐작할 수 있는 것처럼 자원은 **기술적 의미의 자원과 경제적 의미의 자원으로 구분**됩니다. 기술적 의미의 자원은 인간의 기술로 개발이 가능해야 하는 것이고, **경제적 의미의 자원**은 인간의 기술로 개발이 가능하고 생산했을 때 경제적이어야 합니다. 결국 **자원은 자연이라는 큰 범위 안에서 기술적 의미의 자원으로, 그리고 기술적 의미의 자원 안에서 경제적 의미의 자원으로 설명이 가능합니다. 하지만 기술적 의미의 자원과 경제적 의미의 자원은 고정된 것이 아닙니다. 경제적 의미의 자원이 경제성을 잃으면 기술적 의미의 자원으로, 기술적 의미의 자원이 그 가치가 높아져 경제성이 높아지면 경제적 의미의 자원으로 바뀔 수 있습니다.

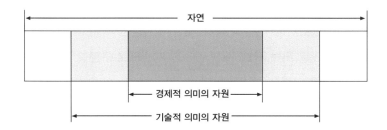

자원은 **유한성, 편재성, 가변성**이라는 세 가지 특성을 가집니다. 유한성이란 매장량의 한계를 말하는 것으로 가채 연수(可採 年數)*라는 것을 통해 확인이 가능합니다. 또한 자원은 특정 지역에 편중되어 있는데요, 이를 자원의 **편재성**이라고 합니다. 자원을 가진 나라와 가지지 못한 나라가 나타나고, 중요한 지하자원을 두고 나라 간 갈등이 벌어지는 이유입니다. 자원의 편재성을 가장 잘 보여주는 대표적인 자원은 석유**입니다. 마지막으로 자원은 시대·기술·경제·문화적 조건에 따라 그 가치와 의미가 달라지는데 이를 자원의 **가변성**이라고 합니다. 쉬운 예로 식량 자원을 볼까요? 우리나라에서는 돼지고기·쇠고기·개고기까지 다 식량 자원으로 보지만, 힌두교를 믿는 지역에서는 소가 신(神)이고, 이슬람교를 믿는 지역에서 돼지는 식용 금지 동물이죠. 금속 광물도 종류에 따라 자원의 가치가 달라집니다. 전기 분해 기술이 발전하기 전에는 알루미늄이 금보다 비싼 금속이었어요. 하지만 지금 알루미늄은 사용하고 버리거나 재활용되는 금속으로 가치가 바뀌었습니다.

*
가채 연수 : 자원의 채굴이 가능한 연도 수로 지하자원을 일정량 매년 생산했을 때 고갈되는 시기를 의미한다. 채굴 가능 시기가 있다는 것은 다시 말해 매장량에 한계가 있다는 뜻이기도 하다.
**
석유 : 중동이라 불리는 서남아시아 페르시아 만 일대에 매장되어 있는데, 석유를 가진 나라들이 국제 정세에 있어 석유를 무기로 사용하는 바람에 '자원의 무기화'가 나타나게 되었다. 그런가 하면 자원을 자신의 민족과 결부시켜 이용하는 '자원 민족주의'가 나타나기도 한다. 서남아시아의 부와 영향력은 바로 석유라는 자원에서 나온 것이다.

자원은 **구분 범위에 따라 넓은 의미의 자원과 좁은 의미의 자원**으로 나눕니다. **넓은 의미의 자원**은 천연 자원과 문화적 자원(사회제도·종교·언어 등), 인적 자원을 포함합니다. **좁은 의미의 자원**은 천연 자원으로 생물자원, 무생물 자원(광물·에너지 자원)으로 구분되고요. 한국 지리에서 다루는 자원은 주로 광물과 에너지 자원입니다.

자원은 **재생 가능 여부에 따라 재생 불가능한 자원, 사용량과 투자 정도에 따라 달라지는 자원, 재생 가능한 자원으로 구분**할 수 있습니다. **재생 불가능한 자원**은 고갈 자원으로 석유·석탄·천연가스 즉 **화석 연료**가 이에 해당됩니다. **사용량과 투자 정도에 따라 달라지는 자원**은 사용량을 조절하고 재활용하면 재생 가능성이 달라지는 자원으로 구리·알루미늄·철 등의 **금속 광물**이 대표적입니다. 그리고 사용량과 무관하게 무한대로 공급되는 자원은 재생 가능한 자원으로 순환 자원이라 부르기도 합니다. **수력·조력·풍력·태양력**이 이에 해당합니다.

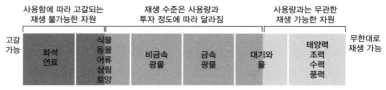

재생 가능 여부에 따른 자원의 분류

광물 자원의 특성과 분포

좁은 의미의 자원 중 무생물 자원, 그중에서도 광물 자원을 먼저 살펴볼게요. 한반도에 분포하는 광물 자원은 종류는 다양하지만 양이 적고 질이 낮은 **저품위 광물들**이 대부분입니다. 따라서 경제성이 떨어지지요. 그리고 광물 자원들은 주로 **북한**에 분포합니다. 광물 자원을 포함한 지하자원은 주로 북한에 분포하는데, 이것을 돈으로 환산하면 남한의 500배나 됩니다. 남한에는 광물 자원 중 **비금속 광물의 매장량은 풍부하지만, 금속 광물의 매장량은 매우 적습니다.** 그래서 철광석이나 구리 같은 금속 광물은 해외 의존도가 아주 높고, 석회석이나 고령토 같은 비금속 광물은 어느 정도 자체 조달이 가능하지요. 제철 공업의 원료인 **철광석**은 **은율, 재령, 무산, 단천, 양양** 등지에서 생산되는데 이때 양양을 제외한 지역은 모두 북한에 속합니다. 현재 남한에서는 강원도 양양만 철광석을 소량으로 생산하고 있어요. 그래서 대부분의 수요를 수입에 의존합니다. 주요 수입국은 인도·오스트레일리아·브라질 등입니다.

철광석 : 북한 지명 대신 남한의 강원도 양양을 떠올리면 된다.
텅스텐: 다른 지역보다 강원도 상동을 기억하자.

특수강 및 합금의 원료인 **텅스텐**은 **백년, 기주, 상동**에서 생산됩니다. 텅스텐은 1950~70년대 우리나라 수출 제1품목이었는데요, 특히 강원도 상동에서 생산되는 텅스텐은 전 세계 생산량의 15% 가량을 차지할 정도였습니다. 하지만 중국에서 생산되는 값싼 텅스텐에 밀려 결국 1990년대 중반 생산이 중단되고 말았지요. 그런데 최근 텅스텐 가격이 상승하여 상동 광산에서 텅스텐 재생산을 추진하고 있다고 합니다. 자원의 가변성을 그대로 보여주는 자원입니다.

시멘트 공업의 원료인 **석회석**은 우리나라에서 매장량이 가장 많은 비금속 광물 자원으로 현재 국내 생산량만으로 소비량을 충족시키는 자원입니다. 석회석의 분포는 지형 단원에서 배운 카르스트 지형 분포 지역과 일치합니다. **강원도 남부(삼척, 영월 등), 충청북도 북부(단양 등), 경상북도 북부(울진 등)**에 주로 분포합니다.

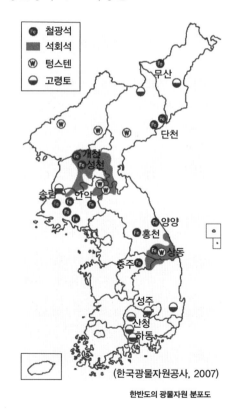

(한국광물자원공사, 2007)

한반도의 광물자원 분포도

고령토는 도자기와 내화 벽돌, 화장품 등의 원료로 이용되는데요, **하동, 산청, 성주 등 주로 경상도 일대에 분포**합니다.

에너지 자원

이번에는 **에너지 자원**을 살펴봅시다. 에너지 자원에는 석유, 석탄, 천연가스, 원자력, 신재생 및 기타, 그리고 수력이 속합니다. 현재 우리 나라 1차 에너지 소비 비중은 **석유 〉 석탄 〉 천연가스 〉 원자력 〉 신재생 및 기타 〉 수력** 순서인데요.

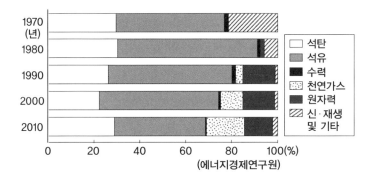

1차 에너지 소비 구조

우리나라에서 가장 많이 사용하는 1차 에너지인 **석유**는 수송용과 석유 화학 등의 공업 원료로 이용됩니다. 가격이 비싸서 화력 발전 이용률은 매우 낮습니다. 석유는 일반적으로 천연가스와 함께 신생 대 지층에 매장되어 있는데요, 한반도는 신생대 지층이 매우 협소하 여 석유와 천연가스가 생산되지 않습니다. 대신 **울산 앞바다 대륙붕에 서 천연가스와 함께 생산**되고 있지만 그 양이 매우 적어 대부분 수입 에 의존하고 있는 실정입니다.

석탄은 우리나라에서 두 번째로 소비량 비중이 높은 1차 에너지입 니다. 대부분 수입에 의존하지요. 국내에서는 과거 가정용 연료로 이 용되던 무연탄이 생산이 활발하였으나 소비량 감소와 매장량 부족으

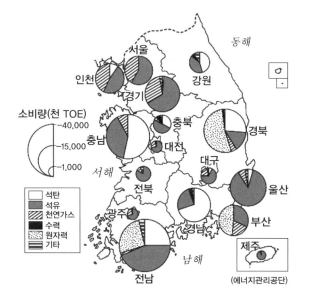

시도별 1차 에너지 소비구조(2010)

소비량(천 TOE)
- 40,000
- 15,000
- 1,000

석탄
석유
천연가스
수력
원자력
기타

동해

서울
인천
경기
강원
충북
충남
대전
경북
대구
전북
울산
광주
경남
부산
전남
제주

서 해
남 해

(에너지관리공단)

TIP

1차 에너지 자원에 대한 시험 문항은 주로 1차 에너지 소비 구조에 대한 자료를 주거나 지역별 1차 에너지 소비량을 주고 각 자원의 특색을 묻는 게 많다. 그러므로 1차 에너지 소비 비중과 지역별로 어떤 1차 에너지가 소비되고 있는지를 정확하게 알고 있어야 한다. 예를 들어 서울은 사람이 많지만 2차 산업 비중이 낮아 가정용인 천연가스와 수송용인 석유 사용이 주를 이루지만, 공업지역은 석유와 석탄의 사용량이 많다. 원자력의 사용량이 많은 곳은 원자력 발전소가 분포하는 경상북도·부산·전라남도이다.

로 생산량이 감소되었습니다. 하지만 우리나라에서는 여전히 석탄을 많이 사용합니다. 이때 사용되는 석탄은 주로 공업용·발전용으로 이용되는 **역청탄, 갈탄 등의 유연탄**입니다. 우리나라에서는 역청탄과 갈탄이 생산되지 않으므로 이 자원들은 100% 수입에 의존하고 있지요.

천연가스(LNG)[*]는 우리가 도시가스라고 부르는 에너지 자원으로 1980년대 후반~1990년대부터 본격적으로 사용되기 시작했습니다. 주로 가정용 연료로 이용되지요. 냉동 액화 기술의 발달로 이동이 쉬워지면서 사용량이 급증했고, 우리나라에서도 사용량과 수입량이 급증하고 있는 상황입니다. 천연가스는 대기 오염 물질을 거의 배출하지 않는 **청정에너지**로서 사용하기도 편리합니다. 요즘 우리나라에 천연가스 버스가 늘어나고 있는데요, 그 이유 역시 천연가스가 청정에너지인 탓입니다. 천연가스는 2004년부터 15년간 우리나라 공업 도시 하나가 쓸 수 있을 만큼의 양을 울산 앞바다 대륙붕에서 생산하고 있지만 대부분 수입에 의존합니다.

*

천연가스(LNG) : LPG와 다르다. LNG는 액화천연가스(Liquefied Natural Gas)의 줄임말이고, LPG는 액화석유가스(Liquefied Petroleum Gas)의 줄임말이다. 천연가스는 신생대 지층에서 동물의 사체가 자원으로 변화되는 과정에서 만들어지는 것으로 자연적으로 형성된 가스이다. 반면 LPG는 원유를 가솔린, 등유, 경유 등으로 정제하고 가공하는 과정에서 만들어지는 가스로 석유를 인공적으로 바꾼 가스이다. 가정에서 휴대용으로 사용하는 부탄가스가 바로 LPG이다. 석유 가격이 오르면 LPG 가격도 함께 오르는 이유이다.

전력 자원

1차 에너지는 직접 사용하기도 하지만 이를 전기로 바꿔 사용하기도 합니다. **전기를 만드는 발전에는 대표적으로 수력, 화력, 원자력 발전**이 있습니다. 하나씩 살펴봅시다.

수력 발전은 물의 낙차를 이용하여 전기를 생산하므로 지형적으로 낙차가 커야 하고, 기후적으로 유량이 풍부해야 합니다. 발전소 입지에 자연적 제약이 큰 셈이지요. 그래서 수력 발전소는 주로 하천의 상류에 입지하는데, **우리나라는 한강 중상류(특히 북한강 수계)에 집중 분포**하고 있습니다. 수력 발전은 연료비가 전혀 들지 않고, 연료의 해외 의존도도 없으며, 재생 에너지를 사용하고, 대기 오염이나 온실 기체 배출이 없다는 장점이 있습니다. 하지만 소비되는 곳과 발전소 사이의 거리가 멀어 송전비가 많이 들고, 송전 손실이 크며, 발전소 입지 제약이 크다는 단점이 있지요. 또한 댐 건설로 인한 수몰 지역의 발생으로 일대 생태계가 파괴되거나 저수지 형성으로 인한 기후 변화가 나타기도 합니다. 우리나라처럼 계절별 강수 편차가 큰 지역에서는 전력 생산의 계절적 편차도 커서 공급량의 월별 차이를 일으킵니다.

수력 발전소는 발전 양식에 따라 구분되는데요, 대표적으로 **유역변경식과 양수식 발전**이 있습니다. **유역변경식 발전**은 말 그대로 하천이 흐르는 유역을 변경시켜 발전하는 것으로, 우리나라 대하천들은 낙차가 작은 서쪽으로 흐르기 때문에 이 하천들의 물길을 낙차가 큰 동쪽으로 돌려 전기를 생산하는 것입니다. 우리나라의 동고서저 지형, 즉 경동 지형을 이용한 것으로서 낮고 완만한 지형 상의 단점을 극복한 경우이지요. 강원도 강릉댐·전북 섬진강댐·보성강 댐이 대표적입니다. 그중 섬진강 상류의 섬진강 댐은 유역변경식 발전소지만 큰 낙차를 얻기 위해 유역을 변경시킨 것이 아닌, 서쪽의 평야 지역에 농업용수를 공급하기 위해 유역을 변경시킨 독특한 유역변경식 발전소

*
양수(揚水) : 물을 거꾸로 끌어올리는 것. 물을 거꾸로 끌어올리는 기계인 '양수기'를 이를 때 쓰는 양수와 같다.

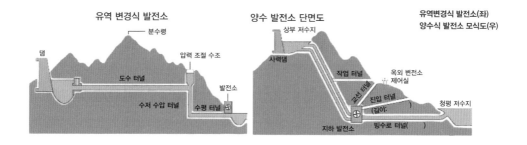

유역 변경식 발전소 / 양수 발전소 단면도 / 유역변경식 발전소(좌) 양수식 발전소 모식도(우)

입니다. 이런 섬진강 댐은 치즈 마을로 유명한 임실에 위치합니다. **양 수*식 발전**은 발전에 이용한 물을 흘러가지 못하게 가두었다가 그 물 을 위로 끌어올려 다시 발전에 이용하는 것입니다. 우리나라는 강수 량은 많지만 고르게 분포하지 않으므로 수력 발전에 불리합니다. 이 같은 불리한 조건을 극복하기 위해 저수지를 발전소 위와 아래 두 군 데 만든 다음, 발전소를 지나가는 물을 발전소 아래 저수지에 가두었 다가 야간에 남은 전기를 이용하여 물을 발전소 위의 저수지로 끌어 올리고, 전기가 필요할 때 다시 발전하는 형태이죠. 물을 재활용하는 형태겠지요? 경기 청평, 강원도 양양, 경남 삼랑진, 전북 무주 발전소 등이 이에 해당합니다.

화력 발전은 화석 연료(석유·석탄·천연가스)를 태운 열로 물을 끓여 전기를 생산하는 방식입니다. 이 과정을 거쳐 전기를 만드는 발전소 는 **입지에 특별한 제약이 없습니다.** 따라서 대소비지 즉 대도시나 공업 지역에 주로 세워집니다. 화력 발전소는 건설하는 데 있어 특별한 고 도의 기술이 필요하지 않은데다가 수력 발전소처럼 대형 시설이 아니 기 때문에 건설비도 저렴하지요. 또한 소비지와 발전소 사이 거리가 가까워 송전비가 저렴하고 송전 손실도 적다는 장점이 있어요. 하지 만 화석 연료를 태우기 때문에 연료의 해외 의존도가 높고, 연료비가 비싸며, 대기 오염 물질과 온실 기체 배출양이 많습니다.

원자력 발전은 우라늄 핵분열 과정에서 나오는 열로 물을 끓여 전기를 생산하는 방식입니다. 원자력 발전소는 **방사능 유출을 막기 위해 지반이 견고하고, 발전 시 필요한 냉각수를 확보할 수 있는 해안가에 입지합니다.** 우리나라의 원자력 발전은 **경북의 울진·월성(경주), 부산의 고리, 전남의 영광 이렇게 네 곳에만** 분포합니다. 원자력 발전은 소량의 우라늄으로 대량의 전기를 생산하기 때문에 열효율이 높고 가동률도 높으며 대기 오염 물질이나 온실 기체를 배출하지 않는 장점이 있습니다. 하지만 방사능 유출 위험과 핵폐기물 처리 문제, 그리고 비싼 건설비 등이 단점이지요. 또 한편으로 발전소 입지 선정 과정에서 지역 주민들의 엄청난 저항을 극복해야 한다는 문제점도 발생합니다. 원자력 발전의 연료는 100% 해외에 의존해요. 국내에는 원자력 발전의 연료인 우라늄이 존재하지 않기 때문이죠. 하지만 수입량이 적고 원자력

수력·화력·원자력 발전소 분포

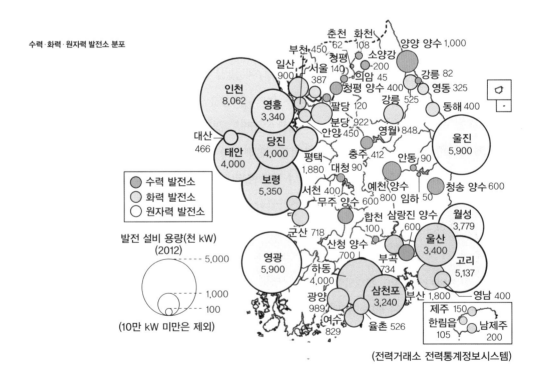

(전력거래소 전력통계정보시스템)

308

발전을 할 수 있는 나라가 많지 않아 연료 수급에는 문제가 없습니다. 원자력의 연료 수입 비율은 100%이지만 전기는 국내 기술력으로 생산하므로 국내에서 생산되는 전력, 혹은 1차 에너지로 구분합니다.

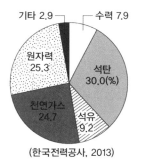

기타 2.9 ─ ┌ 수력 7.9

원자력 25.3

석탄 30.0(%)

천연가스 24.7

석유 9.2

(한국전력공사, 2013)

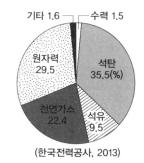

기타 1.6 ─ ┌ 수력 1.5

원자력 29.5

석탄 35.5(%)

천연가스 22.4

석유 9.5

(한국전력공사, 2013)

1차 에너지원별
발전 설비 용량 비중(좌)
1차 에너지원별 발전량 비중(우)

전력 생산 비중은 발전 설비 용량(발전소가 가지는 최대 발전 가능 용량)과 발전량 모두 **화력 〉원자력 〉수력** 순입니다. 이때 화력은 석탄 화력, 천연가스 화력, 석유 화력으로 구분되고요. 그렇다면 1차 에너지원별 발전량과 발전 설비 용량을 이야기해볼 수 있겠네요. **1차 에너지원별 발전량과 발전 설비 용량 모두 석탄 화력 〉원자력 〉천연가스 화력 〉석유 화력 〉수력** 순입니다. 이번에는 발전 설비 용량과 발전량을 통해 가동률을 알아볼까요? 2013년 통계를 보면 전체 발전 설비 용량 대비 화력 63.9%, 원자력 25.3%, 수력 7.9%(기타 2.9% 제외)임을 알 수 있는데요, 발전량 대비 화력은 67.4%, 원자력 29.5%, 수력 1.5%(기타 1.5% 제외)입니다. **발전소 가동률은 발전량/발전 설비 용량**으로 화력은 1.06, 원자력은 1.17, 수력은 0.19입니다. 이를 통해 원자력이 가동률이 가장 높고 수력이 가장 낮다는 것을 알 수 있습니다. 가동률이 1을 넘어간 것은 발전량과 발전 설비 용량의 % 값으로 계산했기 때문입니다. 실제로는 발전량 절댓값이 발전 설비 용량 절댓값보다 클 수 없습니다. 하지만 %는 비율이므로 클 수 있겠죠? 정리해볼까요? 발

TIP

수력, 화력, 원자력 발전의 특징과 장단점, 그리고 분포 지역을 잘 확인하자. 예를 들어 수력·화력·원자력 발전소 분포 지도에서 서울과 제주에 100% 하나의 색으로 표시된 것이 있다면 이때 발전 양식은 화력이다. 경상북도·부산·전라남도에만 분포하는 발전 양식은 원자력이다. 지도에 표시된 발전소 분포를 보고 어떤 발전 양식인지, 어떤 특징을 가지고 있는지 묻는 문제가 전력 자원의 기본 문제이다. 주의할 것 하나! 통계수치를 함부로 외우면 안 된다. 외울 때는 어떤 통계수치인지 연도가 언제인지 같이 외워야 하는데 인문지리 단원에 들어가면 통계치가 너무나 많아서 다 외우는 것이 불가능하기 때문이다. 통계수치에 연연하지 말고 크게 순위나 변화의 흐름을 통해 확인하는 습관을 들이자. 본문에서 발전 설비 용량 대비 발전량을 설명할 때 어쩔 수 없이 통계수치를 언급했지만 이것도 외울 필요는 없다.

전 설비 용량과 발전량은 화력 〉원자력 〉수력 순이고, 발전 단가는 화력 〉수력 〉원자력입니다. 물론 발전 단가에는 건설비, 연료비, 송전비가 다 포함됩니다. 송전비는 수력이 가장 크고, 가동률은 원자력 〉화력 〉수력입니다.

신·재생 에너지

산업 혁명 이후 인간은 다양한 자원을 마구 사용해왔습니다. 그 결과 대기 오염, 지구 온난화, 자원 고갈 등 심각한 문제들에 직면하게 되었지요. 이에 따라 각 나라에서는 화석 연료를 대신할 수 있는 대체 자원(신·재생 에너지)을 개발하기 위해 많이 노력하고 있습니다. **신·재생 에너지**란 기술적으로 새롭거나 기존 화석 연료를 대체할 수 있는 신(新) 에너지와 재생 가능한 에너지를 이용하는 재생 에너지입니다. 우리나라도 1989년부터 태양열, 태양광, 풍력, 연료 전지, 폐기물, 바이오 등의 부문에서 신·재생 에너지 개발 사업을 국가적 차원에서 시작했어요. 신·재생 에너지는 아직 **사용량이나 생산량은 적지만 그 증가율이 매우 크고**, 에너지 생산에 있어 자연적 제약이 크므로 **편재성**이 두드러집니다. 기존 화석 연료에 비해 **효율성은 낮고 안정적 공급은 어렵지만**, 친환경적이고 재생 가능한 자원을 이용한다는 점에서 중요성이 높아지고 있습니다.

우리나라에서 가장 많이 생산되고 소비되는 신·재생 에너지는 **폐기물 〉수력 〉바이오**입니다. 폐기물은 폐기물을 소각할 때 나오는 열을 이용하여 난방이나 온수를 공급하는 것이고, **바이오**는 생명체에서 에너지를 얻는 것으로 해바라기나 유채에서 에탄올이나 디젤을 얻는 것이 대표적입니다.

신재생 에너지 중 발전에 쓰이는 에너지는 수력, 풍력, 태양광과 해양

폐기물이나 바이오는 지역의 지리적 특색과 관계있는 것이 아니므로 한국지리에서는 묻지 않는다. 대신 지역의 지형·기후 특색을 반영하고, 발전에 이용되는 신·재생 에너지가 중점적으로 다뤄진다.

에너지가 있습니다. 수력은 주요 전력 자원에서 설명했으니 다시 설명하지 않아도 되겠죠?^^ **풍력**은 바람을 이용하여 전기를 생산하는 것입니다. 풍력 발전소는 주로 바람이 강한 해안가나 산지에 입지하는데요, 우리나라엔 **대관령, 제주도, 영덕, 울릉도, 새만금** 등지에 풍력 발전소가 있습니다. 풍력 발전소는 바람이라는 기후적 요인의 영향을 받는데다가 전력 생산 시 큰 풍차가 돌아가므로 **소음이 발생**됩니다.

태양광 발전은 태양 전지를 이용하여 전기를 만들어내는 발전으로 일조량이 풍부한 지역에 발달합니다. 우리나라에는 **전라남북도**를 중심으로 태양광 발전소가 입지해 있습니다.

해양 에너지 발전은 조력(潮力), 조류(潮流), 파력(波力) 발전이 있습니다. 먼저 조력부터 살펴볼게요. **조력 발전**은 밀물과 썰물의 차를 이용한 발전이에요. 조차가 큰 바다에 댐에 만들어서 밀물 때 댐 안에 바닷물을 가두었다가 썰물 때 물을 방류하여 전기를 만드는 방법을 사

신·재생 에너지에 대한 문항은 풍력·수력·태양광을 비교하는 문제가 많고, 발전소 위치를 표시한 지도나 지역별 신·재생 에너지 발전량을 나타낸 그래프를 제시하는 경우가 많다. 그러므로 신·재생 에너지와 관련된 발전소 분포, 지역별 발전량, 그리고 각각의 특징을 확인해두어야 한다.

311

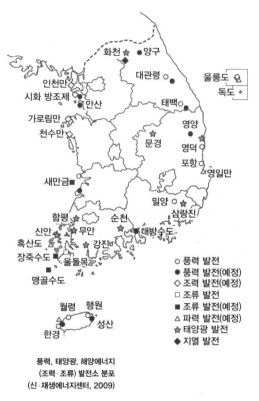

풍력, 태양광, 해양에너지
(조력·조류) 발전소 분포
(신·재생에너지센터, 2009)

○ 풍력 발전
● 풍력 발전(예정)
◇ 조력 발전(예정)
□ 조류 발전
■ 조류 발전(예정)
△ 파력 발전(예정)
★ 태양광 발전
◆ 지열 발전

용합니다. 즉 밀물과 썰물 때 나타나는 물의 낙차를 이용하여 전기를 생산하는 것이죠. 우리나라의 서·남해는 **조차가 커서 조력 발전에 유리**합니다. 하지만 댐 건설로 인해 해안 지역이 파괴된다는 단점이 있지요. 우리나라에는 경기도 **안산**에 **시화호** 조력 발전소가 있습니다. **조류 발전**은 바닷물의 빠른 흐름을 이용하여 바다에 수차를 놓아 전기를 생산하는 것입니다. 조력 발전과 달리 댐 건설 등으로 인한 환경 파괴나 변화가 없다는 장점이 있어요. 현재 우리나라에서는 '명량 해전'으로 유명한 **전남 진도의 울돌목**에 조류 발전소를 세워 시험 운행 중입니다. **파력 발전**은 파랑의 힘을 이용하여 전기를 만드는 방식으로 현재 우리나라엔 파력 발전소가 건설되어 있지 않아요. 그렇지만 곧 제주도, 울릉도, 독도 등에 건설할 예정입니다.

농업의 특색과 구조 변화 ②

우리나라의 대표적인 1차 산업인 농업은 **기후와 지형의 영향**을 크게 받습니다. 기후는 농작물의 생육기간과 작물 재배의 북한계를 결정하는데요, **생육기간은 서리가 내지 않는 무상기간의 영향을 받고, 작물 재배의 북한계선은 최한월 평균 기온의 영향**을 받습니다. 그리고 지형은 논으로 이용 가능한지 혹은 밭으로 이용 가능한지에 영향을 미칩니다. 우리나라의 서남부 지역엔 대하천이 흐르고 하천 주변에는 평야가 발달하여 논이 주로 분포합니다. 반면 북동부 지역은 산간 지대로 밭이 주로 분포하지요. 요즘은 자연적 요인보다 교통 발달·시장 조건·기술 발달 등의 사회·경제적 요인의 영향을 더 많이 받습니다.

다양한 변화, 드러나는 문제점

도시화와 산업화를 거쳐 우리나라도 바야흐로 3차 산업 중심의 사회가 되었습니다. 덩달아 농촌과 농업에도 많은 변화를 일어났지요. 일단 1차 산업인 농업은 2차와 3차 산업에 비해 **소득이 적거나 일정하지 않다**는 문제점이 있습니다. 게다가 농촌의 **생활환경이 도시에 비해 상대적으로 열악하다**는 점 때문에 청장년층이 농촌을 떠나면서 **인구의 사회적 감소**가 두드러집니다. 청장년층의 유출은 출생률의 감소와 맞물려 농촌 인구를 감소시켜서 **노동력 부족과 고령화 문제**를 발생시

*
경지이용률 : 경지 면적에 대한
경지의 연 이용 면적의 비용.
그루갈이의 감소 : 논에 벼를 재
배해 수확한 후 그 땅에 보리를
키우는 것을 그루갈이라고 한다.
이는 한 해 동안 같은 땅에서 두
개의 작물을 번갈아 수확하는 것
인데, 요즘에는 노동력 부족과 식
생활 변화에 있으며, 휴경지도 확대
되고 있다. 그 결과 경지 이용률
이 감소하였다.

키기도 합니다. 농촌에서는 이 같은 문제를 해소하려고 농업에 기계를 대폭 사용했고, 이에 따라 노동 생산성은 향상되었습니다. 위탁 및 영농 회사가 증가하기도 했고요. 청장년층 전출로 유소년층 인구마저 감소되어 **초등학교 통폐합 현상**도 자주 나타납니다.

도시화와 산업화에 따라 농경지가 주택, 도로, 공업 용지, 학교 등으로 전환되면서 경지 면적도 감소했습니다. 하지만 농가 수의 감소폭이 경지 면적 감소폭보다 커서 **농가당 경지 면적(호당 경지 면적)은 오히려 증가** 추세를 보이고 있어요. 반면 노동력 부족으로 휴경지가 늘어남에 따라 **경지 이용률은 감소***하고 있습니다.

하지만 대도시 근교의 농촌에서는 채소·꽃·과일 등의 **상품 작물을 재배하는 면적이 확대**되는 현상이 나타납니다. 즉 근교 농업이 발달하는 것이죠. **시설 재배 면적도 확대**되었고, 소득 증가와 식생활 변화에 따라 국민들의 육류 소비가 늘어나면서 **가축 사육도 증가**했습니다. 그뿐인가요? 농사만 생업으로 하는 전업농가는 감소하는 반면 농사 이외에 다른 일을 함께 해나가는 겸업농가가 증가하면서 **농업 이외의 소득이 증가**했고, 영농 규모가 확대되고 농업이 전문화되면서 **농업 법인이나 영농 회사도 증가**했습니다. 또한 외국과의 교역이 활발해지고 자유무역협정(FTA; Free Trade Agreement)이 이루어지면서 **농산물 시장도 개방**되었지요. 하지만 이로 인해 외국의 값싸고 다양한 농산물이 대거 유입되는 바람에 우리 농산물은 가격 경쟁력을 잃게 되었고, 농산물 자급률 또한 낮아지는 문제점이 대두되었습니다.

여러 가지 대안

우리나라 농촌과 농업은 이처럼 다양한 변화를 겪는 가운데 많은 문제점에 직면하게 되었습니다. 도시와 농촌 사이의 소득 격차가 점점 커지는 탓에 농촌에서는 인구 감소 현상이 심각하게 나타나고, 이로 인해 기반시설(基盤施設)*까지 부족해지게 되었어요. 결국 이를 극복하기 위해 특정 지역을 하나의 상품으로 인식하도록 **장소의 이미지를 개발**하고, 지역 특산물의 가치를 상승시켜 판매하는 **장소 마케팅**, 원산지의 지리적 특성이 농산물의 품질과 특성과 직결되었을 때 원산지의 이름을 상표권으로 인정해주는 **지리적 표시제, 농산물의 브랜드화, 지역 축제**, 농업과 관광을 접목시킨 **경관 농업**, 농업과 소규모 공업을 결합한 **농공단지** 조성 등의 많은 노력을 기울이고 있습니다. 또한 복잡한 유통구조와 농산물 가격 불안정 문제점을 해결하기 위해 농산물 유통 구조를 정비하고, 전자 상거래 등을 통한 **직거래를 활성화**시키는가 하면, 지역에서 생산된 농산물을 그 지역에서 소비하도록 유도하는 **로컬푸드 운동**도 진행하고 있지요.

우리나라 농경지는 많은 문제점을 안고 있어요. 오랫동안 농약이나 화학비료를 과도하게 사용해온 탓입니다. 그래서 이 문제점들을 해결하기 위해 유기농업, 오리농법 등의 친환경 농법을 도입하여 식품의 안전성을 강화하고 농경지의 산성화를 방지하는 데 주력하고 있지요. 또한 저렴한 외국 농산물 유입으로 위협을 받고 있는 우리 농업을 활성화하기 위해 과학적 농업 경영, 친환경 유기농업, 우리 농산물의 고급화·차별화에 심혈을 기울이고 있답니다.

주요 농·축산물

우리나라 농가를 대표하는 농산물에는 쌀, 맥류, 원예작물, 축산물이 있습니다. **쌀은 대표적인 주식 작물로 재배 면적과 생산량이 최고입니다.** 자급률도 높고요. 쌀은 고온다습한 기후 환경에서 잘 자라는데 우리나라의 여름 날씨는 벼 재배에 매우 유리합니다. 주로 중부와 남부의 평야지역에서 재배되고 있지만, 최근 식생활 변화에 따라 쌀의

*

기반시설 : 기간 시설(基幹施設), 또는 인프라스트럭처(Infrastructure)이라고 하는데, 이것은 경제 활동의 기반을 형성하는 기초적인 시설들을 이른다. 즉 도로나 하천, 항만, 공항 등과 같이 경제 활동에 밀접한 사회 자본을 말한다. 흔히 인프라(infra)라고도 부른다. 최근에는 학교나 병원, 공원과 같은 사회 복지, 생활환경 시설 등도 여기 포함시키고 있다.

소비량이 급격히 감소하고 쌀 시장이 개방되면서 재배 면적이 급감하고 있지요.

맥류를 대표하는 작물은 보리와 밀입니다. 보리는 벼의 그루갈이 작물로 재배되었으나 소비량 감소에 따른 채산성(採算性)* 악화와 노동력 부족으로 재배 면적이 크게 감소했지요. 밀은 서늘하고 건조한 기후에서 잘 자라는 작물인데요, 우리나라에서는 재배가 잘 되지 않아 대부분 수입에 의존합니다. 식생활 변화에 따라 과자, 빵, 면 등의 소비량이 늘면서 수입량은 계속 증가하고 있고요.

원예 작물은 꽃·과일·채소 등의 상품 작물을 말하는 것으로 최근 식생활 변화와 소득 증대 등으로 소비량이 증가하여 재배 면적도 증가하고 있습니다. 원예 작물 생산 지역은 대도시 근처의 근교 지역과 대도시에서 멀리 떨어진 원교 지역에서 이루어지는데, 특징은 조금씩 다릅니다. 대도시 근처 즉 근교 지역에서 비닐하우스, 즉 시설 재배를 통해 상품 작물을 재배하는 것으로 **근교 농업**이라고 합니다. 대도시에서 멀리 떨어진 지역 즉 원교 지역에서 그 지역의 유리한 기후와 편리한 교통을 이용하여 상품 작물을 재배하여 대도시에 판매하는 농업은 **원교 농업**이라고 하지요. **근교 농업은 시설 재배가 나타나지만 원교 농업에서는 노지 재배***가 이루어집니다.

마지막으로 **축산물은 고기를 얻기 위한 목축업과 유제품을 얻기 위한 낙농업으로 구분**됩니다. 식생활 변화로 고기와 유제품 소비가 늘어나자 목축업과 낙농업 모두 증가하고 있는데요. 목축업은 대규모 기업화 형태로 초지가 조성되어 있는 대관령, 제주도에서 많이 이루어집니다. 낙농업은 유제품의 신선도를 가장 중요하게 여기므로 주로 소비지 근처에 입지합니다. 우리나라는 경기도 일대에 낙농업 농가들이

집중해 있었지만 최근 충청권과 교통로가 연결되면서 충청도 일대로 확산되고 있지요. 축산물 중 돼지나 닭, 오리 등은 축사에서 사료를 먹여 기르고, 이동할 때 고기의 신선도가 크게 떨어지지 않으므로 지리적 분포 특성이 없습니다.

자유무역협정

자유무역협정(自由貿易協定) 또는 FTA(Free Trade Agreement)는 둘 또는 그 이상의 나라들이 상호 간에 수출입 관세(우리나라에 반입하거나 우리나라에서 소비 또는 사용하는 외국물품에 대해서 부과·징수하는 세금)와 시장점유율 제한 등의 무역 장벽을 제거하기로 약정하는 조약이다. 이것은 국가 간의 자유로운 무역을 위해 무역 장벽, 즉 관세 등의 여러 보호 장벽을 철폐하는 것으로 경제 통합의 두 번째 단계이다. 이로써 좀 더 자유로운 상품 거래와 교류가 가능하다는 장점이 있으나 자국의 취약산업 등의 붕괴 우려 및 많은 자본을 보유한 국가가 상대 나라의 문화까지 좌지우지할 수 있다는 점에서 논란이 많다.

공업의 특색과 구조 변화 ③

우리는 자연이 제공하는 것들을 사용하기도 하지만, 그것들만으로는 생활에 필요한 다양한 요구들을 충족시킬 수가 없습니다. 그래서 기술에 의존하여 자연의 산물을 원료로 하여 우리에게 필요한 제품들을 생산하게 되었지요. 나아가 선진화된 기계를 이용하여 제품을 대량으로 생산하게 되었습니다. 이번 시간에는 우리에게 필요한 제품들을 생산해주는 여러 가지 공업에 대해 알아보겠습니다.

공업 발달 과정 및 특색

2차 산업에 해당하는 **공업**은 원료를 이용해 사람이나 기계의 힘으로 공장에서 제품으로 생산하는 산업입니다. 그래서 제조업이라 부르기도 해요. 우리나라에서는 근대화 이전부터 공업이 발달했는데요, 그 당시의 공업은 가족들이 손으로 직접 만들었기 때문에 **가내 수공업** 혹은 **재래 수공업**이라 부릅니다. 당시엔 교통이 발달하지 못해 원료의 이동이 쉽지 않았으므로 **원료 산지 중심**으로 공업이 분포할 수밖에 없었고, 제품 생산에 있어서도 대량 생산이 아닌 **주문 생산방식**을 취하고 있었습니다. **강화도의 화문석(花紋席)***, **안성의 유기(鍮器)****, **한산의 모시, 안동의 삼베, 전주의 한지(韓紙)*****, 담양의 죽제품, 통영의 나전칠기*****가 대표적인 가내수공업 지역과 제품입니다.

* 화문석 : 왕골이라는 식물로 만든 꽃무늬 돗자리

** 유기 : 놋그릇. 뭔가 꼭 들어맞았을 때 '안성맞춤'이라는 말을 쓰는 것은 "안성에서 놋그릇 즉 유기를 맞춘 것처럼 잘 들어맞는다"에서 유래된 것이다.

*** 한지 : 닥종이라고도 한다. 한국의 전통적인 종이로 삼지닥나무·안피나무·닥나무·뽕나무 등의 수피(樹皮)로 만든다. 용도에 따라 창호지, 복사지, 화선지, 태지로 분류하며, 부채와 연, 바구니, 종이 상자 등을 만드는 데 쓰인다.

**** 나전칠기 : 전복의 안쪽 껍데기를 붙여 만든 제품으로 자개장이나 자개거울 등이 대표적 제품이다.

TIP

가내 수공업이 실시되는 지역과 제품은 지역 축제로 연결되기도 하고, 그 지역을 대표하는 특성이 되므로 가내 수공업 지역과 생산 제품을 잘 연결시켜두자!

유기(좌)
요즈음은 일상에서보다 차례나 제사를 지낼 때 유기를 더 많이 사용한다. (by Nicole Cho at Flickr [CC-BY-SA-2.0])

한지(우)
한지에 물을 들여 여러 색깔의 한지를 만들기도 한다. (by jared [CC-BY-2.0])

우리나라의 **근대화된 공업은 일제강점기부터 본격적으로** 나타납니다. 하지만 일제강점기의 공업 발달은 우리를 위한 것이 아니라 자원 수탈 및 군수 물자 제공을 목적으로 한 식민 정책의 일환이었죠. 일제강점기 초기, 우리나라에는 서울과 인천을 중심으로 최초의 공업 지역이 나타납니다. 그리고 이곳을 중심으로 소비재 경공업 중심의 식민지형 공업이 발달하죠. **식민지형 공업**이란 식민지의 값싼 원료와 노동력을 바탕으로 제품을 저렴하게 생산하여 식민지에 비싸게 파는 형태를 말합니다. 소비재 경공업 제품들은 주로 생필품인데 일본이 생필품을 싸게 생산하게 한 뒤 우리에게 비싸게 판매했다는 것이지요. 일제강점기 후기에는 일본이 한반도를 발판으로 삼아 대륙 진출을 꾀하여 전쟁을 많이 일으켰습니다. 한반도는 일본에 군수 물자와 인력을 제공하는 병참기지가 되었고, 우리나라의 **관북지방 일대에는 중공업이 발달**하게 되지요. 관북지방은 대륙 진출에 유리하고 자원이 풍부했거든요. 이때 만들어진 공업 도시들은 여전히 북한의 공업 지역으로 남아 있습니다.

1960년대 이후부터 우리를 위한 공업이 본격적으로 발달하기 시작합니다. 1960년대는 값싸고 풍부한 노동력을 바탕으로 섬유, 신발, 의복 등 노동 집약적* 경공업이 발전하였습니다. 노동력이 많이 필요했기 때문에 **서울이나 부산, 대구 등의 대도시를 중심으로 발달**했지요. 의류하면 서울, 섬유하면 대구, 신발하면 부산이라는 공식이 생겨난 이유입니다. 또한 이를 바탕으로 1970~80년대에는 대규모 시설과 원료의 수입 비중이 큰 **자본 집약적인 중화학 공업이 남동 임해 공업 지역 중심으로 발달**하게 됩니다. 자동차, 조선, 제철, 석유 화학 등이 대표적인 중화학 공업에 해당하고요. 1990년대 이후부터는 **지식 집약적 첨단 산업**이 발달합니다. 컴퓨터, 반도체, 첨단 전자 등이 이에 해당되는데요, 고급의 전문 인력이 필요하므로 **수도권을 중심으로 발달**합니다.

우리나라 공업은 **원료의 해외 의존도가 매우 높습니다.** 지하자원 매장량이 적기 때문인데요, 따라서 공업에 필요한 대부분의 원료들을 외국에서 수입합니다. 그리고 국내 시장이 작기 때문에 생산한 제품들의 많은 부분을 외국으로 수출하지요. 즉 우리나라는 원료를 수입해서 제품을 생산한 다음 외국에 내다 파는 가공무역이 발달했다는 것, 잘 기억하세요. 따라서 **원료의 수입과 제품 수출에 유리한 임해지역(해안가)에 공업 지역이 발달**하게 됩니다.

공업에서 가장 중요한 교통수단은 해운 즉 배입니다. 대부분의 원료와 제품이 배로 운반되거든요. 비행기는 운임이 매우 비싸서 예술작품이나 귀금속, 반도체 및 일부 첨단산업 제품을 운반할 때만 이용합니다. 공업에서 임해 지역이 중요한 이유, 아시겠지요?

우리나라의 공업 구조는 대기업과 중소기업 사이의 불균형이 심각합니다. 이를 **공업의 이중 구조**라고 하는데요, 우리나라 사업체 중 약 1%의 대기업 출하액이 약 56%, 종사자가 27%를 차지한다는 것은 대기업 중심 공업 구조를 가진다는 뜻이지요. 이 같은 사실을 통해 우리나라는 대기업과 중소기업이 상호보완적 관계가 아니라 중소기업

*
노동 집약적 : 단순하고 저렴한 노동력을 집중 투입하는 것. 기술 수준이 낮고 자본이 적어도 풍부한 노동력만 있으면 쉽게 시작할 수 있는 산업이다. 일반적으로 많은 노동량이 투여되었는데도 낮은 가격으로 팔리는 저부가가치 상품을 생산한다. 주로 섬유·신발·전자제품 등이 속한다.

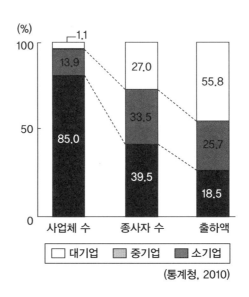

(%)			
100	1.1	27.0	55.8
	13.9		
50	85.0	33.5	25.7
		39.5	
0			18.5
	사업체 수	종사자 수	출하액

□ 대기업　▨ 중기업　■ 소기업

공업의 이중 구조　　　　　　　　　　　　　　　　(통계청, 2010)

이 대기업에 종속되어 있는 관계라는 것을 알 수 있어요.

또한 우리나라 공업 지역은 분포에 있어 **지역적 편재가 심합니다.** 주로 수도권과 남동 임해 지역을 중심으로 공업이 발달하는 바람에 국토의 불균형 성장이 나타났지요.

마지막으로 우리나라 공업의 구조는 매우 고도화되어 있습니다. 공업구조가 경공업보다는 중화학공업, 중화학공업보다는 훨씬 부가가치가 높은 첨단 산업 중심으로 이루어진 것을 **공업구조의 고도화**라고 하는데요, 우리나라 공업구조도 이와 같답니다.

공업의 입지 유형

공업은 분포 면에서 매우 다양한 양상을 보입니다. 각 공업마다 특징이 다르기 때문이지요. 어떤 공업은 제조 과정에서 원료의 부피나 무게가 크게 감소하기도 합니다. 원료가 쉽게 변질되거나 부패되기도 하고요. 제품은 그렇지 않은데 말입니다. 위와 같은 특징을 보이는 공업이 있다면 공장은 어디에 입지해야 유리할까요? 예, 그렇습니다. 원료 산지에 입지해야 유리하겠죠. 원료의 운송비 부담이 제품의 운송비 부담보다 크면 당연히 제품을 옮겨야 하고요. 이와 같은 특징들 때문에 원료 산지에 공장이 입지하면 **원료 지향성 공업**이라 합니다. **시멘트 공업, 통조림 공업**이 대표적이죠. 하지만 우리나라의 통조림 공장이 모두 원료 산지에 입지하는 것은 아닙니다. 원료가 국내에서 공급되지 못하는 것들이 있는 탓이지요. 참치나 연어 통조림만 해도 참치나 연어가 국내에서 포획되지 않잖아요? 그러니까 원료 지향성 공업인 것은 맞지만 원료가 국내에서 공급되지 않는 경우에는 실제 공장이 입지하는 곳과 원료 산지가 다를 수밖에 없겠죠. 이것이 바로 원료 지향성 공업에서 통조림 산업 분포도를 볼 수 없는 이유입니다. 원료 지향성 공업의 가장 대표적인 예는 바로 시멘트 공업입니다. 시멘트는 석회석을 원료로 생산합니다. 자원 단원에서 배웠듯이 우리나라에서 매장량이 가장 많은 자원이 석회석입니다. 그래서 **시멘트 공업의 입지 장소는 석회석 산지와 일치**하고 원료 지향성 공업의 예로 시멘트 공업의 분포도가 자주 등장하는 것입니다.

이와 반대로 제품을 생산할 때 제품의 부피나 무게가 크게 증가하는 공업도 있고, 원료일 때와는 달리 제품이 되었을 때 부패와 변질 혹은 파손이 쉽게 발생하는 공업도 있습니다. 이 같은 공업은 운송비에 있어 원료의 운송비보다 제품의 운송비 부담이 클 것입니다. 그렇다면

원료 지향성 공업에서 통조림 산업 분포도를 볼 수 없는 이유, 그리고 의류나 인쇄 및 출판 공업지가 가구·식음료·제빙·제과·제빵과는 다른 이유로 시장에 입지한다는 점을 잘 구분하여 기억하자.

시멘트 공업
원료 지향성 공업

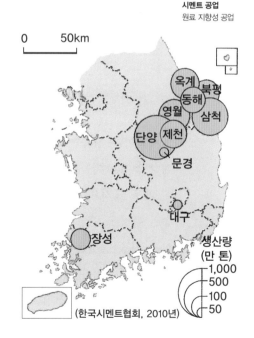

0   50km

옥계
동해 북평
영월 삼척
단양 제천
문경
대구
장성

생산량
(만 톤)
1,000
500
100
50

(한국시멘트협회, 2010년)

공장은 어디에 입지해야 할까요? 바로 공장에서 만든 물건이 판매가되는 시장입니다. 시장에 공장이 입지하면 이를 **시장 지향성 공업**이라고 합니다. 시장 지향성 공업은 원료 지향성 공업의 반대 개념으로 보아도 무방합니다. 시장 지향성 공업의 예로는 **가구, 식·음료, 제과, 제빙, 제빵** 등이 있습니다. 물론 다른 이유로 시장에 입지하는 공업도

서울의 인쇄·출판업 분포
시장 지향성 공업

▓	400~500
▓	300~400
▒	200~300
░	100~200
░	0~100

〈서울시 출판·인쇄업체 수〉
(단위: 개)

(서울시 통계 연감, 2009)

0   5km

있습니다. 인쇄·출판과 의류는 시장에 입지하지만 그 이유는 제품의 운송비 부담이나 제품의 부패·변질 때문이 아니지요. 두 공업의 공통점은 유행에 민감하다는 점, **소비자와 잦은 접촉이 필요하다는** 점입니다. 소비자를 자주 만나야 하고 소비자의 취향이나 유행을 파악하려면 소비지 근처에 있을 수밖에 없겠지요? 그래서 **인쇄·출판 및 의류**는 시장에 입지하는 시장 지향성 공업입니다. 인쇄·출판은 경기·서울, 의류는 서울의 비중이 가장 높습니다.

제철이나 정유는 원료를 수입하여 제품을 생산·수출하는 공업에 해당합니다. 이들은 원료나 제품의 무게나 부피가 커서 운송비 부담이 매우 크지요. 이처럼 원료를 수입하고 제품을 수출하는 공업은 운송비 부담을 줄이기 위해 적환지(積換地)*에 입지하게 되는데, 이런 특성을 가진 공업을 **적환지 지향성 공업**이라고 합니다. 공업에 있어 가장 중요한 교통수단은 앞에서 언급했듯이 배입니다. 배를 탈 수도 있고 배에서 내린 사람이나 물자가 다른 교통수단으로 갈아탈 수 있는 곳은 어디일까요? 예, 항구 혹은 항구가 있는 항만입니다. 즉 적환지

*
적환지 : 운송수단을 갈아탈 수 있는 곳으로 버스 정류장, 역, 항구, 공항이 해당한다. 이런 곳들은 버스, 철도, 배, 비행기를 탈 수 있는 터미널이지만 각각의 교통수단에서 내린 사람이나 물자가 다른 교통수단으로 갈아 탈 수 있는 공간이기도 하다.

지향성 공업은 **항구 혹은 항만(해안가, 바닷가, 임해지역 다 가능)에 공장이 입지**하는 공업입니다.

적환지에 입지하면 왜 운송비를 줄일 수 있을까요? 항만에 공장이 입지하면 교통수단은 배만 이용하면 되고 화물도 배로 올리고 내리는 비용만 들 것입니다. 하지만 내륙에 입지하면 배와 항만에서 내륙까지 이를 이동시켜줄 철도나 트럭 등 육상 교통수단이 하나 더 필요하게 되겠지요. 운송비만 드는 게 아니라 배에서 내린 화물을 다시 육상 교통수단으로 올리고 내리는 비용도 발생할 테고요. 이렇게 되면 같은 양의 원료를 같은 금액으로 매수한다고 해도 운송비는 달라질 수밖에 없습니다. 자, 여러분이라면 공장을 어디에 입지시키겠습니까? 당연히 항만이겠죠.

적환지 지향성 공업의 대표적인 예는 **제철(1차 금속)**입니다. 제철은 철을 만들어 가공하는 것인데요, 철광석을 녹여 철을 만들 때 역청탄이 쓰입니다. 철광석은 국내에서 소량 생산되어 대부분 수입하고 역청탄은 전량 수입한다는 내용을 지하자원 단원에서 언급했는데, 기억나시나요? 우리나라는 세계에서 손꼽히는 제철 국가입니다. 원료의 수입량뿐만 아니라 제품의 수출량도 많습니다. 그러니까 제품 생산과 판매 시 운송비 부담이 크겠지요? 우리나라의 제철소들이 주로 해안가에 입지하는 이유입니다. **경북 포항, 전남 광양, 충남 당진, 인천** 등이 대표적인데, 이들 모두 해안 지역이지요.

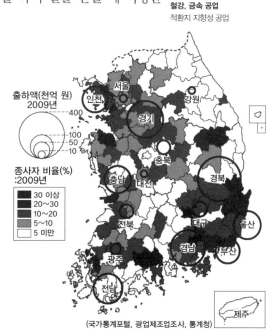

철강, 금속 공업
적환지 지향성 공업

출하액(천억 원)
2009년
400
100
50
10

종사자 비율(%)
:2009년
30 이상
20~30
10~20
5~10
5 미만

(국가통계포털, 광업제조업조사, 통계청)

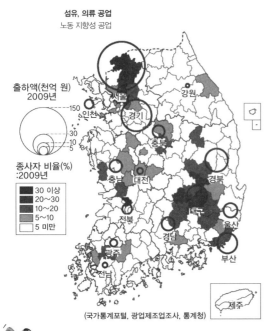

섬유, 의류 공업
노동 지향성 공업

출하액(천억 원)
2009년

150
30
10
5

종사자 비율(%)
:2009년

30 이상
20~30
10~20
5~10
5 미만

(국가통계포털, 광업제조업조사, 통계청)

TIP

노동 집약적 공업 단원에서는 섬
유 산업 분포도와 그 특징을 자
주 묻는다.

제품 생산 시의 원료나 운송비 부담보다 단순 저렴한 노동력이 더 중요한 공업도 있습니다. **섬유, 신발, 전자 조립**은 단순 저렴한 노동력을 집중 투입하여 저렴한 제품을 생산합니다. 이런 공업은 **노동 지향성 공업**에 해당하고 노동 지향성 공업은 **노동 집약적 경공업과 일치**합니다. 노동 지향성 공업은 단순 저렴한 노동력이 많은 **대도시나 개발도상국**에 분포합니다. 섬유 산업은 대구, 신발 산업은 부산, 전자 조립은 구미가 대표적이지요. 그런데 1990년대 첨단 산업이 발달하면서 전자 조립이 첨단 전자로 바뀌는 과정을 거쳐 구미는 첨단 산업이 발달한 지역으로 변신했어요. 노동 지향성 공업의 가장 대표적인 예는 **대구 중심의 섬유** 산업입니다.

어떤 공업은 집적(集積) 이익이 큰 지점에 공장이 입지하기도 합니다. 이와 같은 공업을 **집적 지향성 공업**이라 하는데, 집적 이익이란 '모여서 생기는 이익'을 의미합니다. 즉 공장이 특정 장소에 모여 단지를 이루며 입지한다는 뜻입니다. 대표적으로 **자동차, 조선, 석유화학**이 있습니다. 자동차와 조선은 많은 부품을 필요로 하는 조립 공업입니다. 자동차와 배를 만들 때 필요한 많은 부품은 각기 다른 부품을 만드는 회사에서 제조하지만, 조립은 한꺼번에 이루어집니다. 조립하는 공장과 부품을 만드는 공장이 함께 모여 있어야 생산에 유리하지요. 하지만 석유화학은 집적 이유가 조금 다릅니다. **석유화학은 석유라는 기본 원료를 바탕으로 다양한 제품을 생산하는데, 이런 과정을 계열화되었**

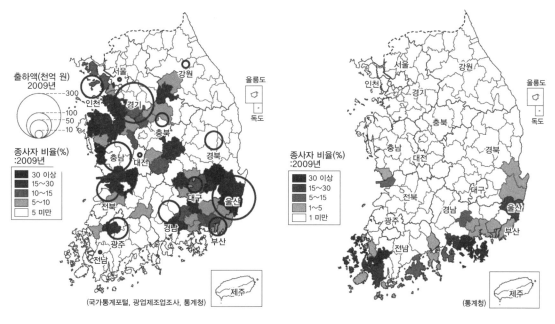

다고 말합니다. 우리가 일상생활에서 사용하는 각종 합성 수지, 합성
고무, 합성 섬유 등은 모두 석유화학 제품인데요, 기본 원료는 다 석
유입니다. 그래서 하나의 원료에서 다양한 제품을 생산하는 계열화된
공업인 석유화학은 단지를 이룹니다. 여러분도 아마 석유화학단지라
는 말을 들어보았을 거예요. **자동차는 울산, 경기 평택·광명·화성, 인
천, 충남 아산, 전북 군산, 광주, 부산** 등에 분포하는데, 대개 공장에 넓
은 부지가 필요합니다. 왜냐하면 완성된 차를 보관해 둘 공간이 필요
하기 때문이죠. **조선은 경남 거제, 울산, 전남 영암** 등에 분포하는데 주
문 생산 방식을 취하고 있습니다. 조선소는 완성된 제품을 원활하게
운반하기 위해 해안가, 즉 임해지역에 입지합니다. 자동차와 조선은
모두 전후방 연계효과가 큰 산업이에요. 두 산업이 발달하면 자동차
와 배를 만드는 데 필요한 부품이나 철제품, 타이어 산업 등이 함께
성장하고, 또 자동차나 배를 이용한 산업도 발달하지요. **석유화학은**

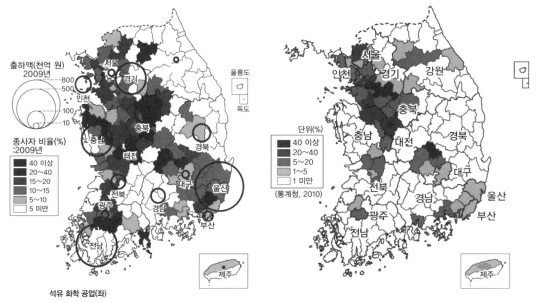

석유 화학 공업(좌)
집적 지향성 공업

IT 제품 제조업 종사자 분포(우)
입지 자유형 공업

울산, 전남 여수, 충남 서산 등에 분포하며 섬유, 제철(1차 금속)과 함께 기초 소재 산업에 해당됩니다. 기초 소재 산업이란 섬유나 제철, 석유 화학 그 자체가 제품이기도 하지만 다른 제품의 원료가 되는 것을 의미해요.

마지막으로 **입지 자유형 공업**이 있습니다. 입지 자유형 공업은 제품의 부가가치가 매우 커서 운송비를 크게 고려하지 않아도 되는 산업입니다. 그래서 공업 입지 선택이 자유롭지요. 주로 **첨단 산업**이 해당됩니다. 하지만 입지 자유형이라고 해서 아무 곳에나 입지하는 건 아닙니다. 고급 인력 확보가 용이한 곳, 정보·자본 획득이 용이한 곳, 환경이 쾌적한 곳을 선호하지요. 우리나라의 대표적 첨단 산업은 **IT 산업**으로 **서울, 경기의 파주·수원·용인·이천, 대전, 충북 오송, 충남 천안·아산, 경북 구미** 등에 산업단지가 분포합니다. IT 산업은 **제조업과 서비스업으로 구분**되는데 **IT 제조업은 경기, 경북** 등이 대표적이고, **IT 서비스업은 서울, 대전**이 대표적입니다.

공업의 입지 유형에는 원료 지향성, 시장 지향성, 적환지 지향성, 노동 지향성, 집적 지향성, 입지 자유형이 있다. 이때 각 입지 유형에 해당되는 공업과 특징, 분포 지역은 다르다. 예를 들어 제시된 자료에서 울산을 중심으로 전남과 함께 비중이 높으면 석유화학, 울산과 경남이 함께 비중이 높으면 조선, 울산과 경기 그리고 전남과 광주가 분포하면 자동차 산업을 의미한다는 것을 기억하자. 공업은 출제 빈도가 높은 단원으로 각 공업의 입지 유형과 특색 그리고 분포 지역을 연결시켜 정리해두어야 한다.

우리나라 주요 공업 지역

우리나라의 주요 공업 지역에는 수도권 공업 지역, 남동 임해 공업 지역, 충청 공업 지역, 태백산 공업 지역, 영남 내륙 공업 지역, 호남 공업 지역이 있습니다.

서울·경기·인천을 중심으로 하는 **수도권 공업 지역**은 우리나라 최대의 종합 공업 지역으로 **공업의 역사가 가장 길고, 교통이 편리하며, 풍부한 자본과 노동력, 그리고 넓은 소비 시장이 있다**는 장점을 가지고 있습니다. 하지만 대개 중소기업 중심이라 영세업체 비중이 높고 사업체의 규모가 작으며 사업체당 생산액과 노동 생산성은 낮다는 단점도 있어요. **서울은 첨단 산업과 경공업, 경기는 중화학 공업과 첨단 산업, 인천은 중화학 공업을 중심으로 발달**하고 있습니다. 수도권 공업 지역은 처음에는 집적 이익이 발생하였으나 과도한 집적으로 지금은 오히려 집적 불이익이 발생하고 있지요. 그래서 수도권 공업 지역의 분산이 추진되는 실정인데, 주로 수도권 일대와 교통로로 연결되어 있는 충청권 일대로 이전합니다.

경북 포항에서부터 전남 여수에 이르는 남동 임해 지역을 중심으로 한 **남동 임해 공업 지역**은 우리나라 제2의 공업 지역이자 우리나라 최대의 중화학 공업 지역입니다. 1970년대 국가 정책에 의해 형성된 공업 지역으로 **원료 수입과 제품 수출에 유리한 해안가에 입지**에 있습니다. **대기업 비중이 높아** 사업체 규모가 크고, 사업체당 생산액이 많고, 노동 생산성이 높습니다. 에너지 소비량이 많은 중화학 공업 중심이어서 환경오염 문제가 발생됩니다.

충청 공업 지역은 육상 교통의 결절점, 수도권 인접이라는 장점을 지닌 덕에 최근 가장 큰 성장세를 보이는 공업 지역입니다. 충청남도의 천안은 경부선과 장항선의 분기점, 대전은 경부선과 호남선 분기점이자 경부고속국도와 호남고속국도의 분기점인데요, 이렇듯 육상 교통이 편리한 충청도 특히 대전은 남한에서 접근성이 가장 높은 지역에 해당됩니다. 수도권과 교통로가 확충되면서 수도권 공업 지역에 위치해 있던 공장들이 충청 공업 지역 일대로 분산되고 있습니다. 충청 공업 지역은 **임해 지역과 내륙 지역이 다른 특징을 보이는데 임해 지역은 서산의 석유 화학, 당진의 제철, 아산의 자동차를 중심으로 중화학 공업이 발달**하고, **내륙은 대전의 대덕 연구단지, 충남 천안의 IT 제조업, 충북 오송의 생명 과학 단지를 중심으로 첨단 산업이 발달**하고 있습니다.

태백산 공업 지역은 강원도 지역을 중심으로 우리나라 공업 지역 중 원료를 자체 조달할 수 있는 유일한 원료 지향성 공업 지역입니다. 과거에는 무연탄 생산을 중심으로 한 석탄 산업과 석회석 생산을 통한 시멘트 공업이 발달했지만 현재는 **시멘트 공업 중심**입니다. 수산 자원을 바탕으로 한 **수산물 가공업도 발달**하고 있습니다.

대구와 구미를 중심으로 발달한 **영남 내륙 공업 지역**은 풍부한 노동력을 바탕으로 노동 집약적 경공업 중심의 공업 지역이었습니다. 대구의 섬유와 구미의 전자 조립 산업이 대표적이었죠. 하지만 국내 인건비

우리나라 주요 공업 지역

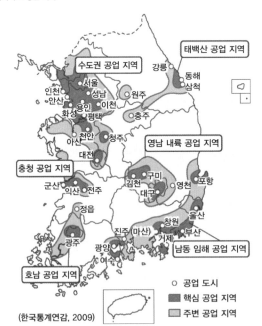

(한국통계연감, 2009)

○ 공업 도시
■ 핵심 공업 지역
□ 주변 공업 지역

상승 등으로 경쟁력이 악화되자 공장이 인건비가 저렴한 중국과 동남 아시아 등지의 개발도상국으로 이전하면서 어려움을 겪게 되었고 결국 대구와 구미는 새로운 판로를 모색하게 되었습니다. **구미는 전자 조립에서 첨단 전자 즉 첨단 산업으로의 변신에 성공**하였고, **대구는 고부가가치의 섬유 산업으로의 변신**을 꾀하고 있습니다.

군산과 광주, 목포를 중심으로 하는 **호남 공업 지역**은 중국과 거리가 매우 가깝다는 장점으로 대중국 교역 중심지로 성장 가능성이 가장 높은 공업 지역입니다. 그래서 제2의 임해 공업 지역으로 성장 가능성이 가장 높은 지역이기도 합니다.

공업 입지의 변화

시간이 지나면서 공업의 여건도 달라지고, 공업 입지도 변화하기 시작했습니다. 가장 좋은 예는 앞에서 언급했듯이 수도권 공업 지역의 분산 현상입니다. 집적 불이익 문제가 발생함에 따라 수도권의 공업 지역이 수도권과 가깝고 교통로가 잘 연결된 충청 공업 지역 일대로 분산되는 것이지요. 그러니까 **집적 이익의 발생**, 혹은 **불이익의 발생**에 따라 공업의 집중 및 분산이 나타난다고 보면 되겠지요? 노동 지향성 공업은 **인건비의 영향**을 크게 받습니다. 그래서 인건비 상승이 나타나는 우리나라의 경공업은 인건비가 저렴한 중국이나 동남아시아 등지로 공장을 이전하게 되었고, 이로 인해 **제조업의 공동화** 및 위축 현상이 나타나게 되었지요. 또한 공업의 성장에 따라 **기업의 규모가 성장**하고 **구조가 변화**하는 일도 벌어집니다. 이에 따라 단일 공장 기업이 다공장 혹은 다국적 기업으로 성장하게 되지요. 단일 공장 기업은 본사와 연구소 그리고 생산 공장이 한 곳에 입지하는데요, 지역은 대개 중심 도시나 대도시입니다. 하지만 기업의 규모가 커지고 공장이 여러 개로 늘어나면서 **기획·관리 등을 담당하는 본사는 대도시나 중심도시에 입지**하게 됩니다(우리나라나 수도권이라면 서울에 해당하겠죠). 그리고 **생산 기능을 담당하는 공장**들은 우리나라의 경우엔 지방으로, 수도권에 있었다면 경기나 인천 지역으로, 그리고 전 세계를 놓고 본다면 **개발도상국**으로 분산되거나 이전하는 현상이 나타납니다. 한편 연구개발 기능을 담당하는 곳은 대학 및 연구소 밀집 지역인 서울·대전 일대(우리나라의 경우), 선진국(전 세계적인 경우) 등에 해당합니다.

상업의 발달과 변화

1차 산업과 2차 산업을 통해 생산된 농수산물과 공산품을 소비자들에게 공급하려면 소비자가 있는 곳으로 이동시켜서 판매해야 합니다. 이처럼 재화의 이동과 판매에 관련된 산업을 3차 산업 또는 서비스업이라고 하는데요, 대표하는 업종이 바로 상업입니다. 공업화·산업화 사회가 되면서 공장에서 제품이 대량으로 생산되고 이를 위한 3차 산업도 동반 성장했지요. 그래서 공업화·산업화 사회에서도 산업 구조가 2차 > 3차 > 1차 산업이 아닌 3차 > 2차 > 1차 산업 순으로 나타납니다.

중심지 이론과 시장의 종류

상업은 서비스업, 즉 3차 산업의 대표 업종으로 좁은 의미로는 물건을 판매하는 활동을 의미하지만, 넓은 의미로는 생산과 소비를 연결하는 유통을 담당하는 일로 **물건을 판매하는 활동뿐만 아니라 운송업, 보험업, 정보통신업, 금융업 등도 포함**됩니다. 상업 부분을 공부할 때 반드시 확인해야 할 이론은 **중심지 이론**입니다. 앞의 도시 단원에서 선생님이 중심지에 대해 언급했는데, 기억나시죠? 다시 한 번 말하자면, **중심지란 주변 지역에 재화와 용역을 공급하는 곳**입니다. 도시도 중심지이지만 교육 서비스를 제공하는 학교, 생필품과 먹을 것을 제공하는 편의점, 의료 서비스를 제공하는 병원도 중심지에 해당합니다. 중심지 이론에서 꼭 기억해야 할 개념들이 있는데요, 바로 **최소 요구치와 재화의 도달 범위**입니다.

최소 요구치는 중심지가 유지되기 위한 최소한의 수요, 혹은 매출액을 말합니다. 슈퍼를 유지하는 데 꼭 필요한 고객 수가 500명이라면 그 500명이 바로 최소 요구치입니다. 그리고 500명을 확보할 수 있는 공간 범위가 바로 최소 요구치의 범위가 되는 것이고요. 이것은 매출액이 될 수도 있지요. 여기서 중요한 사실은 **최소 요구치는 변화하지 않지만 최소 요구치의 범위는 달라질 수 있다**는 점입니다. 인구가 증가하거나 소득이 증대되면 최소 요구치의 범위는 축소됩니다. 왜냐고요? 이 점은 도시와 촌락에 편의점의 숫자가 다른 것과도 통하는데요. 한번 생각해봅시다. 교실 하나에 30명이 있는데 편의점을 유지하기 위한 최소 요구치의 고객 수가 30명이라면 교실 한 개 면적이 30명을 확보할 수 있는 최소 요구치의 범위가 될 것입니다. 그런데 교실에 학생 수가 줄어 교실 하나당 15명씩 있다면 30명을 확보하기 위해서는 교실 두 개 면적이 최소 요구치의 범위가 되겠죠. 반면 교실에 학생 수가 늘어서 교실 하나당 60명이 있다면 30명을 확보할 수 있는 면적은 교실 면적의 1/2로 줄어듭니다. 그럼 교실 하나에 두 개의 편의점이 생기겠죠. 인구가 많고 인구 밀도가 높고 소득 수준이 높은 곳은 도시이고 이곳의 편의점의 최소 요구치의 범위는 촌락보다 좁습니다. 그럼 자연스럽게 편의점의 숫자는 많아지겠죠. 편의점 사이 간격도 물론 좁아지겠죠. 하지만 촌락의 경우는 그 반대입니다. 인구가 적고 도시에 비해 소득 수준이 낮으므로 편의점의 최소 요구치 범위는 넓을 수밖에 없어요. 도시보다 편의점의 숫자도 적고 편의점 사이 간격도 넓지요.

최소 요구치는 고차 중심지인지 저차 중심지인지에 따라서도 달라집

니다(저차 중심지냐 고차 중심지냐는 중심지가 보유한 기능에 의해 나뉩니다).
편의점과 대형 할인점을 비교해볼게요. **편의점은 보유 기능이 적으므로 저차 중심지이고, 대형 할인점은 보유 기능이 매우 다양하므로 고차 중심지**입니다. 편의점을 유지하기 위한 최소 요구치와 대형 할인점을 유지하기 위한 최소 요구치는 어떨까요? 당연히 대형 할인점이 큽니다. 그래서 중심지의 수는 최소 요구치가 작은 편의점이 많고, 대형 할인점은 적습니다. 반면 중심지 간격은 편의점이 좁고, 대형 할인점은 넓겠죠.

　재화의 도달 범위는 중심지 기능이 미치는 한계 범위라고 하는데요, 쉽게 말해 중심지에서 판매한 물건이 도달하는 범위, 중심지를 찾아오는 손님의 범위라고 생각하면 됩니다. 예를 들어 라면을 사기 위해 편의점이나 슈퍼에 간다고 하면 여러분은 몇 분 정도나 이동할 의향이 있으신가요? 선생님이 수업시간에 학생들에게 물어보았더니 왕복 10분 미만을 말하더군요. 결국 동네 슈퍼나 편의점에서 물건을 판매하는 기능의 영향력은 슈퍼나 편의점을 중심으로 5분 정도의 거리라는 뜻입니다. 하지만 옷을 사러 백화점에 간다면 이야기가 좀 달라집니다. 편도 30분에서 한 시간, 혹은 한 시간 반 정도까지도 할애할 의향이 있을 테지요. 백화점이라는 중심지가 영향을 미치는 거리는 30분~1시간 30분 동안 이동할 수 있는 범위라는 뜻입니다. 그러니까 **중심지가 보유한 기능에 따라 재화의 도달 범위가 달라진다**는 뜻입니다. **고차 중심지는 재화의 도달 범위가 넓지만 저차 중심지는 재화의 도달 범위가 좁습니다.**

　재화의 도달 범위는 **교통 발달 정도에 영향**을 많이 받습니다. 교통이 발달하면 고차 중심지 이용이 쉬워져 고차 중심지는 성장하지만 저차 중심지는 주로 교통수단을 이용하지 않는 경우가 많아 오히려 쇠퇴하기도 합니다.

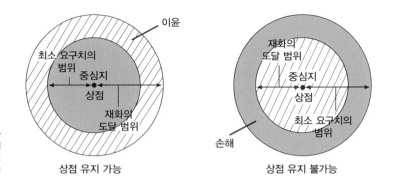

**재화의 도달 범위와
최소 요구치의 범위 관계**
중심지가 성립하려면
재화의 도달범위 ≥ 최소 요구치의 범위

상점 유지 가능　　　　　　　상점 유지 불가능

　　중심지가 성립하기 위해서는, 즉 편의점이나 슈퍼가 망하지 않고 유지되려면 **최소 요구치의 범위와 재화의 도달 범위 중 재화의 도달 범위가 최소 요구치의 범위보다 크거나 같아야** 합니다. 반대의 상황이 되면 중심지는 망하거나 파산하고 맙니다.

　　상업 활동이 가장 활발히 일어나는 곳은 우리가 잘 아는 **시장**입니다. 시장에는 정기 시장과 상설 시장이 있습니다. **정기 시장**은 정해진 기간마다 열리는 시장으로 3일장, 5일장, 7일장 등이 대표적입니다. 3일장을 예로 들면, 1일에 A 동네에서 3일장이 열리면 상인은 1일에는 A동네 시장에서, 2일과 3일에는 다른 곳의 시장에서 물건을 팔고, 다시 4일에 A동네 시장에서 물건을 파는 형태입니다. 정기 시장은 결국 상인들이 정해진 기간마다 이동하면서 열리게 되는 것이지요. 그런데 왜 **상인들이 이동**하는 것일까요? 답은 바로 **재화의 도달 범위가 좁아 최소 요구치가 만족이 되지 않기 때문**입니다. 최소 요구치를 만족시키기 위해 이동하는 것이지요. 3일장이라면 3번, 5일장이라면 5번, 7일장이라면 7번 이동해야 최소 요구치가 만족된다는 것입니다. 정기 시장이 나타난다는 것은 재화의 도달 범위가 최소 요구치의 범위보다 좁다는 것을 의미합니다. 시간이 지나면서 인구가 늘어나고 경제가 성장하면 7일장에서 5일장으로 그리고 3일장으로 발전하겠지요.

상설 시장은 항상 상(常), 설치 설(設) 즉 항상 설치되어 있어 매일매일 문을 여는 시장을 말합니다. 상설 시장에는 우리가 알고 있는 동대문 시장·남대문 시장 등의 재래시장과 대형 할인점, 백화점 등이 해당합니다. 상설 시장은 정기 시장과 달리 상인의 이동이 없습니다. 고객들을 찾아다니지 않아도 최소 요구치가 만족되기 때문입니다. 즉 재화의 도달 범위가 넓어져 최소 요구치(의 범위)를 만족시키거든요. 시간이 지나면서 인구가 증가하고 소득 수준이 높아지면 최소 요구치의 범위가 작아지고, 교통이 발달하면서 재화의 도달 범위는 확대됩니다. 이런 과정을 거치면서 정기 시장은 상설 시장으로 바뀌게 됩니다.

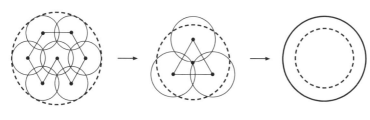

정기 시장인 7일장(좌)
3일장(가운데)
상설 시장(우)

- - - - - 최소 요구치의 범위　　　────── 재화의 도달 범위

상업의 변화

　사회적인 여건들이 달라지면서 상업에도 많은 변화가 일어났습니다. 일단 **경제 성장 및 소득 수준의 향상, 3차 산업 종사자 증가**로 우리 사회는 어느새 필요한 물건과 서비스를 자급하던 형태의 자급자족 사회에서 필요한 것이 생기면 돈을 주고 사는 소비 사회로 변모했지요. 여성의 사회 진출과 맞벌이 부부의 증가, 개인 교통수단 이용의 일반화, 대형 냉장고 보급 등으로 사람들은 필요한 물품을 대량으로 한꺼번에, 그리고 다양한 목적에 따라 구매하게 되었고 이에 따라 **대형 할인점들이 급속히 성장**하게 되었습니다. 쇼핑 공간도 대형화되었고요.

　또한 정보 통신 및 물류업, 택배업의 성장으로 인터넷 쇼핑몰, TV

홈쇼핑 등 전자 상거래가 활성화되었습니다. **유통 구조가 단순화되고 생산자와 소비자 간의 직거래도 증가했습니다.** **전자 상거래 활성화**는 상업 활동이 지니는 시간적·공간적 제약을 완화시켰고 **상권의 확대**를 가져왔어요. 그에 따라 **상점 위치의 중요성은 감소하게** 되었고요. 또한 생활 패턴이 다양화되면서 24시간 영업하는 **편의점의 수가 크게 증가했고,** 구멍가게로 불리던 동네의 작은 슈퍼들이 연이어 편의점으로 변신하게 되었지요.

이제 일반적인 소매 업태 상황을 한눈에 쭉 살펴볼게요. 고차 중심지이고 역사가 길고 도심이나 부도심에 분포하는 **백화점,** 다양한 생필품을 판매하고 주로 주거지에 넓은 주차장을 보유하고 있으며 판매액이 가장 많은 **대형 할인점,** 증가세가 제일 크고 24시간 영업을 하며 매우 기본적인 생필품만을 판매하며 판매액이 가장 적은 **편의점,** 1990년대 후반 등장하여 높은 성장률을 보이며 물류센터와 택배 산업의 동반 성장을 일으키고 상업 활동의 시·공간 제약을 완화시킨, 대형 할인점 다음으로 판매액이 많은 **무점포 상점(전자 상거래)**이 대표적입니다.

서비스의 유형

서비스 유형은 서비스업의 수요 주체, 즉 누구를 위한 서비스인가에 따라 생산자 서비스와 소비자 서비스로 구분됩니다. **생산자 서비스**는 말 그대로 생산자 즉 기업을 위한 서비스입니다. 주로 기업의 생산 활동을 도와주는 서비스업으로 재화나 서비스의 생산 및 유통 과정의 중간재로 이용되지요. 생산자 서비스업에는 **보험업, 금융업, 부동산업, 사업 서비스업(법무, 광고, 회계, 홍보, 마케팅) 등 지식 집약적 서비스업이 해당**됩니다. 생산자 서비스업은 기업이 많고 접근성이 높고 정보 획득에 유리한 지역에 집중하려는 경향이 있어서 주로 기업의 본사가

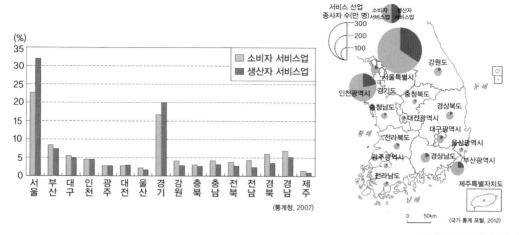

시도별 서비스업 종사자 수 분포

시도별 소비자 & 생산자 서비스업 종사자 분포

밀집되어 있는 대도시 중심(도심) 지역이나 부도심에 입지합니다. 우리 나라는 서울에 생산자 서비스업이 집중되어 있지요. 또한 생산자 서비스업은 사업체의 평균 규모가 크며, 사업체당 종사자 수가 많고 노동 생산성이 높습니다.

소비자 서비스는 말 그대로 소비자 즉 개인을 위한 서비스입니다. 소비자 서비스에는 도·소매업, 음식·숙박업, 미용업, 오락·예술업, 교육 서비스, 의료 서비스 등으로 주로 노동 집약적 서비스업에 해당합니다. 소비자 서비스업은 소비자의 이동 거리를 최소화하기 위해 소비자가 있는 곳에 분산되어 입지하는데요, 대체로 사업체 규모가 작고 사업체당 종사자 수도 적으며 노동 생산성이 낮습니다. 소비자 서비스와 생산자 서비스의 비중을 살펴보면 당연히 소비자 서비스의 비중이 높습니다. 하지만 최근 소비자 서비스 비중이 낮아지고 생산자 서비스의 비중이 증가하는 추세입니다.

산업 구조의 변화

산업 구조는 시간의 흐름과 경제 성장 정도에 따라 1·2·3차 산업이 어떤 구조를 보이는가를 말하는 것입니다. 일반적으로 **농업 중심의 1**

차 산업 비중이 높은 사회를 전 공업화 사회 혹은 전 산업화 단계라고 합니다. 산업화 이전 사회, 후진국(미개발국)이 이에 해당하지요. 이 단계에서는 토지와 노동력이 매우 중요한 생산 요소입니다. 우리나라는 1950년대까지 전 공업화 사회였죠.

2차 산업의 비중이 두드러지게 증가하는 단계는 공업화 사회 단계로 **산업화 단계**라고도 합니다. 이때 2차 산업의 성장과 더불어 3차 산업의 성장도 나타납니다. 하지만 2차 산업의 비중이 3차 산업보다 높지는 않습니다. 주로 공장에서 제품을 생산하는 단계로 자본이 중요한 생산 요소가 되고, 소품종 대량 생산 체제가 기본입니다. 이 단계에서는 공업화와 산업화가 본격화되면서 이촌향도 현상이 나타나 도시인구가 급증하게 되지요. 주로 개발도상국들이 여기 해당되는데요, 우리나라는 1960~1980년대에 이 같은 특징을 보였습니다.

마지막 단계는 **탈공업화 사회 단계 혹은 후기 산업화 단계**입니다. 2차 산업의 비중은 감소하고 3차 산업의 비중이 더욱 증가하며 **서비스업의 전문화**가 나타나는 시기이죠. 지식과 정보가 중요한 생산 요소가 되어 정보화 사회라는 말을 사용하기도 합니다. 주로 선진국들이 여기 해당하고요. 우리나라는 현재 탈공업화 혹은 후기 산업화 단계에 속해 있습니다. 탈공업화 사회는 교통과 통신이 발달하여 인구와 기능의 도시 집중이 줄어드는 특징을 보입니다. 지식과 정보 중심 사

경제 발전에 따른
산업 구조의 변화(좌)
우리나라 산업별 종사자 수
비중의 변화(우)

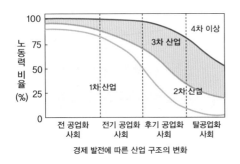

경제 발전에 따른 산업 구조의 변화

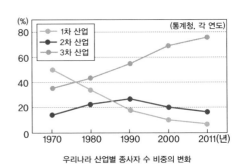

우리나라 산업별 종사자 수 비중의 변화

회이기 때문에 전통적 제조업은 감소하고, 산업 구조가 3차 산업인 서비스업 중심으로 바뀌지요. 즉 산업 구조가 고도화된다는 뜻이랍니다. 또한 전통적인 노동 집약적 서비스, 즉 소비자 서비스업의 비중은 감소하고 생산자 서비스업은 그 비중이 증가합니다. 개인 정보 유출, 사생활 침해, 지역 간·계층 간 정보 격차의 심화, 비인간화 현상 등의 문제가 발생되기도 합니다.

5 교통의 발달

우리는 다른 지역으로 이동할 때 버스나 택시 혹은 지하철을 이용합니다. 제품을 수입하고 수출할 때는 주로 배를 이용하지요. 그리고 멀리 있는 지방에 갈 때는 KTX 등의 열차를, 해외 출장이나 여행 시에는 주로 비행기를 이용합니다. 우리가 원하는 곳으로 이동하게 해주고, 또 우리에게 필요한 물자들을 운반해주는 교통수단의 발달은 인간의 삶에 많은 변화를 일으켰지요. 지금부터 이번 단원의 마무리인 교통수단에 대해 알아보겠습니다.

운송비 구조

우리가 일반적으로 이용하는 교통수단에는 자동차(도로), 철도(지하철·철도), 배(해운), 비행기(항공)가 있습니다. 교통수단을 이야기하려면 먼저 운송비를 짚고 넘어가야 한답니다. 운송비는 **기종점 비용과 주행비용으로 구성**됩니다.

기종점 비용은 거리와 관계없이 일정하게 드는 비용을 말하는데요, 버스 요금이나 지하철 요금이 0원에서 시작하지 않는 이유가 되지요. 기종점 비용이 왜 필요하냐고요? 선생님의 설명을 한번 들어보세요. 교통수단을 유지하기 위해서는 일단 교통수단 수리비가 필요합니다. 또 사고를 대비하여 보험도 들어야 하고, 교통수단에서 물건을 올리

342

고 내리는 상·하역비도 필요하고, 버스·철도·배·비행기를 타고 내리는 데 필요한 버스 정류소·역·항구·공항 등의 터미널도 필요합니다. 그런데 수리비나 보험료, 터미널 유지비 등등은 거리와 상관이 없죠? 공항을 이용하는데 이동 거리가 짧았다고 해서 덜 이용한 게 아니고, 또 이동거리가 길다고 해서 더 이용한 것도 아닙니다. 버스를 타고 가다 사고가 났을 때 이동 거리가 짧았다고 해서 치료비를 조금 주고, 이동거리가 길다고 해서 치료비를 많이 주는 것도 아니지요. 이런 비용들은 운송비 안에 거리와 상관없이 일정하게 부과하는 것들입니다. **기종점 비용은 항공 〉 해운 〉 철도 〉 도로** 순으로 나타나는데요, 운송비 그래프에서 x값이 0일 때의 y값, 즉 **y절편의 값이 바로 기종점 비용**입니다.

주행 비용은 말 그대로 주행, 즉 이동함에 따라 부과되는 비용입니다. 주행 비용은 거리와 비례해서 증가하지요. 대표적인 것으로 연료비와 인건비가 있어요. **주행 비용은 도로 〉 철도 〉 해운** 순으로 높게 나타나는데, 주행 비용은 운송비 그래프의 기울기를 통해 비교가 가능합니다. **그래프의 기울기가 급하면 주행 비용이 크게 증가하는 것**이지요. 일반적으로 교통수단의 운송비를 비교할 때는 항공을 제외시키는 경우가 많은데요, 왜냐하면 항공은 기종점 비용이나 주행 비용 즉 총 운송비가 매우 비싸서 다른 교통수단의 운송비 그래프와 거리에 따라 교차되지 않기 때문입니다. 항공비의 운송비가 비싼 이유는 다른 교통수단에 비해 매우 빠른 시간에 먼 거리를 이동시켜줄 수 있기 때문이죠. 그래서 항공은 여객과 화물을 운반하는 일반적인 교통수단으로 보는 데에 조금 무리가 있습니다.

기종점 비용과 주행 비용, 즉 운송비를 살펴보면 **단거리 이동 시에는 도로, 중거리 이동 시에는 철도, 장거리 이동 시에는 선박을 이용하는 것이 유리**하다는 것을 알 수 있습니다.

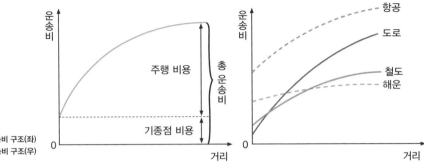

운송비 구조(좌)
교통수단별 운송비 구조(우)

운송비는 거리가 증가함에 따라 늘어납니다. 그러면 단위 거리 당 운송비도 항상 증가할까요? 아리송하지요? 예를 하나 들어보겠습니다. A 교통수단의 운송비는 기종점 비용이 100, 주행 비용은 1km당 50입니다. 그럼 이동거리 1km일 때 운송비는 150, 2km일 때 200, 3km일 때 250, 5km일 때 350, 10km일 때 600이죠. 이동거리가 증가함에 따라 운송비가 증가하고 있죠? 이번에는 단위 거리 당 운송비를 계산해봅시다. 1km 이동 시 운송비가 150이면 단위 거리 당 운송비는 150/1km으로 150/km입니다. 그런데 2km 이동 시 단위 거리 당 운송비는 200/2km이므로 100/km이 되고, 3km 이동 시 단위거리 당 운송비는 250/3km으로 해서 83.3/km가 됩니다. 5km 이동 시에는 350/5km 하면 70/km, 10km 이동 시에는 600/10km 하면 60/km가 되지요. 이상에서 본 것처럼 **운송비는 거리가 증가함에 따라 늘어난 것이 맞지만 단위 거리 당 운송비는 오히려 감소합니다.**

자, 이 내용을 통해 무엇을 확인할 수 있을까요? 그렇습니다. 이동 시에는 하나의 교통수단을 오래 타야지 다른 교통수단으로 갈아타면 운송비가 많이 든다는 점입니다. 우리나라의 대도시에서는 버스나 지하철을 갈아탈 때 환승 요금을 적용하여 운송비가 많이 들지 않지만, 이런 요금제는 일반적인 요금제가 아닌 예외적인 상황이거든요. 원래는 버스를 타고 지하철을 타면 두 요금을 모두 내야 하는 것이

정상입니다. 그러므로 운송비에 대해서 언급할 때 우리나라 대도시에서 실시하는 환승 요금제를 적용하면 안 되겠지요?

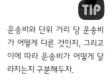

다시 돌아와서 옆 페이지를 통해 확인한 **단위 거리 당 운송비**가 체감하는 것을 **운송비 체감의 법칙**이라고 합니다. 도로·철도·해운 모두 단위 거리 당 운송비가 체감하는데 그 **체감률이 가장 큰 것은 선박 〉 철도 〉 도로** 순입니다. 그런데 왜 해운이 가장 체감률이 큰 것일까요? 그것은 바로 운송비 중에서 증가하는 주행 비용 때문입니다. 선박 〉 철도 〉도로 순서를 뒤집으면 **도로 〉 철도 〉 선박**이 되는데요, 이것이 바로 **주행 비용 증가** 순서입니다. 결국 운송비에서 증가

운송비와 단위 거리 당 운송비가 어떻게 다른 것인지, 그리고 이에 따라 운송비가 어떻게 달라지는지 구분해두자.

단위 거리당 운송비 체감

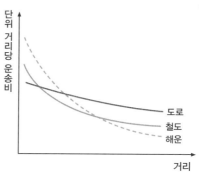

하는 주행 비용의 증가율이 크면 단위 거리 당 운송비가 감소하더라도 그 감소율은 작고, 주행 비용 증가율이 작으면 단위 거리 당 운송비가 크게 감소하게 되는 것이지요. 그래서 선박은 장거리 대량 화물 수송에 매우 유리한 교통수단인 것입니다.

교통수단별 특징

도로는 단거리 수송에 유리한 교통수단으로 언제 어디서나 이동이 가능한 **기동성**과 문 앞에서 문 앞까지 연결해주는 **문전 연결성**(door to door)이 뛰어나며, **지형적·기후적 제약(자연적 제약)도 매우 적습니다.**

중거리 수송에 유리한 **철도**는 지하철과 철도로 구분되는데, 지하철은 대도시와 그 주변 지역을 연결해주는 교통수단으로서 대도시민의 출퇴근에 중요한 역할을 담당합니다. 이에 비해 철도는 대도시와 멀리 떨어져 있는 도(道) 지역이나 도시를 연결해주는 역할을 하지

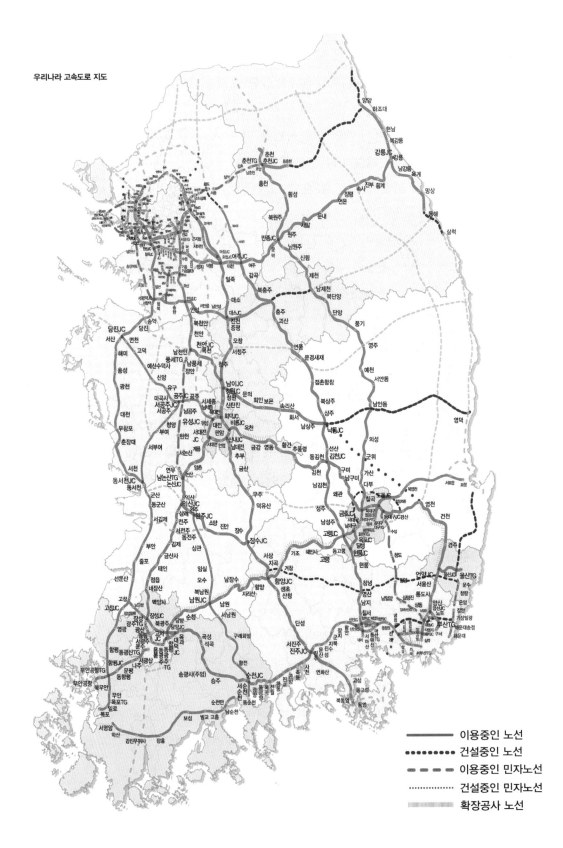

우리나라 고속도로 지도

이용중인 노선
건설중인 노선
이용중인 민자노선
건설중인 민자노선
확장공사 노선

요. 철도(지하철 포함)는 지하철 시간표를 통해 알 수 있듯이 정확한 시간에 맞게 이동하는 **정시성**이 뛰어나고, 정해진 시간 간격을 따라 철로를 이동하므로 **안정성**도 뛰어납니다. 하지만 철로가 놓이지 않거나 지형의 경사가 급하면 이동할 수 없다는 **지형적 제약**이 따르지요. 그래서 우리나라 강원도에는 지형적 제약을 극복하기 위해 특수 철도 시설이 분포합니다. 바로 경사가 급한 산지를 나사처럼 돌아서 이동하는 루프식 철도와 철로를 지그재그 모양으로 놓아 이동하는 스위치 백 철도(우리나라는 최근 중단됨)입니다. 철도에 사용되는 연료는 전력이므로 단위 당 이산화탄소 배출량이 적습니다.

교통수단별 여객 및 화물 비중 순서는 기억해야 하지만, % 값은 몰라도 된다.

　해운은 장거리 대량 화물 수송에 유리한 교통수단으로 **속도가 느리고 기상 조건의 제약**이 큽니다. 수입과 수출(무역)에서 가장 큰 역할을 담당하지요. 우리나라 해안에 입지한 도시 중 목포는 섬이 많은 서해와 남해가 만나는 곳이기 때문에 우리나라 연안 여객의 중심이 되는 지역입니다.

　항공은 국제 무역과 해외 관광의 발달로 증가 추세를 보이는 교통수단인데, 장거리 여객 및 고부가가치 화물(반도체, 휴대폰, 귀금속, 예술작품, 꽃 등)의 **신속한 수송**에 이용됩니다. 하지만 **기상 조건의 제약이 크고 안정성에 불리**한 교통수단이지요.

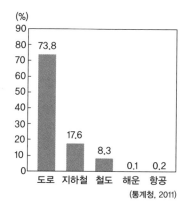

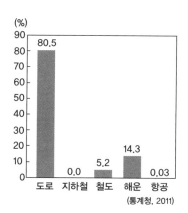

국내 여객 수송 분담률(인)(좌)
국내 화물 수송 분담률(톤)(우)

347

우리나라의 교통수단별 국내 수송 분담률(2011년 기준)을 보면 **여객은 여객 수 기준으로 도로(73.8%) 〉지하철(17.6%) 〉철도(8.3%) 〉항공(0.2%) 〉해운(0.1%) 순입니다. 화물은 톤 기준으로 도로(80.5%) 〉해운(14.3%) 〉철도(5.2%) 〉항공(0.03%)** 순이고요.

우리나라는 국토 면적이 좁아 단거리 수송에 유리한 도로 교통이 큰 비중을 차지합니다. 지하철은 여객 수송만 담당하고 있고요. 화물에 있어서 해운은 비중이 두 번째로 높지만 여객에 있어서는 가장 순위가 낮다는 점도 기억해야겠지요? 교통수단 수송 분담률에 국내뿐만 아니라 국외가 추가되면 이때는 선박과 항공의 비중이 높아집니다. 우리나라에서 해외 수송에 이용되는 것은 선박과 항공밖에 없기 때문이죠. **국내외 여객 수송(단위:명)은 도로 〉지하철 〉철도 〉항공 〉해운** 순입니다. 국내 여객 수송 분담률 순서와 같지요? 하지만 **국내외 화물 수송(톤)은 해운 〉도로 〉철도 〉항공** 순으로 달라집니다. 그리고 여객 수송 분담률 단위가 '명'이 아닌 '명×km'가 되면 분담률도 달라지죠. **'명×km'를 기준으로 한 국내 여객 수송 분담률은 도로 〉철도 〉지하철 〉항공 〉해운**으로 철도와 지하철의 순서가 바뀌는 것을 알 수 있어요. 앞에서 언급했듯이 철도는 대도시와 지방의 도시를 연결하는 원거리 이동에 이용되지만, 지하철은 대도시와 그 주변 지역 주민들의 출퇴근용으로 근거리 이동에 활용되는 탓입니다. 그리고 **'명×km'를 기준으로 국내외 여객 수송 분담률은 항공 〉도로 〉철도 〉지하철 〉해운**으로 항공의 비중이 가장 큽니다. 그 이유는 해외로 이동할 때 모두 비행기를 이용하는 탓이지요.

지하철은 우리나라 서울, 경기, 인천, 부산, 대구, 대전, 광주에 분포합니다. 하지만 울산에는 지하철이 없어요. 주요 철도망 중 천안은 공업 단원에서 언급했듯이 **경부선과 장항선의 분기점**입니다. 장항은 지금의 서천이죠. **대전은 경부선과 호남선 분기점, 익산은 군산선, 호남선, 전라**

선의 분기점입니다. **목포는 호남선 종착역, 여수는 전라선 종착역, 부산**은 **경부선 종착역**입니다. 그리고 **충북 오송**은 앞에서 첨단 산업과 관련하여 잠깐 언급했는데요, **KTX 경부선과 호남선의 분기점**입니다.

　이제 **공항**만 남았네요? 공항은 대전을 제외한 우리나라 7대 도시에 모두 분포하고 있습니다. 조금 더 정확하게 구분하자면, 8개의 국제공항과 7개의 국내공항이 있지요. 국내공항은 원주, 군산, 광주, 여수, 사천, 울산, 포항에 있습니다. 국제공항이 있는 곳은 인천, 김포, 김해, 제주, 청주, 대구, 무안, 양양이고요.

Imago Mundi

우리나라 최초의 조종사 안창남

(安昌男 1901.3.19.~1930.4.2.)

한국 최초의 민간인 비행기 조종사다. 일본 오사카 시 오사카 자동차 학교에서 2개월간 자동차 운전을 배운 뒤 1920년 봄에 오구리 비행학교에 입학하여 비행기 제조법에 이어 조종술을 공부해 비행기 조종사가 되었다고 한다. 비행학교의 이수 과정은 6개월이었고, 학과 교육인 비행보다는 기술교육에 치중했기 때문에 6개월 과정만 거치면 조종간을 잡을 수 있었다. 그러나 조종사가 되려면 비행학교 수료가 아닌 면허시험에 합격해야 했는데, 안창남이 학교를 졸업한 1920년 11월에는 자격 규정이 없었고, 이듬해인 1921년 4월 25일에야 그 규정이 정해졌다. 1921년 5월 일본 최초로 치러진 비행사 자격시험에서 합격하여 비행사가 된다. 시험 방법은 세 가지로 원거리 비행(도쿄—마쓰에), 2천 미터 상공에서 한 시간 머물기, 5백 미터 상공에서부터 엔진을 끄고 활공으로 착륙하기였다. 17명이 응시하였고, 한국인은 안창남이 유일하였으며, 합격자는 2명 가운데 안창남이 수석이었다. 1922년에는 도

우리나라 최초의 조종사 안창남

쿄와 오사카 간 우편대회 비행에 참가하여 최우수상을 받았다. 1922년 《동아일보》에서 성금을 모아 그를 초청하자 한국으로 일시 귀국하여 그해 12월 10일 한국 지도를 그려넣은 그의 애기(愛機) 금강호(金剛號)를 타고 모국방문 비행을 하였다. 그날 여의도 백사장에서 비행을 보러 온 사람은 5만 명에 달했으며, 그 가운데

학생은 1만 명이었다고 한다. 지방에서 몰려드는 사람을 위해 남대문 역에서 하루 4회의 임시 열차를 운행했을 정도다. 1923년 간토 대지진 이후 귀국하였으며 1924년 중국으로 망명하여 중국군 소속으로 근무한 바 있고, 조선청년동맹에 가입하여 독립 운동에 뛰어들었다. 여운형의 주선으로 산시 성으로 옮겨가 비행학교 교장으로 비행사를 양성했다. 1930년 비행 중 추락사고로 사망했다.

(자료 출처 : 위키피디아)

1. 자원의 의미

① 경제적 의미의 자원 : 자원 생산 시 경제성이 있는 자원

② 기술적 의미의 자원 : 인간의 기술로 개발이 가능한 자원

2. 자원의 특성

① 유한성 : 자원 매장량에 한계, 가채연수

② 편재성 : 자원은 특정 지역에 매장되어 있음. 자원 민족주의·자원의 무기화

④ 가변성 : 자원의 의미와 가치는 달라짐

3. 재생 가능 여부에 따른 자원의 분류

① 재생 불가능한 자원(고갈 자원) : 화석 연료(석유·석탄·천연가스)

② 사용량과 투자 정도에 따라 달라지는 자원 : 금속 광물

③ 재생 가능한 자원(순환 자원) : 수력·조력·태양력·풍력

4. 광물 자원의 특성

① 광물 자원의 질 낮고 매장량 적음, 주로 북한에 분포함

   우리나라는 광물 자원 중 비금속 광물 풍부, 금속 광물은 해외 의존도 높음

② 철광석 : 제철 공업의 원료, 대부분 수입, 은율·재령·무산·단천·양양 등

③ 텅스텐 : 특수강·합금의 원료, 백년·기주·상동 등

      1950년대 수출 제1품목 → 중국의 값싼 텅스텐에 밀려 생산 중단

      → 가격 상승으로 재생산 추진

④ 석회석 : 한반도 매장량 1위, 시멘트 공업의 원료, 삼척, 영월, 동해, 단양 등

⑤ 고령토 : 도자기·내화 벽돌의 원료, 하동·산청·성주 등

5. 1차 에너지 소비 구조

: 석유 〉 석탄 〉 천연가스 〉 원자력 〉 신·재생 및 기타 〉 수력

① 석유 : 수송용··공업 원료, 신생대 제3기 지층에 매장, 대부분 수입

② 석탄 : 무연탄 - 과거 가정용 연료, 현재 소비량·매장량 감소로 생산량↓

　　　　 유연탄 - 갈탄·역청탄, 공업 원료로 소비량↑, 전량 수입에 의존

③ 천연가스 : 가정용 연료(도시가스, LNG), 냉동 액화 기술 발달로 사용이 쉬워짐

　　　　　 울산 앞바다 대륙붕에서 생산, 대부분 수입

6. 전력 자원

① 수력 발전

: 지형적 제약 큼(큰 낙차, 풍부한 유량), 한강 상류(북한강)에 집중

　원료의 해외 의존도×, 순환 자원 이용, 온실기체 배출×

　소비지와 거리가 멀어 송전비·송전손실↑

　댐 건설 - 수몰 지역 발생으로 생태계 파괴, 기후 변화(안개 발생↑)

　월별 발전량 편차가 큼(강수의 계절적 편차와 관련)

　유역변경식 발전(경동 지형 이용, 불리한 지형 극복), 양수식 발전(불리한 기후 극복)

② 화력 발전

: 대소비지(대도시·공업 지역)에 분포(입지 제약↓), 건설비 저렴, 송전비·송전손실↓

　원료의 해외 의존도↑, 온실기체 배출↑, 연료비↑

③ 원자력 발전

: 견고한 지반·냉각수 확보-해안가에 입지(울진·월성·고리·영광)

　열효율↑, 가동률↑, 온실기체 배출×, 원료 전량 수입

　방사능 유출과 핵폐기물 처리 문제, 비싼 건설비, 입지 선정 시 주민들의 저항↑

④ 전력 생산 비중

: 발전량 & 발전 설비 용량 - 화력 〉 원자력 〉 수력

　1차 에너지원별 발전량 & 발전 설비 용량

– 석탄 화력 〉원자력 〉천연가스 화력 〉석유 화력 〉수력

7. 신·재생 에너지

: 신 에너지(기술적으로 새롭거나 화석 연료 대체) + 재생 에너지(재생 자원 이용)

　비중은 낮지만 생산량 증가율↑, 편재성↑, 효율성·안정적 공급↓

① 우리나라 신·재생 에너지 공급 비중 : 폐기물 〉수력 〉바이오 〉기타

② 풍력 : 바람이 강한 해안가·산지에 분포, 대관령, 제주도, 울릉도, 영덕, 새만금 등

　　　　기후의 영향 ↑, 전력 생산 시 소음 발생

③ 태양광 : 일조량이 풍부한 지역에 분포, 전라남북도 중심으로 분포

④ 해양 에너지

　: 조력 – 조차를 이용한 발전, 댐 건설로 인한 해안 지역 파괴, 시화 조력 발전소

　　조류 – 빠른 물살을 이용한 발전, 울돌목 조류 발전소

　　파력 – 파랑의 힘을 이용한 발전, 제주도·울릉도·독도(예정지)

8. 농업의 특색 및 문제점

① 인구의 사회적 감소

　: 청장년층의 전출(이촌향도), 노동력 부족·고령화, 폐가·폐교·초등학교 통폐합

② 경지 면적↓: 도시화·산업화로 인해 주택·도로·공장부지 등으로 전환됨

③ 농가당 경지 면적 증가 : 경지 면적의 감소보다 농가 감소가 큼

④ 경지 이용률↓: 노동력 부족으로 휴경지↑, 그루갈이↓

⑤ 근교 농촌에서 원예 작물 생산(상업적 농업 발달), 시설 농업(비닐하우스)

　　겸업농가의 증가로 농업 이외의 소득 증가

9. 주요 농축산물

① 쌀 : 대표적 주식 작물, 재배면적·생산량 최고, 높은 자급률, 고온다습한 기후

　　　재배 면적 급감(식생활 변화, 쌀 소비량 감소, 쌀 시장 개방)

② 보리 : 벼의 그루갈이 작물, 소비량 감소로 재배 면적 크게 감소

③ 원예 작물 : 꽃·과일·채소, 상품 작물, 재배 면적 증가(식생활 개선, 소득 수준 향상)

근교 농업 – 시설 재배, 원교 농업 – 노지 재배

④ 목축업과 낙농업

: 식생활 변화와 고기·유제품 소비 증가로 목축업·낙농업 증가

목축업 – 대규모 기업적 형태, 대관령, 제주도 등

낙농업 – 소비지 근처 입지(신선도 중요)

주로 경기도 일대 분포, 최근 충청권 일대로 확산

10. 우리나라의 공업 발달

① 재래 수공업(가내 수공업)

: 원료 산지에 입지(원료 지향성 공업), 주문 생산 방식

→ 화문석(강화), 유기(안성), 모시(한산), 삼베(안동), 한지(전주), 죽제품(담양),

나전칠기(통영) 등

② 일제 강점기 초기

: 소비재 경공업 중심의 식민지형 공업(경인 지역 중심 — 우리나라 최초 공업 지역)

③ 일제 강점기 후기(1930년대)

: 병참기지화 정책에 의한 중공업 발달(군수 공업 중심), 관북 지방의 공업 도시 발달

④ 1960년대 : 노동 집약적 경공업(섬유, 신발, 의복 등), 대도시 중심

⑤ 1970년대 : 자본 집약적 중화학 공업(제철, 자동차, 조선, 석유화학 등)

남동 임해 공업 지역 중심

⑥ 1990년대 : 지식 집약적 첨단 산업(반도체, 컴퓨터, 첨단 전자 등), 수도권 중심

11. 우리나라 공업의 특색

① 원료의 높은 해외 의존도 : 가공 무역 발달, 임해 공업 지역 발달

② 공업의 지역적 편재 : 수도권과 남동 임해 지역 중심으로 공업 발달(국토 불균형)

③ 공업의 이중 구조 : 대기업과 중·소기업간의 불균형 심화(격차 큼)

④ 공업 구조의 고도화

: 부가가치가 낮은 노동집약적 경공업 쇠퇴, 고부가가치의 첨단 산업 증가

12. 공업의 입지 유형

① 원료 지향성 공업

: 원료의 운송비 부담이 큰 공업으로 원료 산지에 입지

　제품 생산 시 원료의 부피·무게가 감소하는 경우, 원료의 부패·변질이 쉬운 경우

　　- 통조림, 시멘트

② 시장 지향성 공업

: 제품의 운송비 부담이 큰 공업으로 시장에 입지

　제품 생산 시 제품의 부피·무게가 증가하는 경우, 제품의 부패·변질이 쉬운 경우

　　- 식음료, 제빙, 제과, 제빵, 가구

　소비자와 잦은 접촉이 필요한 공업(제품 운송비와 관련 없음)-인쇄·출판

③ 적환지 지향성 공업

: 원료 수입·제품 수출로 운송비 부담이 큰 공업으로 수송 적환지인 항만(항구)에 입지

　　- 1차 금속(제철), 정유

④ 노동 지향성 공업

: 단순·저렴한 노동력을 집중 투입, 노동비 부담이 큰 공업, 노동력이 풍부한 곳에 입지

　　- 섬유, 신발, 전자제품 조립

⑤ 집적 지향성 공업

: 집적 이익이 발생하는 곳에 입지,

　많은 부품을 필요로 하는 조립 공업 - 자동차, 조선

　하나의 원료로 다양한 제품을 생산하는 계열화된 공업 - 석유화학

⑥ 입지 자유형 공업

: 운송비나 생산비에 비해 부가가치가 매우 큰 공업으로 입지 제약↓

　　- 반도체, 컴퓨터, 첨단 전자 제품 등 첨단 산업

13. 우리나라 주요 공업 지역

① 수도권 공업 지역(서울·경기·인천 중심)

: 우리나라 최대의 종합 공업 지역

    오랜 역사, 편리한 교통, 넓은 소비 시장, 풍부한 노동력·자본 등

    첨단 산업 성장, 집적 불이익 발생으로 충청권으로 분산

② 남동 임해 공업 지역(포항~여수 중심)

: 우리나라 제2의 종합 공업 지역, 우리나라 제1의 중화학 공업 지역

    국가의 정책적 지원으로 성장, 환경오염 발생

③ 충청 공업 지역(아산·당진·서산·대전 중심)

: 육상 교통 결절점, 수도권 인접해 있다는 장점으로 큰 성장세를 보임

    수도권 공업 지역의 분산 혜택이 나타남

    내륙 지역 – 첨단산업, 임해 지역 – 제철·자동차·석유화학 등 중화학 공업

④ 태백산 공업 지역

: 원료 지향성 공업 발달(시멘트 공업 중심)

⑤ 영남 내륙 공업 지역(대구·구미 중심)

: 풍부한 노동력을 바탕으로 노동 집약적 경공업 성장

    국내 인건비 상승 등으로 경쟁력 악화 – 공장의 해외 이전 발생(제조업 공동화 현상)

    새로운 산업으로 변모(구미 → 첨단전자로, 대구 → 고가가치 첨단 섬유로)

⑥ 호남 공업 지역(광주, 군산, 목포 중심)

: 중국과 가까운 곳으로 대중국 교역 중심지로 성장 가능성 높음

    제2의 임해 공업으로 성장 가능성 높음

14. 공업 입지의 변화

① 집적 이익이 발생되는 곳은 집중, 집적 불이익이 발생되는 곳은 분산

② 인건비 상승 : 노동 집약적 경공업 중국이나 동남아시아로 공장 이전

③ 기업 규모 성장

: 단일 공장 기업에서 다공장 혹은 다국적 기업으로 성장

　본사(대도시, 중심도시), 생산 공장(소도시, 지방, 주변지역), 연구소(대도시, 선진국)

15. 중심지 이론

: 중심지(주변 지역에 재화와 서비스를 공급하는 곳) 체계에 대한 이론

① 최소 요구치 : 중심지 유지를 위한 최소한의 수요(고객 수, 매출액)

② 재화의 도달 범위 : 중심지 기능이 미치는 한계 범위

③ 중심지 성립 조건 : 재화의 도달 범위 ≥ 최소 요구치의 범위

④ 고차·저차 중심지 비교

	최소 요구치	재화의 도달 범위	중심지 수	중심지 간격	중심지 보유 기능	이용 빈도 수
고차 중심지	큼	큼	적음	넓음	많음	적음
저차 중심지	작음	작음	많음	좁음	적음	많음

16. 정기 시장 & 상설 시장

① 정기 시장 : 정해진 기간 마다 열리는 시장(3일장, 5일장, 7일장 등)

　　　　　　상인의 이동○ (최소 요구치를 만족시키기 위해)

　　　　　　최소 요구치의 범위 ≥ 재화의 도달 범위

② 상설 시장 : 항상 설치되어 매일 열리는 시장(재래시장, 백화점, 대형할인점 등)

　　　　　　상인의 이동× (정기 시장과 달리 이동하지 않아도 최소 요구치 만족)

　　　　　　재화의 도달 범위 ≥ 최소 요구치의 범위

③ 인구 증가, 소득 수준 향상, 교통 발달 : 정기 시장은 쇠퇴하고 상설 시장은 성장함

17. 상업의 변화

① 백화점 : 도심과 부도심에 입지, 고차 중심지

② 대형할인점 : 주거지에 입지, 넓은 주차장 필요, 판매액 1위

③ 편의점 : 24시간 영업, 기본적인 생필품 취급, 성장률 1위, 판매액 최소

④ 무점포 상점 : 1990년대 후반 등장, 상업 활동의 시·공간 제약을 완화시킴

　　　　　　　　택배업·물류업의 동반 성장 유도, 성장률↑

18. 소비자 서비스 & 생산자 서비스

　: 누구를 위한 서비스냐, 서비스 수요 주체에 따른 구분

① 소비자 서비스

: 개인을 위한 서비스, 대부분 노동 집약적 서비스, 소비자 근처에 입지

　사업체 규모·업체당 종사자 수·노동 생산성↓

② 생산자 서비스

: 기업의 생산 활동을 돕는 서비스, 대부분 지식 집약적 서비스

　대도시의 도심이나 부도심에 집중(분포의 지역적 편차 큼)

　사업체 규모·업체당 종사자 수·노동 생산성↑

19. 산업 구조

① 전 산업화 단계 : 전 공업화 사회, 농업 중심(1차 산업 비중↑)

　　　　　　　　　노동력과 토지가 중요한 생산 요소

② 산업화 단계 : 공업화 사회, 공업 성장이 두드러짐, 이촌향도 현상(도시 인구 급증)

　　　　　　　　자본이 중요한 생산 요소, 소품종 대량 생산 방식

③ 후기 산업화 단계 : 탈공업화 사회, 서비스 산업의 전문화(3차 산업↑, 2차 산업↓)

　　　　　　　　　　지식과 정보과 중요한 생산 요소, 다품종 소량 생산

　　　　　　　　　　산업 구조의 고도화, 생산자 서비스업 비중 증가

20. 운송비 구조

① 기종점 비용 : 거리와 관계없이 일정한 비용, 터미널 유지비·수리비·보험료 등

　　　　　　　　항공 〉 해운 〉 철도 〉 도로

② 주행 비용 : 이동 거리에 따라 증가하는 비용, 연료비·인건비 등

　　　　　　도로 〉 철도 〉 해운

③ 운송비 체감의 법칙

　: 이동 거리가 늘어남에 따라 총 운송비는 증가하나 단위 거리당 운송비는 감소함

　　(이유) 거리와 무관한 기종점 비용 때문

　　해운 〉 철도 〉 도로 순으로 감소

21. 교통수단별 특징

① 도로 : 단거리 수송에 유리, 문전연결성·기동성↑, 국내 여객·화물 수송 분담률 1위

② 철도 : 중거리 수송에 유리, 정시성·안정성↑

　　　　　지형적 제약↑(특수철도-루프식, 스위치백)

　　　　　지하철 – 대도시와 그 주변 연결(대도시민의 출퇴근 수단), 여객 수송만 담당

　　　　　　　국내 여객 수송 분담률 2위

　　　　　철도 – 대도시와 원거리 대도시나 도 지역 연결

　　　　　　　　국내 여객 수송 분담률 3위, 국내 화물 수송 분담률 3위

③ 해운 : 장거리 대량 화물 수송에 유리, 속도 느림, 기상 조건 제약↑

　　　　　국내 여객 수송 분담률 5위(최하위), 국내 화물 수송 분담률 2위

④ 항공 : 장거리 여객·고부가가치 화물의 신속한 수송, 안전성↓, 기상 조건 제약↑

　　　　　국내 여객 수송 분담률 4위, 국내 화물 수송 분담률 4위(최하위)

대표 문제 풀이

1. 지도에 표시된 A 자원에 대한 설명으로 옳은 것을 고르면?

① 고생대 육성층에 매장되어 있다.

② 우리나라를 대표하는 금속광물이다.

③ 도자기 및 내화 벽돌의 원료로 이용된다.

④ 우리나라에서 가채연수가 가장 긴 자원이다.

⑤ 국가에서 정책적으로 생산량을 조절하고 있다.

* 정답 : ④

지도의 A는 석회석 분포 지역을 표시한 것입니다. 석회석은 고생대 조선누층군에 매장되어 있는 자원으로 조선누층군은 해성층입니다. 석회석은 우리나라에서 가채연수가 가장 긴 자원으로 비금속 광물로 시멘트 공업의 원료로 이용됩니다.
① 고생대 육성층에는 무연탄이 매장되어 있습니다.
② 석회석은 비금속광물입니다.
③ 도자기 및 내화벽돌의 원료는 고령토입니다.
⑤ 국가에서 정책적으로 생산량을 조절했던 것은 무연탄입니다.(석탄 산업 합리화 정책)

2. 자료는 1차 에너지원별 발전량 비중을 나타낸 것이다. A~D에 대한 설명으로 옳은 것은?

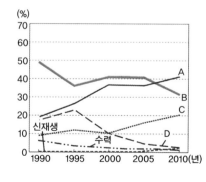

① 주로 수송용으로 이용되는 에너지는 A이다.

② B의 원료는 국내에서 일부 생산되고 있다.

③ C는 액화 냉동 기술 발달과 관계 깊다.

④ D는 청정에너지로 사용량이 증가하고 있다.

⑤ A~D 중 우리나라에서 소비량이 가장 많은 것은 C이다.

* 정답 : ③

자료는 1차 에너지원별 발전량을 나타낸 것으로, A는 석탄, B는 원자력, C는 천연가스, D는 석유입니다.
① 수송용으로 이용되는 것은 D입니다.
② 원자력은 원료의 해외 의존도 100%입니다.
④ 청정에너지는 B, C입니다.
⑤ 우리나라에서 가장 소비량 많은 것은 D입니다.

3. 자원 단원의 수업 내용을 정리한 내용이다. (가)~(마)와 관련된 설명으로 적절하지 <u>않은</u> 것을 고르면?

1. 자원의 의미
① 기술적 의미의 자원 ·················· (가)
② 경제적 의미의 자원 ·················· (나)

2. 자원의 특성
① 자원의 유한성 ···················· (다)
② 자원의 편재성 ···················· (라)
③ 자원의 가변성 ···················· (마)

① (가) – 쓰레기로 버려지던 폐기물에서 에너지를 얻고 있다.
② (나) – 우리나라의 텅스텐은 중국산에 밀려 더 이상 채굴하지 않는다.
③ (다) – 우리나라 동해 가스전은 2004~18년까지 채굴시기를 예상하고 있다.
④ (라) – 자원 민족주의와 자원의 무기화 현상이 발생한다.
⑤ (마) – 식량 자원의 의미와 종류는 지역에 상관없이 동일하다.

_{* 정답 : ⑤}

표는 자원의 의미와 특성을 설명하고 있습니다. 기술적 의미의 자원은 인간의 기술로 개발이 가능한 자원을 의미하고 경제적 의미의 자원은 생산했을 때 경제성을 가지는 자원을 의미합니다. 자원의 유한성은 매장량의 한계를, 편재성은 자원 분포의 불균등을, 가변성은 자원의 의미가 가치는 변한다는 것을 설명하는 것입니다.
⑤ 식량 자원의 의미와 종류는 지역에 따라 다릅니다. 이슬람교에서는 돼지고기를 먹지 않고 힌두교에서는 소를 신이라 여깁니다. 하지만 우리나라에서는 돼지고기와 쇠고기를 다 먹습니다.

4. 지도와 같은 분포를 보이는 신재생 에너지에 대한 설명으로 옳은 것은?

① 여름철 발전량이 가장 많다.
② 일조 시간이 긴 지역일수록 유리하다.
③ 발전 역사가 가장 긴 신재생 에너지이다.
④ 전력 생산에 있어 소음이 많이 발생한다.
⑤ 신·재생 에너지 중 전력 생산량이 가장 많다.

지도는 풍력 발전소 분포를 나타낸 것입니다. 풍력 발전소는 바람을 이용하여 전기를 생산하는 것으로 큰 풍차를 돌려 발전하므로 소음이 발생됩니다.
① 바람이 강한 겨울철에 발전량이 가장 많습니다. ② 긴 일조 시간은 태양광 발전에 해당합니다.
③ 발전 역사가 가장 긴 신재생 에너지는 수력입니다. ⑤ 신재생 에너지 중 발전량이 가장 많은 것은 폐기물입니다.

5. 제시한 자료를 통해 확인할 수 있는 우리나라 공업의 특색으로 옳은 것은?

(통계청, 2010년)

	사업체 수(%)	종사자 수(%)	출하액(%)
대기업	1.1	27.0	55.8
중기업	13.9	33.5	25.7
소기업	85.0	39.5	18.5

① 공업의 이중 구조
② 공업 구조의 고도화
③ 공업의 지역적 편재
④ 소비재 경공업 발달
⑤ 원료의 높은 해외 의존도

제시한 표는 대기업과 중기업과 소기업 간 사업체 수와 종사자 수, 출하액을 비교한 것입니다. 1% 정도의 대기업의 종사자 수가 27%, 출하액이 55.8%임을 통해 대기업과 중·소기업 간 불균형이 심하다는 것을 알 수 있습니다. 대기업과 중·소기업 간 불균형 발전을 공업의 이중구조라고 합니다.

6. 그래프는 인쇄·출판업 출하액을 나타낸 것이다. 경기·서울 지역에 인쇄·출판업이 집중하게 된 요인으로 가장 타당한 것은?

출판·인쇄·기록 매체 복제업(%, 2011년)

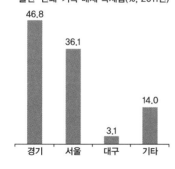

① 값싼 노동력이 풍부하다.
② 원료의 파손이 자주 일어난다.
③ 기술 및 정보 획득에 유리하다.
④ 소비자와 잦은 접촉이 가능하다.
⑤ 제품의 운송비를 절약할 수 있다.

출판·인쇄·기록 매체 복제업은 소비자와 잦은 접촉이 필요하여 소비지에 입지하는 시장 지향성 공업에 해당합니다.
① 값싼 노동력은 노동 지향성 공업에 해당합니다.
② 원료의 파손이 잦은 경우는 원료 지향성 공업입니다.
③ 기술 및 정보 획득에 유리한 곳을 선호하는 공업은 입지 자유형 공업입니다.
⑤ 제품의 운송비를 절약할 수 있는 곳을 선호하는 공업은 시장 지향성 공업이나 출판·인쇄·기록 매체 복제업과는 다른 이유로 시장에 입지합니다.

7. 그래프는 지역별 공업 구조를 나타낸 것이다. (가)~(다)에 해당하는 지역을 지도의 A~C에서 고른 것은?(단, 출하액을 기준으로 상위 5개 업종 이외에는 기타로 처리.)

(가)		(나)		(다)	
전자부품	39%	음식료	26%	전기 · 전자	32%
1차금속	24%	비금속광물	23%	석유화학	30%
자동차	6%	자동차	15%	운송장비	11%
기타	31%	기타	36%	철강	11%
				기타	17%

	(가)	(나)	(다)
①	A	C	B
②	B	C	A
③	B	A	C
④	C	A	B
⑤	C	B	A

표의 (가)는 전자부품과 1차 금속이 발달한 지역으로 경상북도 구미의 전자, 포항의 제철을 통해 C임을 확인할 수 있습니다. (나)는 음식료와 비금속광물이 발달한 지역으로 강원도의 수산물 가공과 석회석과 시멘트 공업을 통해 A임을 확인할 수 있습니다. (다)는 전기·전자와 석유화학, 운송장비, 철강 발달한 지역으로 충남 아산과 천안의 전기·전자, 서산의 석유화학, 아산의 자동차, 당진의 제철 공업을 통해 B임을 확인할 수 있습니다.

8. 자료는 여수와 광주의 제조업 업종별 비중을 나타낸 것이다. A, B에 대한 설명으로 옳은 것을 〈보기〉에서 고른 것은?

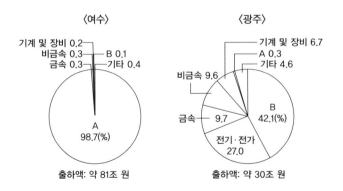

364

ㄱ. A는 단순 저렴한 노동력을 집중 투입한다.

ㄴ. B는 넓은 부지를 필요로 한다.

ㄷ. A와 B는 모두 집적 지향성 공업이다.

ㄹ. B에서 생산된 제품은 A의 원료가 된다.

① ㄱ, ㄴ   ② ㄱ, ㄷ   ③ ㄴ, ㄷ   ④ ㄴ, ㄹ   ⑤ ㄷ, ㄹ

* 정답 : ③

자료는 여수와 광주의 제조업 업종별 비중을 나타낸 것입니다. 여수에서 가장 큰 비중을 차지하는 A는 석유화학이고, 광주에서 큰 비중을 차지하는 B는 자동차입니다.
ㄱ. 석유화학은 자본 집약적 중화학 공업, 단순 저렴한 노동력을 필요로 하는 공업은 노동 집약적 경공업으로 섬유, 신발 등이 해당됩니다.
ㄹ. 석유화학의 원료는 석유입니다.

9. (가), (나) 시장 유형에 대한 설명으로 옳은 것을 〈보기〉에서 고른 것은?

(가)	채소, 생선, 그릇, 잡화 등 다양한 물건들을 판매하는 150여 개의 상점들이 들어서 있고 매일 이용할 수 있다.
(나)	3일마다 장이 서는 날이면, 직접 생산한 오이, 호박 등을 들고 나온 사람들과 장사꾼으로 활기가 넘친다.

〈 보기 〉

ㄱ. 상설 시장은 (가)에 해당한다.

ㄴ. (가)는 최소 요구치가 만족되지 않아 상인이 이동한다.

ㄷ. (나)는 촌락에 잘 발달되어 있다.

ㄹ. 경제가 성장하고 교통이 발달하면 (가)에서 (나)로 변한다.

① ㄱ, ㄴ   ② ㄱ, ㄷ   ③ ㄴ, ㄷ   ④ ㄴ, ㄹ   ⑤ ㄷ, ㄹ

* 정답 : ②

(가)는 항상 문 여는 시장인 상설 시장, (나)는 정해진 기간마다 문 여는 시장인 정기 시장입니다. 상설 시장은 재화의 도달 범위가 최소 요구치의 범위보다 커서 최소 요구치가 만족되어 상인들이 이동하지 않습니다. 이와 반대로 정기 시장은 최소 요구치의 범위가 재화의 도달 범위보다 넓어 최소 요구치가 만족되지 않아 이를 만족시키기 위해 상인들이 이동합니다.
ㄴ. 최소 요구치가 만족되지 않아 상인이 이동하는 시장은 (나)입니다.
ㄹ. 경제가 성장하면 최소 요구치 범위는 축소되고 교통이 발달하면 재화의 도달 범위가 확대되어 재화의 도달 범위 최소 요구치 범위보다 커집니다. 그럼 시장은 (나)에서 (가)로 변합니다.

10. 그래프는 시도별 서비스업 종사자 분포를 나타낸 것이다. A , B 서비스업에 대한 설명으로
옳은 것은?(단, A, B는 수요 주체에 따라 분류한 서비스업임, 통계청 2007년)

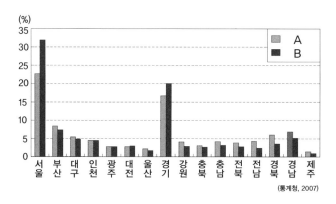

(통계청, 2007)

① 주거지에서는 A를 흔히 볼 수 없다.

② A는 지식 집약적 고부가가치 서비스이다.

③ 의료 서비스업은 B에 해당한다.

④ B는 사업체의 규모가 크고 노동 생산성이 높다.

⑤ 서비스업에서 A 비중은 증가, B 비중은 감소하고 있다.

* 정답 : ④

시도별 서비스업 종사자 수 분포에서 지역별 격차가 작은 A는 소비자 서비스업, 지역별 종사자수 분포 격차가 큰 B는 생산자 서비스업입니다. 소비자 서비스업, 주로 노동 집약적 서비스업에 해당하며 사업체 규모가 작고 노동 생산성이 낮습니다. 하지만 생산자 서비스업은 지식 집약적 서비스업으로 사업체 규모가 크고 노동 생산성이 높습니다. 서비스업에서 소비자 서비스업의 비중은 감소 추세이고, 생산자 서비스업의 비중은 증가 추세입니다.
① 주거지에서 흔히 볼 수 없는 것은 B입니다. ② A는 노동 집약적 서비스업입니다.
③ 의료 서비스업은 A에 해당합니다. ⑤ 서비스업에서 A 비중은 감소, B 비중은 증가하고 있습니다.

11. 그래프는 교통수단별 국내 수송 분담률을 나타낸 것이다. A~E에 대한 설명으로 옳은 것은?

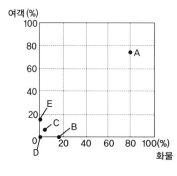

① A는 정시성이 뛰어나다.

② B는 단위 거리 당 운송비 체감률이 가장 크다.

③ C는 문전 연결성이 뛰어나다.

④ D는 여객보다 화물 수송 비중이 높다.

⑤ E는 기종점 비용이 가장 크다.

국내 화물과 여객 수송에서 있어 가장 큰 비중을 차지하는 A는 도로, 화물 수송 비중은 두 번째로 높으나 여객 수송 비중이 낮은 B는 해운, 여객과 화물 수송에서 세 번째 비중을 차지하는 C는 철도, 여객과 화물 수송 비중이 가장 낮은 D는 항공, 여객 수송 비중은 두 번째로 높으나 화물 수송을 하지 않는 E는 지하철입니다.

① 정시성이 뛰어난 교통수단은 C, E입니다.

③ 문전 연결성은 A가 뛰어납니다.

④ 항공은 화물보다 여객 수송 비중이 더 높습니다.

⑤ 기종점 비용이 가장 큰 교통수단은 D입니다.

우리나라 지역의 이해

6강

북한 지역의 특색

북한은 우리나라와 가장 가까운 나라이면서 가장 먼 나라이기도 합니다. 한반도 역사의 희로애락을 품고 있는 땅이기도 하고요. 북한은 한반도의 북부를 차지하고 있지만, 아시아 대륙 전체를 놓고 보면 동부 중앙에 있습니다. 중국의 수도 베이징(北京)과 일본 도쿄(東京)를 연결하는 중간에 자리하거든요. 평지는 거의 없고, 국토의 대부분이 산지입니다. 우리가 꼭 알아야 할 북한의 지리적 특성으로는 어떤 것이 있을까요?

북한의 날씨는?

지역 구분으로 보면 북한은 북부 지방입니다. **대륙성 기후**를 보이는 곳이지요. 중부, 남부 지방보다 기온의 연교차가 크고, 평균 강수량이 적습니다. 특히 중강진은 한반도의 **극한지***로 기온의 연교차가 가장 큽니다. 최한월 평균 기온이 −15℃ 아래로 떨어지는 곳이기도 합니다. 한반도 **최소우지**도 북한에 있는데, 바로 개마고원 일대와 관북 동해안 일대입니다. 개마고원은 중강진이, 관북 동해안은 청진이 소우지를 대표합니다.

북한도 겨울에는 동해안 일대가 따뜻합니다. 따라서 **같은 위도에 있**

*
극한지 : 기온이 가장 낮은 곳
**
최한월 : 연중 월 평균 기온이 가장 낮은 달

370

는 서해안보다 연교차가 작아요. 소우지를 한 군데 더 소개해볼게요. 바로 평양과 남포를 중심으로 한 대동강 하류 일대입니다. 이곳은 지형이 저평(낮고 평탄)하여 비가 적게 내립니다. 이번엔 북한의 다우지를 살펴봅시다. 낭림산맥의 서쪽에 있는 사면인 청천강 중상류와, 원산·장전을 중심으로 한 영동 동해안이 있겠습니다. 청천강 중상류는 희천 지역이 다우지를 대표합니다. 두 지역 중에서는 영동 동해안이 강수량이 더 많습니다.

북한의 서해안·내륙·동해안의 최난월 평균 기온, 연교차 그리고 강수량을 비교할 수 있어야 하고 자료가 제시되었을 때 구분해낼 수 있어야 한다.

지형은 동고서저!

북한은 북동쪽이 높고 서쪽은 평야 지역을 이룹니다. 마천령·함경·낭림산맥이 내륙에 분포해 있어 내륙 지역의 해발고도가 높습니다. 평안남·북도를 중심으로 관서 지방에 넓은 평야가, 관북 동해안에 좁은 해안 평야가 분포합니다. 그리고 한반도에서 제일 높은 백두산이 있습니다. 백두산은 종상화산과 순상화산이 결합된 복합화산형태입니다. 백두산 정상에는 분화구가 함몰되어 형성된 칼데라에 물이 고여 생긴 천지가 있지요. 천지와 같은 지형을 칼데라 호라고 합니다. 한반도에서 가장 넓은 고원인 개마고원도 있습니다. 개마고원은 현무암질 용암의 열하 분출로 형성된 용암대지입니다.

우리와 다른 자원 소비

북한에는 지하자원의 종류가 많고, 무연탄·석회석·철광석 등의 매장량도 많아 지하자원이 풍부합니다. 고생대 평안 누층군에 매장되어 있는 무연탄과 신생대 제3기층에 매장되어 있는 갈탄은 북한의 1차 에너지 소비 구조에서 가장 높은 비중을 차지합니다. 1차 에너지 소비 비중은 석탄 〉수력 〉기타 〉석유 순입니다. 북한에는 우리나라와 달리 천연가스와 원자력이 소비되지 않습니다. 함경산맥 주변에는

2000m 넘는 높고 험준한 산들이 분포하는데, 그 주변을 흐르는 하천은 수력 발전에 매우 유리합니다. **전력 생산에 있어 수력의 발전 설비 용량과 발전량 비중이 제일 큽니다.** 다음 두 번째로 비중이 큰 것은 화력이구요. 우리나라는 전력 생산에 있어 화력, 원자력, 수력이 주를 이루지만, 북한은 수력과 화력이 주를 이룹니다.

북한 사람들은 어디서 살고 있을까?

북한은 인구가 백만 명 이상인 대도시들의 발달이 미약해요. 도시화율이 60%밖에 되지 않아서 도시 인구 비율도 우리나라보다 낮죠. **관서 평야 지역과 관북의 동해안 평야** 일대에 인구 밀도가 높은 편입니다. 이 지역들을 중심으로 주요 도시들이 분포해 있습니다.

북한 제1의 도시는 **평양**입니다. 정치·행정의 중심지지요. 교외화·광역화 현상으로 주변 위성도시가 발달, 대도시권을 형성했습니다. 남포는 북한 제2의 도시로 평양의 외항이자 관문입니다. 남포는 대동강 하구에 위치하는데, 이곳에는 서해 갑문*이 설치되어 있습니다. 서해

*
갑문 : 물의 높낮이 차이가 심한 하천이나 운하 등의 수로를 막고 있는 둑에서 선박을 통과시키기 위해 물의 고저를 조절하는 문을 말한다.

서해 갑문
서해 갑문은 대동강 종합 개발 계획 때 추진된 북한 최대 규모의 갑문이다.

갑문 건설 이후 농업·공업용수 공급이 원활해지고, 수량 조절로 대
동강 하류 지역에 홍수가 일어나는 것을 방지할 수 있게 되었습니다.
또, 대동강 내륙 수운(물을 통한 운반) 기능 강화 및 육로 교통이 발달
했지요.

신의주는 경의선 철도의 종착지로 철도 교통 중심도시입니다. 중
국으로 가는 길목에 자리하고 있어서 중국과의 교역을 담
당하지요. 고려시대 역사 유적을 담고 있는 **개성**에는
우리나라 기업이 다수 입지한 개성공업지구
가 있습니다. 개성은 서울과의 거리가 60km
정도밖에 되지 않아요. 관북 동해안의 **청진·함
흥·원산** 등은 일제 강점기 때 형성된 광공업 도
시로 지금도 공업을 담당하고 있습니다.

<북한의 행정 구역, 직할시와 특별시가 아닌 도시는 도청 소재지>

어떤 일이 발달되었을까?

북한은 1차 산업의 비중이 20%를 차지합니다. 3차 산업과 2차 산
업은 비중의 차이가 크지 않아 산업구조의 고도화가 이루어지지 않
았습니다. 1차 산업도 불리한 기후와 지형, 기반 시설 부족 등으로 생
산성이 낮습니다. 산지가 많은 지형과 짧은 무상 기간 때문에 밭농
사가 주로 실시되죠. 관서 평야와 동해안 일대 해안 평야는 벼농사를
실시합니다.

2차 산업은 군수 공업과 관련된 중화학 공업 중심으로 우선 성장
되어 있습니다. 경공업 발달을 기반으로 성장한 중화학 공업이 아니
라서 경공업이 낙후되었고, 생필품 부족 문제가 발생하기도 해요. 공
업은 주로 원료 산지를 중심으로 발달합니다. **주요 공업 지역**으로는
평양·남포 공업 지역, 관북 해안 공업 지역이 있습니다. 평양·남포 공
업지역은 편리한 교통과 풍부한 노동력·자원을 바탕으로 성장한 북

한 최대의 공업 지역입니다. 관북 해안 공업 지역은 풍부한 자원을 바탕으로 기계·제철 등 중화학 공업이 발달되어 있습니다.

폐쇄주의 경제에서 개방으로

북한은 폐쇄적인 공산주의적 경제 체제를 고수하고 있었으나, 1980년대 들어서면서 한계를 느꼈습니다. 주변 공산주의 국가들의 개방 정책에도 영향을 받았고요. 그래서 북한도 외국 자본과 선진 기술 도입을 시도하는 부분 개방 정책을 펼치게 됩니다. 그 결과 네 군데에 개방 지역이 형성되지요.

개방 지역으로는 **나선 경제 특구, 신의주 특별 행정구, 금강산 관광 특구, 개성 공업 지구**가 있습니다. **나선 경제 특구**의 나선은 나진·선봉의 줄인 말로, 북한·러시아·중국의 접경 지역인 나진과 선봉을 중심으로 형성된 북한의 최초의 개방지역(1991년)입니다. 유엔개발계획(UNDP) 하에 다국적인 협력 사업으로 진행되었어요. **신의주 특별 행정구**는 홍콩을 모방하여 만들었습니다. 중국과의 접경지대로서 지리

북한의 개방 지역 네 곳의 각각의 특징과 위치를 구분할 수 있어야 한다!

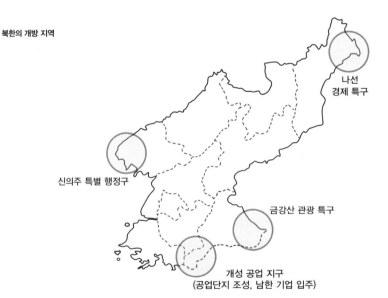

북한의 개방 지역

나선
경제 특구

신의주 특별 행정구

금강산 관광 특구

개성 공업 지구
(공업단지 조성, 남한 기업 입주)

적 이점을 갖고 있으나 2004년 개발이 중단된 상태입니다. 최근에 개발이 다시 논의되고 있지요. **금강산 관광 특구**는 다른 개방 지역과 달리 관광객을 통한 외화 유치가 목적이었습니다. 남한 민간 기업의 시설 투자로 관광 사업이 이루어졌죠. 1998년부터 해로(海路) 관광이 개시되었고, 2002년 관광 특구로 지정되었으며, 2003년 육로 관광이 시작되었습니다. 하지만 2008년 관광객 피격 사건 이후 관광이 잠정적으로 중단되었어요. **개성 공업 지구**는 남한의 자본·기술력과 북한의 저렴한 노동력을 이용하여 노동 집약적 경공업 제품을 생산하는 공업 지구입니다. 남북한 합작 공업 단지죠. 서울과 육로로 1시간 거리에 있다는 장점을 지니고 있으며 꾸준한 성장을 보이고 있습니다.

② 수도권 지역의 특색

말은 나면 제주도로 보내고 사람은 나면 서울로 보내라는 말이 있듯이 서울은 과거부터 우리나라의 중심지 역할을 하고 있습니다. 그리고 서울을 중심으로 한 경기와 인천도 서울의 영향을 받으며 수도권이란 이름으로 함께 성장했지요. 이번 시간에는 우리나라의 중심지인 수도권에 대해 알아보도록 할게요.

수도권이란?

수도권은 서울을 중심으로 한 대도시권을 말합니다. 서울특별시와 인천광역시 그리고 경기도가 수도권에 해당하지요. 수도권은 우리나라 면적의 약 12% 정도인데, 우리나라의 절반 가까이 되는 인구가 분포해 있습니다. 정치·경제·행정·교육 등 우리나라의 주요 기능이 집중되어 있는 곳이기도 합니다. 서울특별시는 조선시대부터 현재까지 수도 역할을 해왔습니다. 우리나라에서 제일 큰 도시이며 수도권의 핵심 지역이기도 합니다. 또 인천광역시에는 인천항과 인천국제공항이 있어요. 인천국제공항은 수도권의 국제 교류와 물류 중심지 역할을 하고 있습니다. 경기도는 수도권에 포함된 지방으로서 수도권 광역화로 많은 변화를 겪습니다.

수도권은 과밀화 현상으로 **집적 불이익**이 발생되고 있습니다. 인구

뿐만 아니라 사회 전반에 걸친 집중 현상이 이루어졌기 때문인데요, 이로 인해 국토의 불균형도 함께 나타났지요. 불균형 해소를 위해 정부는 **수도권 정비 계획법을 수립**했습니다. 수도권 과밀화 억제와 수도권 내 지역이 고르게 성장할 수 있도록 장려하는 것이죠. 과밀화를 막기 위한 공장 건설 면적을 정해두는 공장 총량제, 대형건물 건축 시 건축비 일부를 세금으로 부과하는 과밀부담금 등을 도입하고, 수도권의 신도시나 위성도시들이 스스로 자립하는 자족 도시가 될 수 있도록 많은 노력을 기울이고 있습니다.

한국 최초의 공업 지역

수도권 공업 지역은 역사적 전통, 넓은 시장, 풍부한 자본, 노동력, 우수한 기술력 등을 바탕으로 하는 우리나라 최대의 종합 공업 지역이죠. 제조업 업체와 종사자도 가장 많습니다. 하지만 중소기업 중심으로 성장했기 때문에 업체당 종사자 수는 적고, 노동 생산성도 낮은 편입니다.

수도권 공업 지역은 일제 강점기에 **경인**을 중심으로 만들어진 우리나라 최초 공업 지역이기도 합니다. 주로 경공업에 기대 성장했어요. 1960~70년대에는 정부의 주도로 **수출 산업단지 중심의 성장**이 이루어졌습니다. 최초 수출 산업단지는 현재 구로 디지털 단지인 구로 공단입니다. 1980~90년대에는 **수도권의 제조업 재배치***가 나타났습니다. 서울의 탈공업화 현상으로 제조업체들은 인천, 경기(특히 부천·안산)로 옮기게 되었답니다. 그 결과 서울은 **3차 산업의 비중이 증가하고 2차 산업 비중은 감소**했습니다. 대신 서울에는 본사가 주로 입지하게 되었고요. 경기와 인천에는 생산 기능을 담당하는 공장들이 들어서면서 **공업의 공간적 분업화**가 이루어졌습니다. 1990년대 이후부터는 **첨단 산업이 성장**하면서 우리나라 제1의 첨단산업 지역이 됩니다. 현재, 서

* 수도권의 제조업 재배치 : 공업 지역 형성 초기, 경공업과 중화학 공업 등이 섞여 있던 수도권 지역에서 공업이 성장하면서 제조업이 이동·분산되어 지역마다 공업의 특색이 다르게 나타나게 되었다. 서울에는 경공업과 첨단 서비스업, 경기에는 중화학 공업과 첨단 제조업, 인천에는 중화학 공업이 발달한다.

울은 IT 서비스업과 경공업, 인천은 중화학 공업, 경기는 IT 제조업과 중화학 공업 중심으로 발달하고 있습니다.

한국의 중심, 수도권의 변화

수도권의 변화와 각 지역의 특색을 알아볼까요?

수도권은 **광역·교외화 현상, 공업의 분산, 공업의 공간적 분업, 공업 구조의 변화**가 주요 특징입니다. 광역·교외화로 인해 서울의 인구는 감소되고 있고, 경기와 인천의 인구가 증가하고 있습니다. 서울과 교통 연계가 유연한 위성도시와 신도시가 발달했기 때문입니다. 그리고 수도권에는 **창덕궁, 종묘, 조선왕릉 40기, 수원 화성, 남한산성, 강화 고인돌 유적지** 등 유네스코가 지정한 세계문화유산들과 화강암으로 구성된 돌산인 북한산처럼 많은 관광 자원을 보유하고 있습니다. 일산(고양), 분당(성남), 남양주는 주거 기능을 담당하고 있는 대표적 도시입니다. 과천에는 정부제2종합청사가 있어 행정기능과 주거 기능을, 안산과 부천은 공업·주거 기능을 담당하고 있죠. 특히 안산은 외국인 노동자 비율이 매우 높고, 조력 발전소가 분포해 있습니다. 인천에는 자동차, 1차 금속, 석유화학 공업이 발달되었고, 서울의 바닷길과 하늘길의 역할을 도맡고 있어요. 파주에는 첨단산업 제조업과 출판단지가 조성되어 있는데요, 북한을 연결하는 교통 중심지로서 기대를

파주출판도시

모으고 있습니다. 수원은 경기도 행정중심지로 도청소재지이고 첨단산업 제조업이 발달되었죠. 광명과 화성·평택은 자동차 공업, 용인은 첨단 산업 제조업이 잘 발달한 지역입니다. 여주와 이천은 도자기로 유명한 지역인데요, 이곳에서는 주기적으로 도자기 축제가 개최됩니다.

수도권 일대 행정구역

3 충청 지방의 특색

수도권에 인접해 있으면서 능수버들과 호두과자로 유명한 천안, 과학엑스포와 과학 공원으로 유명한 대전, 신행정수도라 불리는 세종시는 모두 충청도 지방의 주요 도시입니다. 대학도 많이 들어서 있고요. 특히 천안은 서울과 지하철이 연결됨으로써 인구가 급성장한 도시 중의 하나입니다.

수도권의 이웃, 충청!

금강(호강)의 서쪽에 해당되어 호서 지방이라고 불리는 **충청 지방은 대전광역시, 세종특별자치시, 충청북도, 충청남도로 구성**됩니다. 충청은 조선 시대에 영남 지방과 호남 지방은 연결시켜주는 역할을 하는 육상 교통의 요지였습니다. 금강을 이용한 내륙 수운기술도 뛰어났죠. 일제강점기 대전은 철도교통의 중심지였습니다. 호남선과 경부선이 대전에서 갈라졌거든요. 1970년대 이후에는 경부·호남·중부내륙·서해안 고속국도 등이 생겼어요. 2004년에는 고속 철도 개통, 2005년에는 천안까지 지하철이 이어지면서 접근성이 더욱 높은 지역이 되었습니다. **충청 지방은 수도권과 남부 지방을 연결시켜 주는 육상 교통의 중심지입니다.** 접근성이 높고 수도권과 가깝다는 점을 기반으로 가장 큰 성장세를 보이고 있죠. 수도권의 공업 분산 정책 과정에서 많은 공장들이 충청지방으로 이동했습니다. 수도권과 거리가 가깝고 교통이 편리하다는 이유에서였죠. 수도권과 지하철 연결로 인구 분산도 이루어졌습니다.

각종 산업의 발달

충청 지방은 **수도권 분산 정책**과 **중국과의 교류 확대 정책**으로 산업이 발달했습니다. 제조업은 충남의 북쪽 **서산, 당진, 아산**을 중심으로 성장했는데요, 서산은 석유화학, 당진은 제철, 아산은 자동차 즉 중화학 공업의 성장이 두드러집니다. **대전과 오송**에는 카이스트와 대덕연구단지를 중심으로 **첨단 산업이 발달**했고요. **천안과 아산에는 IT제조업**이 입지해 있습니다. 중화학 공업과 첨단 산업이 두루 성장한 지역이죠. 수도권, 동남권(부산·울산·경상남도) 다음으로 제조업 종사자들이 많고 생산액도 높습니다.

충청을 향하여

충청 지방에는 여러 유명 도시들이 있습니다. 대전(경부선·호남선 분기점)과 천안(경부선·장항선 분기점)은 철도 교통으로 유명합니다. 천안과 아산은 수도권과 전철로 이어지므로 수도권의 인구 분산에 영향을 미쳤습니다. 세종특별자치시는 국토의 균형 발전*을 위해 형성된 행정 복합 중심 도시입니다. 충청 지방에는 **기업 도시와 혁신 도시**도 있습니다. 기업 도시는 민간 기업의 주도로 개발되는 도시를 의미합니다. 기업도시로는 태안과 충주가 있어요. 혁신 도시는 수도권 소재의 공공기관이전을 토대로 도시 성장을 이끌어내는 도시입니다. 충청 지방의 혁신 도시로는 진천과 음성이 있어요. 한편 대전에 있던 충남 도청은 내포 신도시로 옮겼습니다.

충청 지방은 중화학 공업과 도시 관련 문항이 자주 출제된다. 중화학 공업과 해당 지역을 잘 연결시켜야 하고 해당 지역의 위치를 지도에서 확인할 수 있어야 한다. 그리고 아산, 천안, 대전, 세종시의 특징과 위치도 기억해둘 것. 석탄 산지에서 머드 축제와 석탄 박물관 건설 등에 의해 관광지로 바뀐 충남 보령, 석회석과 카르스트 지형으로 유명한 충북 단양도 함께 외워두자.

*
세종특별자치시와 국토의 균형 발전의 관계 : 세종특별자치시는 신행정수도를 건설하여 서울에 집중되어 있는 행정 기능 분산과 더불어 산업시설, 연구시설, 교육시설 등의 분산을 유도하여 서울을 비롯한 수도권의 과밀화를 해소하고 기능분산을 통해 국토의 균형 발전을 실현하고자 추진되었다.

충주 전경

충청 지방 행정구역도
충청남도(좌)
충청북도(우)

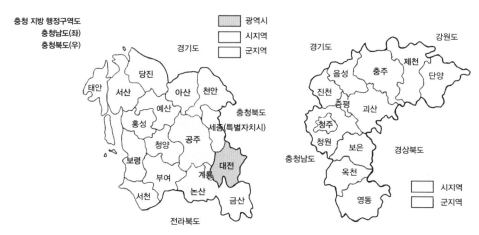

광역시
시지역
군지역

경기도

당진

태안   서산   아산   천안

        예산

홍성   충청북도

        청양   공주   세종(특별자치시)

보령

        부여   계룡   대전

서천   논산

                금산

전라북도

경기도   강원도

        음성   충주   제천

                        단양

진천
        증평   괴산

        청주

충청남도   청원   보은   경상북도

                옥천

                영동

시지역
군지역

382

강원 지방의 특색 ④

수도권의 동쪽에 분포하는 강원도는 태백산맥과 동해안, 그리고 지하자원으로 유명한 지역입니다. 사계절 우리에게 자연의 아름다움을 즐길 수 있게 해주는 강원도에 대해 알아봅시다.

한국의 중추, 태백산맥을 가진 강원

강원도는 수도권의 동쪽에 자리하고 있습니다. 우리나라에서 제일 험한 산줄기인 태백산맥이 지나가는 지역이죠. 태백산맥, 즉 대관령을 기준으로 동쪽을 **영동지방**, 서쪽을 **영서 지방**이라 불러요. 태백산맥으로 나뉜 영동과 영서 지방은 기후와 지형, 그리고 문화에서도 차이가 납니다.

영동 지방은 산지의 경사가 급합니다. 하천의 길이가 짧고, 하천의 경사도 급합니다. 동해안과 접하는 지역에는 좁은 해안 평야가 분포되어 있습니다. 해안에는 사빈, 해안단구, 석호 등이 발달했고요. 이러한 지형을 바탕으로 영동 지방은 수산업과 관광업이 활발하게 나타납니다.

영서 지방은 산지가 대부분 완경사(완만한 경사)로 이루어졌습니다. 경동성 요곡운동의 작용을 받아 형성된 고위평탄면이 발달되어 있죠. 대하천의 상류가 감입곡류하천 형태이며 춘천, 원주, 양구 등의 침식

분지가 형성되었어요. 산지를 중심으로 밭농사와 목축업, 관광업이
발달합니다.

동과 서의 다른 날씨

영서 지방은 한강 중상류 일대로 다우지에 해당됩니다. 우리나라에
서 여름의 강수 집중률이 가장 높죠. 영서 산간지방(대관령 일대)은 다
설지입니다. 북서계절풍과 높은 산지 때문에 눈이 많이 내려요. 그리
고 내륙 지방이므로 영동 지방에 비해 기온의 연교차가 큽니다. 대
륙성 기후의 특징을 보이고, 늦봄과 초여름 사이에는 높새바람의 영
향을 받기도 합니다. 높새바람은 오호츠크 해 기단에 의한 북동풍이
태백산맥을 넘는 과정에서 나타난 푄현상과 관계 깊죠.

영동 지방은 다우지로, 태백산맥과 북동기류의 영향
을 받아요. 겨울철에는 눈이 많이 내립니다. 바다 가
까이에 있어, 영서 지방에 비해 여름엔 강수 집중
률이 낮고 겨울엔 강수 집중률이 높습니다. 동해
의 수심 깊은 난류와 태백산맥 덕분에 겨울에는
기온이 따뜻한 편입니다. 기온의 연교차도 영서
지방과 같은 위도상의 서해안에 비해 작아요.

영동&영서 지방 구분

광업에서 관광으로

강원은 우리나라 **제1의 광업 지역**으로 무연탄, 석회석, 텅스텐 등이
매장되어 있습니다. 우리나라에서 무연탄과 석회석이 가장 많이 매장
되어 있는 곳이 강원입니다. 하지만 지하자원의 생산량 감소 및 에너
지 소비 구조 변화 등으로 광업 특히 **탄광 산업은 쇠퇴**했습니다. 이는
탄광 지역의 인구 감소, 산업 철도의 쇠퇴 등으로 이어졌습니다. 이를
극복하기 위해 **관광 산업을 발전**시켰습니다.

탄광도시인 태백과 정선이 그 예입니다. 태백은 지형과 기후를 이용해 눈꽃축제를 개최하고, 버려진 폐광에 석탄박물관을 건설했습니다. 정선은 폐쇄된 철도를 재활용하여 레일 바이크를 만들고, 강원랜드(카지노장)를 유치했죠.

다양한 자원의 이용

한강 상류에 해당하는 강원도에는 많은 수력 발전소가 건설되어 있습니다. 대관령에는 풍력 발전소가 있고요. **고위평탄면인 영서고원(대관령이 대표적)**에서는 여름철 서늘한 기후와 편리한 교통(영동고속국도)을 이용하여, 배추와 무를 생산하는 **고랭지 농업을 실시**합니다. 평창은 눈이 많이 내리는 기후적 장점과 고위평탄면이라는 지형적 장점으로 2018년 동계올림픽 개최를 앞두고 있습니다. **원주**에는 **첨단의료기기관련 첨단산업**이 성장 중이에요.

영월, 삼척 등 **강원도 남부**는 **카르스트 지형**이 발달했습니다. 돌리네, 붉은색의 석회암 풍화토가 분포하며, 관광지로 이용되는 석회 동굴이 있습니다. 석회석은 시멘트 공업에 활발하게 사용되죠.

비무장지대와 가까운 **철원**에는 **현무암질 용암의 열하 분출로 형성된 용암대지**가 분포합니다. 용암대지 위에서는 **벼농사**를 실시해요. 이곳에서 생산된 쌀이 바로 오대미(오대쌀)랍니다.

강원도는 기후 비교,(영동·영서, 동해안·서해안·내륙), 지형(감입곡류하천·침식분지·고위평탄면·카르스트 지형 등), 발전소(수·풍력 발전) 등 자연환경과 관련된 문항들이 자주 출제된다.

시지역
군지역

강원 지방 행정 구역도

고성
철원 화천 양구 속초
인제 양양
춘천
경기도 홍천 강릉
횡성 평창 동해
원주 정선 삼척
영월 태백
경상북도

5 호남 지방의 특색

우리나라 최대의 곡창지대로 유명한 호남 지방은 농업과 어업이 발달하여 음식문화가 발달하였고, 농악·풍어제 등 독특한 문화와 한지·죽세공품·목기 등 다양한 재래 수공업이 발달한 지역이기도 합니다. 이러한 독특한 특징을 가진 호남 지역에 대해 알아봅시다.

호남이란?

호강 또는 금강의 남쪽에 해당하는 **호남 지방은 광주광역시, 전라북도, 전라남도로 구성**되어 있습니다. 호남 지방은 예로부터 우리나라의 최대의 **곡창 지대로 벼농사가 발달**했습니다. 리아스식 해안인 서해안과 남해안에 접해 있어 **양식업과 어업도 발달**되었습니다. 경상남북도를 포함한 영남 지방과 더불어 남부 지방에 해당되는 지역으로 기온이 온화하고 특히 전라북도 일대는 겨울 강수량이 많습니다.

눈의 땅, 황해

호남 서해안은 차가운 **북서풍과 따뜻한 바닷물이 만나 기층이 불안정해져 폭설**이 내립니다. 그리고 경상북도와 인접한 전라북도 서쪽 즉 소백산맥 서사면은 **북서계절풍과 지형의 영향으로 눈이 많이 내립니다.** 소백산맥에 위치한 진안고원(무주·진안·장수) 일대에는 무주리조트가 있어 겨울 레포츠를 즐길 수 있습니다. 기후와 지형의 영향으로 호남 지방은 문화적 자원이 풍부한 예술의 고향으로 발전했습니다.

호남의 서해안 시대

호남 지방은 원래 농업과 수산업 등 1차 산업의 비중이 높았습니다. 전주의 한지, 담양의 죽세공, 남원의 목기(나무 그릇) 전통 공업인 재래(가내) 수공업이 발달하기도 했습니다. 1970년대부터 공업화·산업화가 나타나면서 호남 지방도 변화를 겪습니다. 이리(현재 익산)에 수출자유지역이 지정되었죠. 남동임해공업 지역에 해당하는 여수, 광양에 중화학 공업 단지가 건설되었습니다. 하지만 수도권과 영남 지방보다 공업이 더디게 발달하여 인구의 유출이 많아지고 낙후 지역이 되었죠.

1990년대, **중국과의 교류가 활발**해지고, **국토의 균형 발전**이 중요시되면서 **서해안 개발**이 활성화되었습니다. 호남 바닷가에는 산업 단지가 조성되었고요. 그 예로 신산업 지대로 조성된 군장광역산업기지(군산-장항), 대불공단(영암)이 있습니다. 영암에는 조선소가 생겼고 광주에는 자동차 산업과 **광산업**이 발달했습니다. 광산업은 광케이블, 광통신 등 빛을 이용한 산업을 모두 담당하는 첨단산업입니다.

서해안 시대를 맞이하여 호남 지방은 제조업이 성장했습니다. 그리고 군산-새만금 경제자유구역*, 광양만권 경제자유구역을 통해 국제화·세계화 시대에 대비하고 있어요.

*
경제자유구역 : 외국의 자본과 기업을 유치하기 위해 각종 혜택과 규제 완화 등을 제공하는 지역이다. 우리나라에는 현재 3차에 걸쳐 여덟 개의 경제자유구역이 지정되었다(1차-부산·진해, 인천, 광양만권 경제자유구역, 2차-서해, 군산·새만금, 대구·경북 경제자유구역, 3차-충북, 동해안권 경제자유구역). 인천 송도를 국제도시라고 부르는 것은 송도가 바로 인천 경제자유구역에 해당되기 때문이다.

문화의 고향 호남

호남 지방 각 지역의 특색과 다양한 축제·행사들을 알아보겠습니다. **군산**은 금강 하구로 하굿둑이 설치되어 있고 **자동차 산업이 발달**되어 있습니다. **새만금 간척지의 핵심 지역**이기도 해요. 조차를 극복하기 위한 특수 항만 시설인 뜬다리 부두도 있답니다.

김제는 벼농사 문화 축제인 **지평선 축제**로 유명합니다. 전라북도의 행정 중심지이자 대표 도시인 **전주**는 **예향**으로 유명하죠. 판소리를 중심으로 한 대사습놀이가 매년 열리고, 전주국제영화제도 열립니다. 관광지로 **한옥 마을**이 있고, 전통 종이인 한지의 생산지이기도 합니다. **임실**은 치즈 마을로 알려져 있어요. 춘향전의 배경이 된 **남원**은 **춘향제**와 재래수공업인 **목기, 침식 분지**가 특징입니다. **순창**하면 고추장이죠. 그래서 **장류 축제**가 활발하게 열립니다.

이번에는 전라남도로 가볼까요? **영광**은 지역 특산물로 **영광 굴비**가 있습니다. **원자력 발전소**가 있다는 것도 특징이죠. **담양**은 대나무 관련 **죽세공**으로 유명해요. **함평**에서는 **나비 축제**가 열립니다. **광주광역시**는 **자동차와 광산업**이 발달했습니다. 자동차 공업을 판독할 때 광주는 중요한 지표가 됩니다. 광주에서는 국제 미술전람회인 '비엔날레'가 열리죠.

화순은 **과거 석탄 산지**로 많이 알려졌습니다. 유네스코 지정 문화

화순 고인돌 유적

유산인 **고인돌 유적**이 있는 곳이기도 합니다. **진도**는 **진돗개**가 유명하죠. 그리고 바닷길이 열리는 자연현상을 이용해 **진도 신비의 바닷길 축제**가 열립니다. 진도에 위치한 **울돌목**은 **조류 발전소**를 시험 운행 중인 지역입니다. **해남**은 한반도 **땅 끝**으로 이를 이용한 관광산업이 발달되었습니다. **보성**은 **녹차**로 유명하고 **다향제**가 열리죠. **순천**은 세계 5대 연안 습지 중 하나인 **순천만**이로 유명합니다. 순천만에서는 갈대 축제와 정원박람회가 개최됩니다. **여수**에는 **석유화학 단지**가 입지해 있습니다. **광양**은 **제철소**로 유명하고요.

호남은 여행 코스나 지역 특색을 찾는 문항에 자주 등장한다. 그리고 공업에서 광주의 자동차, 여수의 석유화학, 광양의 제철, 전력 생산에서 영광의 원자력 발전, 전라도 일대의 태양광 에너지는 해당 공업과 전력생산 방식을 판독하는 지표가 된다.

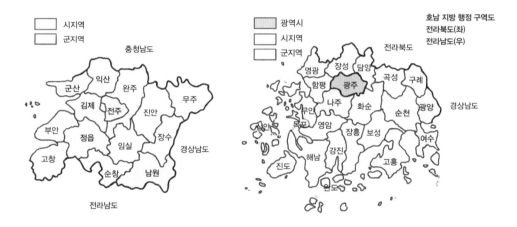

389

6 영남 지방의 특색

영남 지방은 호남 지방과 더불어 우리나라 남부 지방에 속하는 곳으로, 우리나라 제2의 도시인 부산과 우리나라에서 제2의 공업 지역이자 우리나라 제1의 중화학 공업 지역인 남동 임해 공업 지역이 분포하는 곳입니다. 상주의 곶감, 대구의 사과, 성주 참외 등 경북은 전국 최대 과일 생산 지역이기도 하지요. 석굴암, 불국사 등 통일신라 하면 떠오르는 경주도 영남 지방에 해당하고요.

신라의 후예 영남

문경새재인 조령의 남쪽에 위치한 **영남 지방은 부산광역시, 대구광역시, 울산광역시, 경상북도와 경상남도로 구성**되어 있습니다. 영남 내륙 지방은 낙동강 중상류 일대로 태백산맥과 소백산맥으로 둘러싸인 분지 형태를 띱니다. 그리고 낙동강 하구에는 충적평야인 삼각주가 발달되어 있고 남해의 영향으로 하굿둑이 건설되었죠.

영남의 날씨

영남 지방은 해안과 내륙 지방의 기후 특색이 매우 다릅니다. 특히 **영남 내륙 지방**(낙동강 중상류 일대)의 강수와 기온이 매우 독특합니다. 이 지역은 분지의 영향으로 소우지에 해당하는데요, 대표적인 도시로 대구와 구미가 있습니다. 푄현상의 영향으로 강수량이 적고, 여름에는 덥고 겨울에는 따뜻하답니다. 우리나라의 극서지(가장 더운 지방)가 대구인 이유가 여기에 있죠. 일반적으로 동위도상 기온의 연교차가 내륙보다 해안이 작습니다. 하지만 대구는 동위도 상의 군산(서해안)보다 연교차가 작아요. 남해안 일대는 위도와 바다의 영향으로 연교차가 낮습니다. 겨울에는 기온이 0℃ 이상으로 온화하지요. 그리고 남해(1839mm), 거제(2007mm) 등 남해안 일대는 강수량이 많습니다.

우리나라의 소우지는 북한처럼 연강수량이 1000mm 미만이 아니다. 혹 기후 자료에 연강수량이 1000mm 미만인 지역이 나오면 그 지역은 우리나라가 아닌 북한 지역 일대로 봐야 한다.

공업의 중심, 영남

영남 지방은 **공업**으로 유명합니다. 풍부한 노동력, 교통(도로·철도) 발달, 국가의 정책적 지원, 임해 지역의 특징(공업에 유리)이 결합되어 우리나라 제2의 공업 지역으로 성장했죠. 우리나라 최대 중화학 공업 지역이기도 합니다. 공업도 영남 내륙 지방과 남동 임해 지역은 서로 다른 양상을 보입니다. 대구와 구미를 중심으로 한 영남 내륙 지방은 섬유 공업과 전자 조립 등 노동 집약적 경공업이 주가 되었으나, 노동 집약적 **경공업의 쇠퇴로 공업 구조가 변화**하고 있습니다. 구미는 전자 조립 중심이었으나, 첨단 전자 제품 생산 공장이 들어서면서 **첨단 산업 중심**으로 변화했습니다. 대구도 고부가가치 섬유 산업으로 변신을

수능 팁
각 지역별 공업의 특색은 꼭 기억해둬야 한다. 공업 단원은 출제 빈도가 매우 높은데 특히 각 공업의 특색과 각 공업의 대표 지역을 연결시켜 기억해 두자!

포항제철소

거제 조선소

모색 중입니다. **남동 임해 지역**은 포항의 제철, 울산의 석유화학과 자동차, 거제의 조선, 창원의 기계 등은 **중화학 공업이 발달**했습니다.

영남 지방의 도시는 산업화 이전에는 상주·진주·대등 내륙이 중심이었습니다. 산업화 이후에는 **대도시(부산, 대구)와 신흥 공업 도시(울산, 포항, 창원, 구미 등)를 중심으로 성장**했어요. 부산과 대구는 대도시권을 형성했고, 통근권 확대 등의 생활권이 확대되었습니다. 교외화에 따라 위성도시(부산-양산, 대구-경산)가 형성되기도 했죠.

영남의 다양한 얼굴

영남 지방 각 지역의 특징을 살펴봅시다! **울진**은 **원자력 발전소**와 **카르스트 지형**(석회 동굴)이 분포되어 있습니다. 조선시대 영남로와 한양을 연결하는 관문이었던 **문경**은 **석탄(무연탄) 산지**로 유명했으나, 현재는 **석탄 박물관과 문경 새재를 이용한 관광 산업**이 발전되었습니다. **안동**은 **유교 문화와 유네스코 지정 세계문화 유산인 하회마을, 하회탈**로 유명합니다. 국제 탈춤 페스티벌도 열리죠. 경북 도청이 이전할 예정에 있기도 합니다. 우리나라 도시 순위 4위인 **대구**는 과거 사과 재

해인사 팔만대장경

배지로 유명했고, 지금은 **섬유 산업**으로 유명합니다. **극서지, 소우지**라는 특징도 있죠. **구미**는 전자 조립으로 유명했지만, **첨단 전자**로 공업 구조가 바뀌었습니다. **포항**은 **제철(1차 금속) 공업**이 발달되었어요. 통일 신라 문화의 중심인 **경주**는 **월성 원자력 발전소와 방사능 폐기물 처리장(방폐장)**이 입지해 있고, 유네스코 지정 세계문화

하회 탈춤

유산인 **석굴암·불국사, 경주역사지구, 양동 마을**이 있습니다. **합천** 해인사에는 **유네스코 세계문화유산인 팔만대장경**과 그것을 보관하고 있는 **장경판전**이 있습니다. **창녕**은 **우포늪**으로 유명해요. 우포늪은 람사르 협약에 등재된 보호 습지로서 우리나라 최대의 내륙 습지이며 범람원 배후습지의 원형을 간직한 곳입니다.

남해는 바닷가 급경사 지역을 계단식 농경지로 조성한 **다랭이 논**이 유명합니다. **고성**은 **중생대 지층**의 분포로 **공룡테마파크**가 조성되어 있습니다. **통영**은 과거 해안선을 방어하기 위해 만든 **방어 취락**이며, 전통 재래 수공업자들이 **나전칠기**를 생산했습니다. **거제**는 **조선업 중심**으로 성장했어요. **창원**은 **경상남도 도청 소재지**로 **기계 공업**이 돋보이죠. **창원**은 2010년 마산·진해·창원이 통합되면서 도시 수준이 전국에서는 9위, 영남에서는 4위로 성장했습니다. **울산**은 우리나라에서 가장 늦게 광역시로 승격된 도시입니다. 2차 산업의 비중이 매우 높아 대도시임에도 불구하고 종합 기능 도시보다는 **공업 도시**로 분류됩니다. **석유화학, 자동차,** 조선 등 대기업 중심의 중화학 공업이 발달했죠. 1인당 지역 내 총생산액이 가장 많고, 노동 생산성이 높고 사업체당 종사자 수가 많으며 사업체 규모도 큽니다. 산업 구조도 다른 도시들과 달리 **2차 〉 3차 〉 1차 순**으로 독특한 특징을 보입니다. 일반적인 산업 구조는 3차 〉 2차 〉 1차로 나타나죠.

우리나라 제2의 도시인 **부산**은 **자동차 산업**과 **신발 산업**으로 유명합니다. 하지만 노동 집약적경공업의 쇠퇴로 부산의 신발 산업도 침체를 겪게 되었습니다. 현재 고부가가치 기능성 신발 산업으로 바뀌

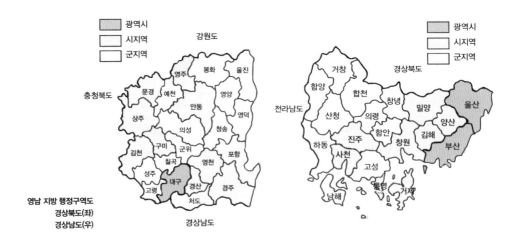

영남 지방 행정구역도
경상북도(좌)
경상남도(우)

고 있죠. 부산에는 **고리 원자력 발전소**가 있고, 우리나라에 제일 큰 국제 영화제인 부산 영제 영화제가 매년 개최됩니다. 낙동강 하구에는 우리나라에서 유일하게 볼 수 있는 **낙동강 김해 삼각주**가 있습니다. 그리고 낙동강 하구에는 낙동강 하굿둑도 볼 수 있습니다.

7 제주 지역의 특색

귤·한라봉·천혜향, 말 그리고 돌하르방 하면 생각나는 곳, 바로 제주도입니다. 제주도는 우리나라에서 제일 큰 섬이자 기후적으로나 지형적으로 한반도 본토와 특징이 매우 다른 지역이죠. 제주도에 도착하자마자 공항 주변에 서 있는 야자수를 보면 정말 한국이 아닌 것 같다는 생각이 들 정도입니다. 이렇듯 독특한 자연환경을 지닌 제주도에는 관광 산업과 농업이 발달해 있어요. 기후·지형·문화 등이 독특하여 세계적인 관광지로 각광받고 있답니다. 정부에서도 이 같은 장점을 이용하여 관광 및 휴양지로 성장시키기 위해 제주도를 제주특별자치도로 지정하는 등 많은 노력을 기울이고 있습니다.

제주도의 독특한 날씨

제주도는 자연환경이 매우 특이한 지역입니다. 기후로 보면 우리나라에서 기온이 연교차가 최저인 지역이죠. 최난월(27.1℃), 최한월(6.8℃) 평균 기온이 최고입니다. 제주도 혹은 한라산의 **저지대는 난대림**이 분포하고, 고도가 높아지면서 **온대림–냉대림–관목림–고산 식물대**로 이어집니다. 우리나라에서 식생의 수직적 분포를 가장 명확하고 다양하게 볼 수 있는 지역이죠.

제주도 행정구역도

　제주도는 **다우지**로 서귀포와 성산 일대가 연간 강수량이 1900mm 이상입니다. 한라산이 동서로 길게 섬을 가로지르고 있는데, 한라산의 남사면에 해당하는 서귀포와 북사면에 해당하는 제주는 기온과 강수의 차이가 큽니다. 한라산의 남사면에 해당하는 **서귀포**는 기온도 높고 강수량도 많습니다. 반면 한라산의 북사면에 해당하는 **제주**는 서귀포보다 기온이 낮고 강수량은 무려 400mm나 적습니다. 강한 바람이 많이 부는 제주도는 해안가에 풍력 발전소가 건설되어 있습니다.

기후 자료에서 최한월 평균 기온이 5℃를 이상이면 일단 제주도라 생각하면 된다.

화산의 땅, 제주도

　제주도는 우리나라에서 가장 다양한 화산 지형이 분포하는 **화산섬**입니다. 제주도는 전반적으로 **순상화산** 형태입니다. **한라산**은 백두산처럼 산록부는 순상화산, 정상은 종상화산으로 복합화산의 형태를 보이고요. 한라산 정상에는 백록담이라는 화구호가 있습니다. 백두산의 천지와는 다른 지형으로 천지는 칼데라 호입니다. 하지만 백록담은 화구 주변에 용암이 쌓이고, 그 안에 물이 고여 형성된 화구호에

제주도 한라산(좌)
제주도에 있는 무덤(우)
무덤 가장자리를 돌로 쌓았다.

요. 분화구의 함몰이 없고 그 직경이 $2km$가 되지 않습니다.

　제주도의 **기생화산, 주상절리, 용암동굴**은 **관광자원**으로 이용되고 있습니다. 주로 유동성이 큰 현무암질 용암이 분출하여 형성되었기 때문에 기반암은 **현무암**이고, **현무암 풍화토**가 분포합니다. 기반암이 현무암이기 때문에 지표수(지표면에 남아있는 물)가 부족하죠. 빗물이 지하로 스며들며 하천은 비가 내릴 때만 흐르는 **건천**의 형태를 보여요. 강수량이 많음에도 물이 고이지 않기 때문에 수력 발전이 이루어지지 않습니다. 지하로 스며든 물은 해안가에서 **용천**(샘)이 되어 드러나므로 생활용수를 구하기 쉽습니다. 그래서 촌락은 주로 해안가에 분포하지요.

　제주도의 전통 가옥을 살펴보면 강한 바람을 막기 위한 그물 덮은 지붕, 주변에 많은 돌을 이용하여 만든 돌담 등을 볼 수 있답니다. 제주도 사람들은 한때 부엌을 정지라고 불렀고, 안방 뒤에 고방 혹은 고팡이라 부르는 곡물저장 창고도 가지고 있죠.

제주도의 용암 동굴과 카르스트 지형의 석회 동굴의 차이를 기억해두자.

섬사람들의 일과 문화

　제주도는 **관광 산업과 밭농사 중심의 농업**이 발달한 지역입니다. 산업 구조가 다른 지역과는 달리 **3차 〉1차 〉2차** 순으로 나타납니다. 제주도는 **과수 중심의 밭농사**와 **2차 초지대에서 이루어지는 목축업**이 발달합니다. 관광과 관련된 서비스 산업 비중 또한 높습니다. 그에 반해 제조업 비중은 매우 낮습니다. 제주도의 **한라산·성산일출봉·거문 오름 동굴계**는 유네스코 지정 세계의 자연 유산으로 등재되어 있어요. 세계 지질 공원으로 지정되어 있기도 합니다. 제주도는 관광뿐만 아니라 학술적·자연적 보전 가치가 매우 높은 지역입니다.

1. 북한 지역 특색

① 기후 : 대륙성 기후(연교차 큼), 극한지(중강진), 연평균 강수량 적음

　　　　소우지 – 개마고원일대(중강진), 관북 동해안(청진), 대동강 하류 일대(평양·남포)

　　　　다우지 – 청천강 중상류 일대(희천), 영동 동해안 일대(원산·장전)

② 지형 : 북동부 – 산간지대, 서부 – 평야지대

　　　　내륙 – 마천령·함경·낭림산맥 분포, 관서지방·관북 동해안 – 평야 분포

　　　　백두산(복합화산), 천지(칼데라 호), 개마고원(용암대지)

③ 자원 : 남한보다 자원이 많고 종류도 다양함

　　　　　1차 에너지 소비구조 – 석탄(무연탄·갈탄) 〉 수력 〉 기타 〉 석유

　　　　　전력 생산 비중 – 수력 〉 화력

④ 인구 분포 : 도시화율 약 60%, 관서 평야 지역·관북 동해안 평야 일대 분포

　　　　　　　주요 도시 – 평양·남포·신의주·개성

⑤ 공업 : 군수공업 중심의 중화학 공업 발달(소비재 경공업 낙후), 원료 산지 중심으로 발달

　　　　주요 공업 지역 – 평양·남포 공업 지역, 관북 해안 공업 지역

⑥ 개방 지역

　 : 나선 경제 특구 – 북한 최초의 경제특구, UNDP 주관 다자간 협력사업

　　신의주 특별 행정구 – 홍콩을 모방한 경제 특구

　　금강산 관광 특구 – 관광을 통한 외화 유치, 현재 중단 상태

　　개성 공업 지구 – 남북한 합작 공업 단지, 노동 집약적 경공업 중심

2. 수도권 지역 특색

① 범위 : 서울특별시, 인천광역시, 경기도

② 정치·경제·행정·교육 등 우리나라 주요 기능의 중심지

　 : 국토 불균형 초래, 집적 불이익 발생 – 수도권 재정비법, 자족 도시 건설 등 분산 추진

③ 공업 : 우리나라 최초의 공업 지역(일제 강점기), 우리나라 제1의 종합공업 지역

우리나라 제1의 첨단산업 지역

최근 충청권으로 공업 시설 분산이 이루어짐

제조업 재배치 – 서울(첨단산업·경공업), 인천(중화학공업), 경기(중화학공업·첨단산업)

공업 발달로 인한 산업의 공간적 분업 – 서울(본사), 경기·인천(생산 시설)

④ 대도시권 형성 : 광역화·교외화 현상으로 대도시권 형성

　　　　　　　　　서울의 인구 감소, 경기·인천 인구 증가

⑤ 유네스코 지정 세계 문화유산 : 창덕궁, 종묘, 수원 화성, 남한산성, 강화 고인돌 유적

⑥ 각 지역 특색

: 인천 – 제철·석유화학·자동차, 서울의 관문(하늘길, 바닷길)

　　　　경제자유구역(송도·영종도·청라)

　일산(고양)·분당(성남)·남양주 – 주거 기능, 안산·부천 – 공업 기능, 과천 – 행정 기능

　수원 – 경기도청 소재지·첨단산업

　파주 – 출판단지·첨단산업·북한과 교통로 중심지 역할 기대

　광명 – 자동차, 용인 – 첨단산업, 평택·화성 – 자동차·첨단 산업, 여주·이천 – 도자기

3. 충청 지방의 특색

① 범위 : 충청북도, 충청남도, 대전광역시, 세종특별자치시

② 수도권과 근거리, 육상교통 중심지(철도·도로 교통)

③ 공업 : 해안 지역 – 중화학 공업(서산 – 석유화학, 당진 – 제철, 아산 – 자동차)

　　　　내륙 지역 – 첨단산업(대전, 오송, 천안, 아산)

④ 각 지역의 특색

: 대전 – 첨단산업(연구시설), 경부선·호남선 분기점

　천안 – 경부선·장항선 분기점, 첨단산업, 수도권과 지하철로 연결(수도권 인구분산)

　아산 – 수도권과 지하철로 연결, 첨단산업, 자동차

　세종특별자치시 – 행정복합중심도시, 국토의 균형 발전을 도모

　태안·청주 – 기업도시, 음성·진천 – 혁신도시

내포신도시(홍성·예산일대) – 충남 도청 이전 예정지

보령 – 머드축제, 석탄 박물관, 단양 – 시멘트 공업, 카르스트 지형 발달

4. 강원 지방의 특색

① 태백산맥(대관령)을 중심으로 영동·영서 지방으로 구분 : 기후·지형·문화 차이 발생

② 영동 지방 : 급경사 산지, 좁은 해안 평야, 해안 지형 발달(석호·사빈·해안단구 등)

　　　　　　 동해안을 이용하여 수산업·관광업 발달

③ 영서 지방 : 완경사 산지, 고위평탄면·감입곡류하천·침식분지 발달

　　　　　　 산지 중심으로 밭농사·목축업·관광업 발달

④ 기후 : 연교차 – 영서지방(내륙) 〉영동지방(동해안)

　　　　　 겨울 기온 – 영동지방(동해안-태백산맥·수심 깊은 난류) 〉영서지방(내륙)

　　　　　 다우지 – 영서 지방(한강 중상류-태백산맥·남서기류, 하계 강수 집중률 최고)

　　　　　　　　 영동 동해안(태백산맥·북동기류)

　　　　　 다설지 – 영서 산간 지방(태백산맥·북서계절풍), 영동 동해안(태백산맥·북동기류)

⑤ 광업의 변화 : 우리나라 제1의 광업 지대(석회석·무연탄·텅스텐 등)

　　　　　　　 생산량 감소·소비구조 변화 등으로 쇠퇴(무연탄·텅스텐)

　　　　　　　 관광 산업 성장

⑥ 수력발전(한강 상류)·풍력발전(대관령) 발달

⑦ 각 지역의 특색

 : 춘천 – 강원도 도청소재지, 침식 분지, 춘천댐·소양강댐

　 원주 – 첨단산업(첨단의료기기) 발달

　 평창 – 대관령, 고위평탄면, 고랭지 농업, 2018 동계 올림픽 개최지

　 태백 – 석탄박물관·눈꽃축제

　 정선 – 레일바이크·강원랜드

　 영월·삼척 – 카르스트 지형 발달, 시멘트 공업

　 철원 – 용암대지, 오대미(오대쌀), 비무장지대

5. 호남 지방의 특징

① 범위 : 전라북도, 전라남도, 광주광역시

② 우리나라 최대의 곡창지대로 벼농사 발달, 양식업·어업 발달

③ 다설지 : 전북 서해안은 따뜻한 서해와 북서계절풍으로 폭설이 내림

　　　　　　전북 내륙(소백산맥 서사면)은 소백산맥과 북서계절풍의 영향

④ 공업 발달 : 가내 수공업 발달- 전주(한지), 담양(죽세공), 남원(목기)

　　　　　　　남동임해공업 지역 조성(여수-석유화학단지, 광양-제철)

　　　　　　　군장광역 산업기지(군산·장항), 대불공단(영암) 조성

　　　　　　　군산-자동차, 영암-조선, 광주-자동차·광산업 발달

⑤ 국제화·세계화 시대 대비 : 군산- 새만금·광양만권 경제 자유 구역 조성

⑥ 각 지역의 특색

: 군산- 금강 하굿둑, 자동차 산업, 새만금 간척지 핵심지역, 특수항만시설(뜬다리 부두)

　전주- 전북도청 소재지, 예향, 전주 대사습놀이, 전주 국제영화제, 한옥마을, 한지

　김제- 지평선 축제, 임실- 치즈마을, 순창- 장류축제(고추장)

　남원- 침식분지, 춘향제, 목기, 영광- 원자력 발전소·영광 굴비

　담양- 죽세공, 함평- 나비축제, 보성- 다향제(녹차), 광주- 자동차·광산업·비엔날레

　화순- 과거 석탄 산지·고인돌 유적(유네스코 문화 유산)

　진도- 진돗개, 진도 신비의 바닷길 축제, 울돌목(조류발전소)

　순천- 우리나라 최초 람사르 지정 보호 습지, 갈대축제·정원박람회

　여수- 석유화학단지·세계박람회, 광양- 제철(1차 금속)

6. 영남 지방의 특징

① 범위 : 경상북도, 경상남도, 부산광역시, 대구광역시, 울산광역시

② 기후 : 영남 내륙(대구·구미)- 소우지, 더운 여름(대구-극서지)

　　　　　남해안 일대-다우지, 온화한 기후(최한월 평균 기온 0℃ 이상)

③ 공업 발달

: 남동임해 공업지역 - 제2의 공업 지역, 제1의 중화학 공업지역, 중화학 공업 발달

포항(제철), 울산(자동차·석유화학), 부산(자동차)

창원(기계), 거제(조선)

영남 내륙 공업 지역 - 노동 집약적 경공업 중심, 최근 공업 구조 변화

대구(섬유), 구미(전자조립→첨단전자)

④ 각 지역의 특색

: 울진 - 원자력 발전소, 카르스트 지형 발달

　문경 - 문경새재(한양과 영남로 연결하는 관문), 과거 석탄 산지, 석탄 박물관

　안동 - 하회마을(유네스코 지정 문화유산), 하회탈, 국제탈춤페스티벌

　　　　경북 도청 이전 예정

　대구 - 우리나라 4위 도시, 과거 사과재배로 유명, 섬유 산업 발달

　구미 - 전자조립에서 첨단전자로 산업 구조 변화

　경주 - 통일신라 문화, 유네스코 지정 문화유산(석굴암·불국사, 경주역사지구, 양동마을)

　　　　월성 원자력 발전소, 방사능 폐기물 처리장 입지

　포항 - 제철, 거제 - 조선, 창원 - 경남 도청소재지·기계공업

　울산 - 자동차·석유화학 발달

　합천 - 해인사(팔만대장경, 장경판전 - 유네스코 지정 문화유산)

　창녕 - 우포늪(람사르 등재 보호습지, 우리나라 최대 내륙 습지, 범람원의 배후습지 원형)

　남해 - 다랭이 논, 고성 - 공룡테마파크, 통영 - 방어취락·나전칠기

　부산 - 우리나라 제2의 도시, 자동차·신발 산업 발달, 고리 원자력 발전소 입지

　　　　부산 국제 영화제, 낙동강 하구 김해 삼각주, 낙동강 하굿둑

7. 제주 지방의 특색

① 기후 : 연교차 최저, 연평균 기온 최고(15~16℃), 최난월·최한월 평균 기온 최고

　　　　다우지(서귀포·성산 일대, 1900mm 이상)

② 지형 : 다양한 화산 지형 분포, 관광지로 이용

한라산(복합화산), 백록담(화구호), 기생화산, 용암동굴, 주상절리 등 분포

　　　현무암 기반암 – 현무암 풍화토, 지표수 부족으로 과수농업 중심의 밭농사 실시

　　　　　　해안가 취락 발달(용천대)

③ 산업 : 관광 산업과 과수 재배 중심의 농업 발달(3차 〉1차 〉2차)

④ 유네스코 지정 자연유산, 세계 지질 공원으로 지정

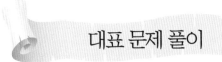
1. 지도는 북한의 개방 지역이다. A~D 지역에 대한 옳은 설명을 〈보기〉에서 고른 것은?

─〈 보 기 〉─

ㄱ. A는 남한의 자본 및 기술과 북한의 노동력이 결합된 공업 지구가 형성되어 있다.

ㄴ. B는 2002년 특별 행정구로 지정되었고, 중국과 주요 무역 통로이다.

ㄷ. C는 남한 민간 기업 투자로 관광 시설이 구축된 곳으로 남한과 육로가 연결되어 있으나, 2008년에 남한과의 관광 사업이 중단되었다.

ㄹ. D는 중국, 러시아의 인접 지역이며, 1991년 UNDP의 지원을 계기로 최초로 경제특구로 지정되었다.

① ㄱ, ㄴ   ② ㄱ, ㄷ   ③ ㄴ, ㄷ   ④ ㄴ, ㄹ   ⑤ ㄷ, ㄹ

* 정답 : ⑤

북한의 개방지역은 네 곳으로 A는 신의주 특별행정구. B는 개성 공업 지구. C는 금강산 관광 특구. D는 나선 경제 특구입니다. 신의주 특별행정구는 홍콩을 모방한 경제 특구로 중국과 주요 무역 통로에 해당합니다. 개성 공업 지구는 남한의 자본·기술과 북한의 노동력이 결합된 공업 지구입니다. 금강산 관광 특구는 남한 민간 기업 투자로 관광 시설이 구축된 곳으로 해로 관광에서 시작하여 육로 관광까지 발전하였지만 현재는 관광 사업이 중단되었습니다. 나선 경제 특구는 북한 최초의 경제 특구로 UNDP의 지원을 받아 다각간 협력 사업으로 진행되고 있습니다.
ㄱ. 남한의 자본 및 기술과 북한의 노동력이 결합된 공업 지구가 형성된 곳은 B입니다.
ㄴ. 2002년 특별 행정구로 지정되었고, 중국과 주요 무역 통로인 곳은 A입니다.

2. 다음 글은 학생이 작성한 여행기의 일부이다. 여행 경로를 바르게 나타낸 것은?

○첫째 날：……이 지역의 특산품인 말린 생선을 선물용으로 구입하고 원자력 발전소를 견학하였다. 원자력 발전소는 냉각수 확보에 유리하고 지반이 견고한 해안 지

방에 입지한다고 한다.……

○둘째 날:……조선시대 영남로의 일부였던 이곳은 과거 석탄 생산으로 유명했으나 현재는 폐광 시설을 이용하여 관광 산업을 성장시키고 있다고 한다.……

○셋째 날:……'호반의 도시'로, 소양강과 북한강의 합류 지점에 형성된 분지에 자리 잡고 있다. 강원도 도청이 입지해 있는 곳이고, 영서 지방의 대표적 도시에 해당한 다……

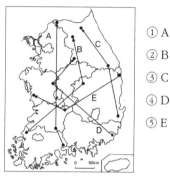

① A
② B
③ C
④ D
⑤ E

* 정답 : ②

자료의 설명을 통해 첫째 날은 전남 영광, 둘째 날은 경북 문경, 셋째 날은 강원 춘천에 대한 설명임을 알 수 있습니다. A~E 중 해당 되는 것은 B입니다.

3. 충청권 일대 A~E 지역에 대한 설명으로 옳은 것은?

① A는 우리나라 제철 공업의 중심지이다.
② B는 입지상의 이점으로 석유 화학 공업이 발달하고 있다.
③ C에는 수도권 전철이 연결되고 제조업이 입지하면서 인 구가 증가하고 있다.
④ D는 국토의 균형 발전을 위해 건설된 기업도시이다.
⑤ E에는 행정 중심 복합 도시가 건설되어 정부 기관이 이 전되었다.

* 정답 :: ③

지도는 충청 지방으로 A는 석유화학 단지가 조성되어 있는 서산, B는 자동차 공업과 첨단 산업이 발달하고 수도권 전철이 연결되어 있는 아 산, C는 경부선·장항선 분기점이고 수도권과 전철이 연결되어 있고 첨단 산업이 입지한 천안, D는 국토의 균형 발전을 위해 조성한 행정 복 합 중심 도시인 세종특별자치시, E는 우리나라 6대 광역시 중 하나이고 첨단 산업이 발달한 대전입니다.
① A에는 석유 화학 공업이 발달하고 있습니다. ② B에는 자동차·첨단 산업이 발달하고 있습니다.
④ D는 행정 복합 중심 도시인 세종시입니다. 기업 도시는 태안·충주가 해당됩니다. ⑤ E는 우리나라 광역시 중 하나인 대전입니다.

4. 그래프의 (가)~(다)에 해당하는 지역을 지도의 A~C에서 고른 것은?

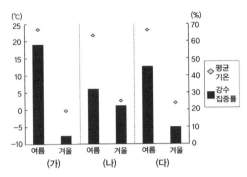

〈 여름과 겨울의 평균 기온 및 강수 집중률 〉

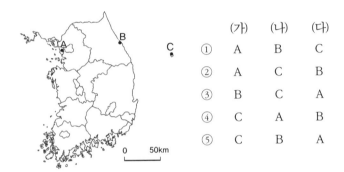

	(가)	(나)	(다)
①	A	B	C
②	A	C	B
③	B	C	A
④	C	A	B
⑤	C	B	A

* 정답 : ②

지도의 A는 서해안의 인천, B는 동해안의 강릉, C는 울릉도입니다. 인천(A)은 강릉, 울릉도에 비해 연교차가 크고 여름 강수 집중률이 높습니다. 그리고 울릉도는 세 지역 중 연교차가 가장 작고 겨울 강수 집중률이 가장 높습니다. 강릉은 두 지역의 중간적 특색을 보인답니다. 여름 강수 집중률이 가장 높은 (가)는 A, 여름과 겨울 강수 집중률 차이가 적은 (나)는 C, 중간적 특징을 보이는 (다)는 B입니다.

5. (가)~(다) 관광을 체험할 수 있는 지역을 지도의 A~F에서 고른 것은?

─〈 보 기 〉─

(가) 2010년 세계 문화유산에 등재된 우리나라의 대표적인 양반촌에서 전통 고택 체험을 할 수 있고, 별신굿 탈놀이가 공연을 감상할 수 있다.

(나) '머드 축제'가 열리는 넓은 갯벌에서 갯벌 체험을 할 수 있고, 과거 무연탄을 채광하던 시설을 이용한 석탄 박물관을 견학을 할 수 있다.

(다) 연안 습지로 국내 최초로 람사르 협약에 등재된 보존 습지에서 자연 생태계를 경험할 수 있고, '정원 박람회'를 관람할 수 있다.

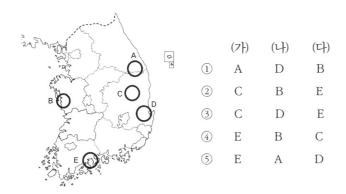

	(가)	(나)	(다)
①	A	D	B
②	C	B	E
③	C	D	E
④	E	B	C
⑤	E	A	D

* 정답 : ②

자료의 설명에서 (가)는 안동, (나)는 보령, (다)는 순천입니다. 지도의 A는 태백, B는 보령, C는 안동, D는 포항, E는 순천입니다.

6. 표는 우리나라 주요 공업의 종사자 수 상위 5개 도시를 나타낸 것이다. (가)~(다) 공업에 대한 설명으로 옳은 것을 〈보기〉에서 바르게 묶은 것은?

(단위 : 명)

순위	(가)		(나)		(다)	
	지역	종사자수	지역	종사자수	지역	종사자수
1	대구	16,685	울산	11,415	포항	18,326
2	부산	6,524	여수	9,472	부산	11,665
3	안산	5,551	인천	6,171	인천	11,181
4	양주	5,282	안산	5,539	광양	6,879
5	서울	4,635	시흥	3,057	울산	6,094

(한국도시통계, 2009)

─〈 보 기 〉─

ㄱ. 1960년대 우리나라의 대표적인 수출 산업은 (가)이다.

ㄴ. (가)는 생산비에서 운송비가 차지하는 비중이 가장 크다.

ㄷ. (나)는 타 공업의 원료가 되는 중간재 생산 비중이 크다.

ㄹ. (다)는 계열화된 공정을 필요로 하는 공업이다.

① ㄱ, ㄴ   ② ㄱ, ㄷ   ③ ㄴ, ㄷ   ④ ㄴ, ㄹ   ⑤ ㄷ, ㄹ

* 정답 : ②

자료의 (가)는 섬유, (나)는 석유화학, (다)는 제철 공업입니다. 섬유 공업 노동 집약적 경공업입니다. 석유화학은 집적 지향성 공업으로 중화학 공업에 해당하며 타 공업의 원료가 되는 중간재를 생산합니다. 제철 공업은 적환지 지향성 공업에 해당합니다.
ㄴ. (가)는 생산비에서 노동비가 차지하는 비중이 가장 큽니다. ㄹ. 계열화된 공정을 필요로 하는 공업은 (나)입니다.

7. 그래프는 우리나라 특별시, 광역시의 산업 특성을 나타낸 것이다. A−C를 바르게 연결한 것은?

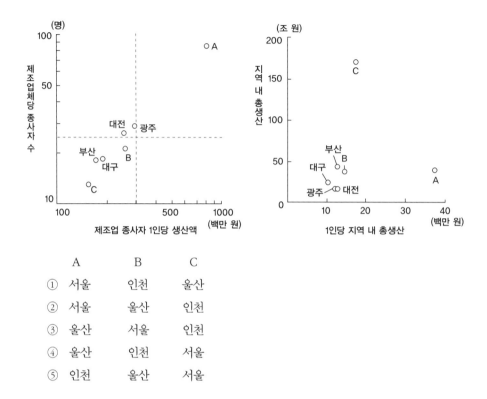

	A	B	C
①	서울	인천	울산
②	서울	울산	인천
③	울산	서울	인천
④	울산	인천	서울
⑤	인천	울산	서울

* 정답 : ④

제조업 종사자 1인당 생산액과 제조업체당 종사자 수가 높은 공업은 대기업 중심의 중화학 공업입니다. 서울, 인천, 울산 중 대기업 중심의 중화학 공업 중심 지역은 바로 울산입니다. 제조업 종사자 1인당 생산액과 제조업체당 종사자 수가 가장 높은 A는 울산입니다. 반대로 가장 작은 C는 중소기업 중심으로 중화학 공업보다는 경공업이 발달한 지역입니다. 그리고 C는 지역내 총생산이 최고입니다. 우리나라 특별시와 광역시 중 지역내 총생산이 가장 많은 지역은 서울입니다. 그럼 C는 서울에 해당합니다. 그래서 A는 울산, B는 인천, C는 서울입니다.

국토의 지속 가능한 발전

발전

7강

1 우리나라의 인구 특색

우리나라 인구는 2014년 기준으로 5천만 명을 넘었지만 급속한 고령화와 출산율 저하로 인구 감소를 예상하고 있답니다. 그래서 고령화와 저출산을 대비하기 위해 많은 노력을 기울이고 있지요. 이번 단원은 근대화 이후부터 우리나라 인구의 특색을 다양한 측면에서 살펴볼 것입니다.

성장하는 인구

인구는 시간에 따라 변화합니다. 인구 규모의 변화를 인구 성장이라고 하지요. 인구 성장은 태어나고 죽는 것, 이동해 들어오고 나가는 것과 관련됩니다. 자연적 증감(출생자 수−사망자 수)과 사회적 증감(전입자 수−전출자 수)에 의해 이루어지는 거죠. 여기서 증감은 증가와 감소를 의미합니다. 인구가 증가할 수도 있지만 감소할 수도 있기 때문이죠.

인구 성장은 **인구 성장 모형**을 통해 확인할 수 있습니다. 인구 성장 모형은 자연적 증감을 통한 인구 성장 과정을 보여줍니다. 출생률과 사망률 그리고 총인구수를 나타내는 그래프로 구성됩니다.

1단계는 출생률과 사망률이 높은 시기입니다. 총인구수는 가장 적은

414

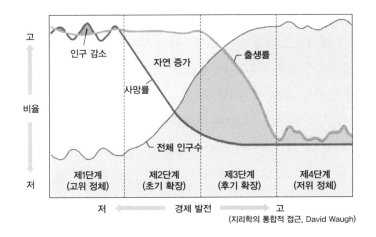

인구 성장 모형

단계이고요. 농업 중심 사회이며, 출생률이 높아요. 하지만 질병·자연재
해에 무력하고, 인구 부양력도 낮아 사망률이 높죠. **다산다사의 고위 정
체기**랍니다. 우리나라는 일제강점기 이전까지 1단계에 해당되었어요.

　**2단계에선 의학기술 발달 및 위생 개선, 인구 부양력 증가로 사망률이
낮아집니다.** 출생률은 그대로 높지요. 출생률이 높으니 '다산', 사망률
이 낮아지니 '감사', 그래서 **다산감사** 시기죠. 인구는 급격히 팽창합니
다. 2단계는 다산감사로 **초기팽창기**라고도 해요. 서양의 의학과 과학,
농업 기술이 보급되어 식량 생산량이 많아진 일제강점기가 2단계에
해당합니다.

　3단계에서는 사망률은 낮지만, 출생률의 감소가 나타나기 시작하죠.
인구 증가율이 둔화됩니다. 하지만 여전히 사망률보다 출생률이 높기
때문에 인구 증가율 자체는 높아요. 2단계가 출생률과 사망률이 격차
가 벌어지는 시기라면, 3단계에서는 출생률과 사망률의 격차가 줄어
드는 시기입니다. 생활수준의 향상, 여성의 지위 향상 및 사회 진출,
자녀에 대한 가치관 변화, 가족 계획 정책(산아 제한) 등으로 출생률
이 감소합니다. 3단계는 **감산소사의 후기팽창기**라고 하죠. 우리나라는
1960~1990년대까지가 여기에 해당됩니다.

4단계에는 출생률과 사망률이 전부 낮습니다. 반대로 총인구수는 높죠. 적게 태어나고 적게 죽은 **소산소사**의 **저위 정체기**입니다. 1~4단계에서 총인구가 적은 시기는 1단계, 많은 시기는 4단계입니다. 출생률·사망률이 가장 높은 것은 1단계이고, 반대로 4단계에서는 가장 낮습니다. 4단계에서는 인구 증가율 또한 낮아요. 인구에서 노년층의 비중이 높아지고 유소년층의 비중은 감소합니다. 평균 수명은 증가하고요. 노인 복지, 노동력 부족 문제가 대두되고, 출산 장려 정책이 실시됩니다. 우리나라는 1990년대 이후부터 지금까지가 해당되죠.

인구 성장 모형과 우리나라의 시기별 인구 성장을 살펴봤습니다. 광복에서부터 50년대까지는 격동기로서 광복·전쟁 등의 사회적 요인이 인구 성장에 작용했습니다. 그래서 인구 성장 모형에 적용시킬 수 없답니다. 광복이 된 후에 한반도를 떠났던 동포들이 귀국하고 북한 동포들이 월남하는 등 우리나라 인구의 사회적 증가가 두드러졌습니다. 6·25 전쟁으로 인구의 자연적 감소가 나타났고, 전쟁 이후 출산 붐으로 인구 증가율이 높아졌습니다. 인구 성장 모형에서는 인구의 사회적 증감은 고려 대상이 아니고, 모든 국가들이 근대화 과정에서 식민 지배와 광복 그리고 전쟁을 순차적으로 겪은 것은 아닙니다. 그래서 **6·25 전쟁으로 인한 인구의 자연적 감소와 전쟁 이후 출산 붐이 나타난 시기는 인구 성장 모형에 적용시킬 수 없는 것이죠.**

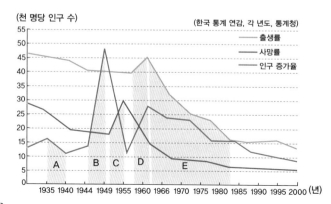

A : 일제강점기 강제 이주 정책 등으로 인구의 사회적 감소

B : 광복 후 해외 동포의 귀국 및 북한 주민의 월남으로 인구의 사회적 증가

C : 6·25 전쟁으로 인한 인구의 자연적 감소 (사망자↑)

D : 전쟁 이후 베이비 붐(출산 붐)으로 인한 인구의 자연적 증가

E : 가족계획(산아 제한)으로 인한 출산률 감소

피라미드형? 표주박형? 별형?

인구는 연령 구조, 성별 구조로 나누어집니다. **성별 구조**는 남자와 여자의 비율로, 즉 성비로 이야기하죠. 성비는 여자 100명을 기준으로 한 남자의 수입니다. 성비가 110이라는 뜻은, 여자가 100명일 때 남자가 110명이라는 것입니다. 이 경우에는 남자가 더 많은 거죠. 남자가 초과되는 상태로 이를 줄여서 **남초**라고 합니다. 성비가 90이라면 여자가 100명일 때 남자 수가 90명이라는 거죠. 이 경우에는 **여초**라고 합니다.

지역에 따라 남자나 여자가 많은 곳이 있습니다. 일반적으로 중화학 공업 도시·군사 도시는 남초 지역, 경공업 도시·관광 도시는 여초 지역이 됩니다. 그리고 연령별로 성비가 조금 다르기도 합니다. 유아기 인구에서는 남초 현상이 나타나지만, 노년층 인구에서는 여초 현상이 나타납니다. 노년층의 여초 현상은 여성의 평균 수명이 더 길기 때문이에요.

인구의 연령 구조는 나이(만 나이)에 따라 인구를 구분한 것입니다. **0~14세는 유소년층, 15~64세는 청장년층, 65세 이상은 노년층**입니다. 인구의 성별 연령별 구조는 인구 피라미드를 통해서 쉽게 파악할 수 있어요. 인구 피라미드는 세로축은 연령, 가로축은 성별(중앙의 세로축을 중심으로 왼쪽은 남자, 오른쪽은 여자)로 인구 구조를 표현한 그래프입니다.

인구 피라미드는 자연적 증감에 따라 **피라미드형·종형·방추형**으로 구분되고, 사회적 증감에 따라 **별형·표주박형**으로 구분됩니다. **피라미드형**은 말 그대로 삼각형 모형입니다. 피라미드는 가장 아래층, 유소년층의 비중이 높습니다. 피라미드의 꼭대기, 즉 노년층은 비중이 가장 낮아요. 피라미드형의 특징은 유소년층의 비중이 높아 아이들이 성인이 되었을 때, 현재보다 청장년층 수가 많아질 가능성이 높다는 점입니다. 그래서 피라미드형을 자연적 증가와 관련된 인구 피라미드로 봅니다. 우리나라도 1960~70년대에 인구 구조가 피라미드형이었어요(1970년 유소년층 42.5%, 청장년층 54.4%, 노년층 3.1%).

종형은 종 모양의 인구 구조입니다. 피라미드형과 비교했을 때, 유소년층의 비중이 낮고 노년층의 비중이 높습니다. 종형 인구 피라미드는 유소년층의 각 연령별 인구와 청장년층의 각 연령별 인구가 큰 차이가 없습니다. 유소년층이 청장년층이 되어도, 지금의 청장년층의 수와 큰 차이가 없다는 것입니다. 인구가 정체되었음을 의미하죠. 그래서 종형 인구 피라미드는 인구의 자연적 정체와 관련된 인구 피라미드에 해당합니다. 현재 우리나라의 인구는 서서히 증가 혹은 정체되고 있습니다. 종형 인구구조라는 것이죠(2010년 유소년층 16.2%, 청장년층 72.9%, 노년층 10.9%).

방추형 피라미드는 종형에서 피라미드의 아래쪽이 좁아지는 형태입니다. 출생률이 매우 낮아 유소년층이 청장년층이나 노년층보다 비중이 작습니다. 저출산으로 출생률이 사망률보다 낮게 나타납니다. 그래서 방추형 인구 피라미드는 인구의 자연적 감소와 관련된 인구 피라미드에 해당합니다.

우리나라는 출생률과 합계 출산률(가임 여성 1인당 평생 출산하는 자녀의 수 평균. 적정 인구를 유지하기 위해서는 합계 출산률이 2.1명 정도이나 우리나라는 2013년 기준 1.19명으로 2020년 이후 인구 감소가 예상됨)이 매우 낮아 유소년층의 감소가 두드러집니다. 반면 평균 수명의 증가로 노년층 인구 비율은 증가하고 있습니다. 하지만 아직 우리나라는 인구가 감소되지 않아 방추형이 아닌 종형에 해당합니다.

피라미드형 피라미드
종형 피라미드
방추형 피라미드

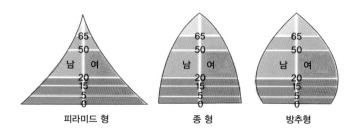

피라미드 형   종 형   방추형

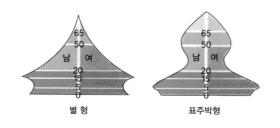

별형과 표주박형 피라미드는 인구의 사회적 증감과 관련됩니다. **별형**은 별 모양을 보이는 피라미드로 노년층은 좁고 청장년층이 불균형적으로 넓습니다. 유소년층도 넓어집니다. 별형 피라미드에서 청장년층이 넓은 이유는, 농촌에서 도시로 인구가 이동했기 때문입니다. 이촌향도 현상이라고 하죠. 그래서 별형 피라미드는 도시형 인구 피라미드이기도 합니다. 인구의 사회적 증가에 따른 전입형 인구 피라미드이기도 하고요.

별형에 대비가 되는 피라미드는 **표주박형**입니다. 표주박형 피라미드는 눈사람 모양을 연상시켜요. 표주박형은 청장년층의 비율이 적고, 노년층의 비율이 높습니다. 청장년층의 이동 때문이죠. 농촌에서 도시로 청장년층이 이동할 때 나타나는 현상으로 표주박형 피라미드는 농촌형 인구 피라미드이기도 합니다. 인구의 사회적 감소와 관련된 전출형 인구 피라미드이기도 하고요. 공업 등으로 급성장한 도시들은 별형 피라미드를, 인구의 전출이 많은 농촌 지역은 표주박형 인구 피라미드로 대표됩니다.

우리나라 인구 구조의 문제

우리나라는 1960년대 실시된 강력한 **산아 제한 정책**으로 인구 증가율 감소에 성공했어요. 그 결과 유소년층의 비율이 낮아져서 최근에는 **출산 장려 정책**을 실시하고 있는 중입니다. 반면 노년층은 빠르게 늘어났어요. 1970년 노년층 인구는 3.1%를 차지하고 있었으나 지금은 전체 인구의 약 11%에요. 우리나라는 전 세계에서 고령화 속도가 가장 빠른 **고령화 사회**에 속합니다. 전체 인구에서 **노년층 인구가**

7~14%에 해당하면 고령화 사회, 14~20%면 고령 사회, 20% 이상이면 초고령 사회라고 합니다. 이런 속도로 노년층이 증가한다면 2030년 노년층이 차지하는 비율은 24%를 넘을 것입니다. 출산율의 감소와 고령화가 계속되면 많은 문제들이 생겨요. 소비와 저축의 감소로 인한 경제 성장 둔화, 인구 감소로 인한 국가 경쟁력의 악화, 경제 활동 위축, 국가 재정 수입 감소, 노동력 부족, 사회 복지 비용 증가 등등 말이죠. 출산율을 높이려면, 자녀 양육에 대한 재정 지원, 출산 여성의 취업 기회 확대 등 출산을 장려하고, 자녀를 낳고 키울 수 있는 환경을 마련해야 합니다. 고령화를 대비하여 노년층의 경제 활동 참여를 확대해야 하고, 노인 복지 시설 등도 확충해야 하지요.

유소년층의 감소는 유소년층 부양비 감소, 노년층의 증가는 노년층 부양비의 증가로 이어집니다. 인구 부양비란 쉽게 말해 인구를 먹여 살릴 수 있는 능력이 얼마나 되는가에 대한 것으로, 생산 가능 연령 (15~64세 인구)인 청장년층에 대한 비생산 연령인 유소년층과 노년층의 비율을 말합니다. 부양비를 구하는 공식을 볼게요. 일단, 유소년 부양비는 유소년층 인구를 청장년층 인구로 나눈 뒤 100을 곱합니다. 노년 부양비는 노년층 인구를 청장년층 인구로 나눈 뒤 100을 곱하고요. 유소년 부양비는 유소년층 인구/청장년층 인구×100, 노년 부양비는 노년층 인구/청장년층 인구×100, 그리고 이 둘을 더하면 **총 부양비**가 됩니다. 총부양비는 유소년 부양비+노년 부양비로, 유소년층 인구와 노년층 인구를 더한 뒤 청장년층 인구로 나누고 100을 곱하면 됩니다.((유소년층 인구+노년층 인구)/청장년층 인구×100) 총부양비와 노년 부양비를 알면 유소년 부양비를 확인할 수 있습니다. 총부양비와 유소년 부양비가 제시되면 노년 부양비도 알 수 있겠죠.

우리나라는 현재 유소년층 비율의 감소, 노년층 비율의 증가, 청장년층 비율의 증가로 총부양비가 감소하는 추세입니다. 하지만 2020년 이후부터는 청장년층 비율의 감소와 노년층 비율의 증가로 총 부양비 증가가 예상되어요.

고령화는 **노령화 지수**를 증가시킵니다. 노령화 지수는 노년층 인구를 유소년층으로 나눈 뒤 100을 곱한 것입니다(노년층 인구/유소년층 인구×100). 2010년 통계로 노령화 지수는 67.7%지만 2020년에는 125.9%로 예상합니다. 노령화 지수가 100을 넘었다는 것은 노년층 인구가 유소년층 인구보다 많다는 것을 의미합니다. 우리나라의 농촌이나 산간 지역에서는 이미 노령화 지수가 100을 넘어 200~300을 넘는 지역이 나타나고 있습니다. 노령화 지수가 높다는 것은 노년층 인구 증가와 유소년층 인구 감소를 의미하는 것으로 미래 청장년층(생산연령층) 인구의 감소를 예상할 수 있습니다. 이런 상황이 계속되는 지역이나 국가는 큰 어려움을 겪습니다. 저출산과 고령화 현상이 나타나면, 평균 연령(전체 인구의 나이의 합을 전체 인구 수로 나눈 값)과 중위 연령(전체 인구를 나이순으로 줄 세웠을 때 한가운데에 위치한 사람의 나이) 모두 높아집니다.

수능 팁
인구 단원에서는 몇 가지 공식이 나온다. 총 부양비, 유소년 부양비, 노년 부양비, 노령화 지수가 대표적인데, 이것의 개념과 공식을 꼭 기억해두자. 그리고 부양비와 노령화 지수의 상관관계도 알고 있어야 한다.

시절에 따라 자녀의 수는 변한다!

6·25 전쟁 이후 나타난 출산 붐으로 인구의 자연 증가율은 높아졌습니다. 이를 줄이기 위해 정부는 **산아 제한 정책**을 실시했죠. 각종 포스터와 표어, 그리고 방송을 통해 제한 정책이 이루어졌습니다. 1960년대의 **3,3,35운동**을 알아봅시다. **'3명의 아이를 3살 터울로 35세 이내에 낳자'**는 운동입니다. "적게 낳아 잘 기르면 부모 좋고 자식 좋다", "덮어놓고 낳다보면 거지꼴을 못 벗는다", "많이 낳아 고생 말고 적게 낳아 잘 기르자" 등의 표어들이 등장했지요.

1970년대가 되자 "딸·아들 구별 말고 둘만 낳아 잘 기르자", "하루 앞선 가족계획 십 년 앞선 생활안정", "신혼부부 첫 약속은 웃으면서 가족계획" 등으로 바뀌었고, 1980년대에는 "한 부모에 한 아이 이웃 간에 오누이", "한 가정 한 자녀 사랑 가득 건강 가득", "둘도 많다" 등 자녀의 수를 하나로 줄이자는 산아 제한 정책이 펼쳐졌습니다.

하지만 1990년대가 되어 그 양상이 조금 바뀌었어요. 남아 선호 사상이 남아 있던 우리나라에서 자녀의 수를 하나로 줄이다 보니 성비 불균형 문제가 나타나게 된 것입니다. 이를 해결하기 위해 **남아 선호 사상 타파**가 추진됩니다. "생명은 하나 선택이 아닌 사랑으로", "아들 바람 부모 세대 짝꿍 없는 우리 세대", "사랑으로 낳은 자식 아들·딸로 판단 말자", "사랑 모아 하나 낳고 정성으로 잘 키우자" 등이 대표적인 표어들입니다. 국가의 강력한 산아 제한 정책은 완벽하게 성공했습니다. 그리고 강력한 산아 제한 정책은 저출산으로 이어졌죠. 세계 평균 합계 출산율에 절반도 안 되는 합계 출산율을 보이고 있으니까요.

2000년대부터는 가족계획이 산아 제한이 아닌 **출산 장려**로 바뀝니다. '1,2,3운동' 즉 **결혼 후 1년 내에 임신하고, 2명의 자녀를 35세 이전에 낳아 잘 기르자는 운동**이 등장했고, 표어로는 "하나의 촛불보다는 여러 개의 촛불이 더 밝습니다", "한 자녀보다는 둘, 둘보다는 셋이 더

시대별 가족계획 포스터

422

행복합니다", "아빠! 혼자는 싫어요 엄마! 저도 동생을 갖고 싶어요" 등이 나타났습니다.

지금은 다문화 시대!

세계화·개방화로 국가 간의 교류가 활발해진 시대입니다. 국내 저임금 노동력 부족으로 외국인 근로자를 포함한 국내 체류 외국인은 매년 증가하고 있습니다. 2013년 통계로 150만 명이 넘죠. 국내 체류 외국인은 **외국인 근로자**와 **결혼 이민자**가 대부분입니다. 우리나라 인건비의 상승으로 기업 환경이 변하면서 주로 임금이 낮은 개도국 외국인 노동자들이 들어왔습니다. **외국인 근로자**들은 중소기업의 제조업체가 집중되어 있는 수도권에 분포합니다. 대부분이 저임금 단순 기능직종에 종사하죠. 외국인 근로자들은 중국과 동남아시아 인들이 주를 이루고, 여성보다는 남성이 많습니다.

농촌에서 젊은 여성들이 일자리를 찾아 도시로 떠나는 경우가 많았습니다. 따라서 결혼 적령기의 청장년층의 성비 불균형이 심각하게 나타났죠. 그 결과 1990년대부터 여러 지방자치단체에서 농촌 총각

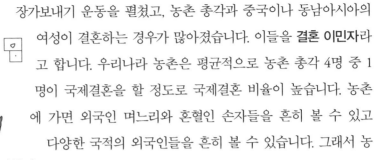

외국인 근로자의 분포

장가보내기 운동을 펼쳤고, 농촌 총각과 중국이나 동남아시아의 여성이 결혼하는 경우가 많아졌습니다. 이들을 **결혼 이민자**라고 합니다. 우리나라 농촌은 평균적으로 농촌 총각 4명 중 1명이 국제결혼을 할 정도로 국제결혼 비율이 높습니다. 농촌에 가면 외국인 며느리와 혼혈인 손자들을 흔히 볼 수 있고 다양한 국적의 외국인들을 흔히 볼 수 있습니다. 그래서 농촌은 인종 차별이 적은 편입니다. 보수적이라 생각되는 농촌보다 오히려 도시에서 인종 차별이 두드러진다는 것은 참 아이러니한 일입니다. 다른 인종과 문화에 대해 차별을 두지 않는 농촌이 국제화·개방화 시대의 모범적 사회상이 아닐까 해요.

자, 다시 돌아와서, 국제결혼 건수는 도시 지역이 많지만, 전체 인구 대비 국제결혼 비율은 농촌이 더 높게 나타납니다.

외국인 근로자와 결혼 이민자의 증가로 우리나라는 다문화 사회가 되고 있습니다. 하지만 우리나라에서는 외국인들을 우리 사회 일원으로 포용할 준비가 제대로 마련되지 않은 것 같아요. 국가의 제도적 지원, 다문화 교육 정책, 피부색에 대한 편견 타파 등 다문화 사회로 발전하기 위해 많은 노력과 개선이 필요할 것입니다.

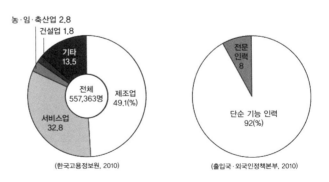

외국인 근로자의 직종별 비율과 취업 자격별 분류

▷ 부양비와 노령화 지수 관계

: 유소년·노년 부양비를 알면 노령화 지수를 구할 수 있다.

노령화 지수 = $\dfrac{\text{노년층 인구}}{\text{유소년층 인구}} \times 100$, 총 부양비 = 유소년층 부양비 + 노년부양비

유소년 부양비 = $\dfrac{\text{유소년층 인구}}{\text{청장년층 인구}} \times 100$, 노년 부양비 = $\dfrac{\text{노년층 인구}}{\text{청장년층 인구}} \times 100$

여기서 노령화 지수 공식에 노년층 인구 대신 노년층 부양비를, 유소년층 인구 대신 유소년 부양비를 대입 시키면

노령화 지수 = $\dfrac{\text{노년층 인구}}{\text{유소년층 인구}} \times 100 = \dfrac{\left(\dfrac{\text{노년층 인구}}{\text{청장년층 인구}} \times 100\right)}{\left(\dfrac{\text{유소년층 인구}}{\text{청장년층 인구}} \times 100\right)} \times 100$ 으로 쓸 수 있습니다.

그럼 분자·분모의 중복 값이 청장년층 인구와 ×100이 지워지므로 $\dfrac{\text{노년층 인구}}{\text{유소년층 인구}} \times 100$ 이 된다.

계산을 해보죠~

총 부양비 50%, 노년 부양비 23% → 노령화 지수는?

총 부양비 50%, 노년 부양비 23%라면 유소년 부양비 27%이고, 노령과 지수는 $\dfrac{23}{27} \times 100 = 85.2\%$가 됩니다.

▷ 부양비를 통한 연령별 인구 비율 구하기

: 총 부양비가 50%, 노년 부양비가 23% 일 때 유소년층·청장년층·노년층 인구 비율을 구할 수 있다. 일단 총 부양비와 노년 부양비가 50%, 23% 이므로 유소년 부양비는 27%이다.

총 부양비 = $\dfrac{(\text{유소년층 인구} + \text{노년층 인구})}{\text{청장년층 인구}} \times 100$ 이므로 이 공식에 총 부양비를 넣어 보면

$50 = \dfrac{(\text{유소년층 인구} + \text{노년층 인구})}{\text{청장년층 인구}} \times 100$ 이다. 여기서 분수에 × 100을 해서 50이 나왔다는 것은 쉽게 생각하면

$\dfrac{(\text{분자})50}{(\text{분모})100} \times 100 = 50$이라는 것이다. 그럼 청장년층 인구가 (유소년층 인구 + 노년층 인구)의 2배라는 것으로, 청장년층은 100, 유소년층 + 노년층은 50이라는 것이다.

총 부양비 50과 청장년층 100을 공식에 넣고 다시 쓰면

$\underset{(\text{총 부양비})}{50} = \left(\underbrace{\dfrac{\text{유소년층}}{100} \times 100}_{\text{유소년 부양비}}\right) + \left(\underbrace{\dfrac{\text{노년층}}{100} \times 100}_{\text{노년 부양비}}\right)$ 으로 쓸 수 있고

공식에 유소년부양비와 노년부양비를 쓰면 $\left(\dfrac{\text{유소년층 인구}}{100} \times 100\right) = 27$이고 $\left(\dfrac{\text{노년층 인구}}{100} \times 100\right) = 23$이다.

분수값을 계산하면 $\left(\dfrac{\text{유소년층 인구}}{\cancel{100}} \times \cancel{100}\right) = 27$, $\left(\dfrac{\text{노년층 인구}}{\cancel{100}} \times \cancel{100}\right) = 23$

유소년층은 27, 청장년층은 100, 노년층은 23이므로 총 인구는 150이 된다.

인구 비율은 전체 인구에 대한 것으로 유소년층 인구 비율은 $\dfrac{27}{150} \times 100 = 18\%$, 청장년층 비율은 $\dfrac{100}{150} \times 100 = 66.7\%$,

노년층 인구 비율은 $\dfrac{23}{150} \times 100 = 15.3\%$가 된다.

2 지역 격차와 지속 가능한 발전

우리 삶에는 많은 것들이 필요합니다. 먹는 것, 입는 것, 자는 공간 뿐만 아니라 공간을 이동하기 위해 필요한 시설들, 물, 전기 등 기본적인 시설들이 필요하지요. 이렇듯 사람들에게 필요한 시설들을 만들어주고 경제적으로 성장할 수 있도록 하기 위해 지역 개발이 필요합니다. 이번 단원에서는 지역 개발의 특징과 우리나라 국토 개발 방법 등에 대해 알아보겠습니다.

지역은 어떻게 발전하나?

각 지역을 성장시키기 위해서는 개발이 진행될 수밖에 없습니다. 지역 개발은 개발 주체에 따라 하향식 개발과 상향식 개발로 구분됩니다. 개발 전략에 따라 성장 거점 개발과 균형 개발로 구분되고요. 성장 거점 개발과 하향식 개발 방식, 균형 개발과 상향식 개발은 서로 연관되어 있습니다. 구체적으로 들어가봅시다.

성장 거점 개발은 성장 가능성이 높은 지역(성장 거점)에 집중 투자하여 그 투자 이익을 주변에 분산하는 것입니다. 파급 효과를 꾀하는 방법이죠. 이때 성장 거점은 중앙 정부에 의해 지정됩니다. 개발의 정책이나 의사도 중앙 정부에서 결정하여 지방자치단체로 전달하죠. 이런 식으로 상부 기관에서 하부 기관으로 개발이 추진되는 것을 하향식 개발이라 합니다. 성장 가능성이 높은 지역에 투자하기 때문에 효율성이 높아 경제 성장의 극대화가 나타납니다. 성장 거점 개발은 주로 개발도상국에서 실시됩니다. 우리나라도 1970년대 지역 개발 당시 성장 거점 개발을 채택했습니다. 대신 이 방식은 지역 주민의 의사가 반영되지 않습니다. 그리고 성장 이익(자본, 인구 등)이 성장 거점에서 주변으로 분산되지 않고 역류 현상이 발생하면, 지역 격차가 심화됩니다. 1970년대 우리나라도 파급 효과가 아닌 역류 효과가 발생하여 지역 격차가 심화되었고, 그때의 지역 격차는 아직까지도 해소되지 않고 있어요.

균형 개발은 낙후 지역에 우선 투자하고 이를 개발하여 지역 간의 균형 성장을 도모하는 방법입니다. 지역 주민이나 지방자치단체 중심으로, 각 지역에 필요하거나 부족한 부분에 투자하여 성장시키는 것이죠. 지역 주민이나 지방자치단체가 개발과 의사 결정의 주체가 됩니다. 결정된 사항이나 개발 내용이 하부 기관에서 상부 기관으로 전달되는 상향식 개발에 해당하죠. 낙후 지역에 성장에 필요한 모든 시설과 생활 기반 시설을 투자하다 보니, 투자비가 많이 들고 시간도 오래 걸립니다. 균형 개발은 주로 선진국에서 채택됩니다. 우리나라도 1990년대 들어서면서 균형 개발 방식으로 국토를 개발해왔습니다. 균형 개발의 장점은 형평성, 지역 간 균형 성장, 지역 주민의 복지 증진 등

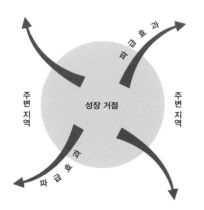

성장 거점 개발(좌)
균형 개발(우)

수능 팁
성장 거점 개발 방법과 균형 개발 방법을 잘 비교해서 구분하고, 우리나라에 언제 채택되고 이용되었는지 확인해두자.

입니다. 단점으로는 중복 투자로 인한 투자 효율성 저하, 지역 이기주의 초래(긍정적이고 필요한 시설은 서로 유치를 원하지만 그렇지 않은 시설들에 대해서는 배척하는 것)가 있습니다.

또, 광역 개발이라는 것도 있어요. 성장 거점 개발과 균형 개발의 절충 형태이죠. 우리나라에서는 1980년대의 2차 국토종합개발계획에서 채택된 개발방식입니다.

국토 개발의 변천사

우리나라는 국토 개발을 1970년대부터 본격적으로 추진했습니다. 국가에서 국토를 발전을 위해 시기별 계획을 수립하는 등 성장 정책을 내놓았죠. 그것이 바로 국토 종합 개발 계획입니다. 1972년부터 지금까지 4차에 걸쳐 국토 개발 계획이 진행되었고, 지금도 진행 중입니다.

제1차 국토 종합 개발 계획은 1970년대에 추진된 개발 계획으로 산업화(공업화)와 경제 성장이 주 목표였습니다. 개발도상국이었던 우리나라는 효율적이고 빠른 성장을 위해 성장 거점 개발을 채택합니다. 서울과 부산을 연결하는 경부고속국도가 건설되었고, 우리나라의 대표적인 중화학 공업 지역인 남동 임해 공업 지역이 형성되었으며, 물 자원 종합 개발을 통해 다목적 댐들이 건설되었습니다. 급속한 경제 성장, 생산 기반 확충, 지방 공업 도시 건설 등이 특징이죠. 제1차 국토 종합 개발 계획 때는 그린벨트도 설정했습니다. 개발 제한 구역을 만든 거예요. 성장과 개발이 주된 정책이었던 계획에서, 개발을 제한하는 구역이 설정된 거죠. 1차 국토 종합 개발 계획 실시 후 우리나라는 빠른 성장을 이루었지만, 성장 거점 개발에 따른 역류 효과가 나타나 지역 간 격차가 심화되었고 성장 중심의 개발을 추진하다 보니 환경오염이 심해졌지요.

제2차 국토 종합 개발 계획은 1980년대에 추진된 개발 계획입니다.

수능 팁
그린벨트가 나오면 제1차 국토종합개발계획, 혹은 1970년대가 떠올라야 한다. 우리나라 지역 개발에 대한 문항 중 시기별 개발 계획과 그 특징들을 연결하는 문항이 있는데 그린벨트의 설정 및 확대시기를 헷갈릴 수 있다. 일반적으로 기억하고 있는 것들에서 벗어난 내용을 묻는 문제는 난이도가 높다.

지역 격차를 줄이는 동시에, 국토의 성장을 위하여 광역 개발을 채택했죠. 지역 간 불균형 해소와 국민의 생활환경 개선을 목표로 추진된 개발 계획은 인구의 지방 분산을 유도했고, 이를 위해 성장 가능성을 분산시켰습니다. 주택·의료 등 국민 복지 향상을 꾀했으며 환경을 보전하고자 했습니다. 하지만 성장 가능성의 지방 분산이 잘 이루어지지 않아 지역 불균형은 전혀 해소되지 않았습니다. 개발을 전국으로 확대하다 보니 국토의 난개발이 나타났고 환경오염 또한 심화되었습니다.

제3차 국토 종합 개발은 1990년대에 추진된 개발 계획입니다. 우리나라 국토 계획 중 기간이 가장 짧습니다. 균형 개발을 채택하여 국토를 성장·발전시켰고, 국가 경쟁을 강화했죠. 지방의 경쟁력 또한 강화하여 지역 간 격차를 해소하려고 했습니다. 서해안 일대에 아산만 신산업 지대, 군장광역산업 기지, 대불 공단 등 신산업 지대를 조성하여 지방을 육성시켰어요. 수도권의 기능과 시설을 분산시켰고 수도권 집중을 억제했습니다. 국민 복지 향상, 환경 보전 실시, 남북 교류 지역 개발 및 관리 등입니다. 하지만 국토 불균형은 해소되지 못했습니다.

2000~2020년 동안 추진 계획으로 수립된 **제4차 국토 종합 계획**은 기존 제1~3차 국토 종합 개발 계획과는 달라요. 명칭에 개발이란 용어를 쓰지 않죠. 개발 중심의 국토의 발전에서 탈피하겠다는 뜻입니다. 세계화·국제화·개방화 시대에 발맞춰 21세기 통합 국토를 실현하고자 균형 국토(지역 간 통합), 개방 국토(세계화), 녹색 국토(환경 보전),

제4차 국토 종합 계획안

통일 국토(남북통일)를 목표로 합니다. 이를 위해 *균형 개발, 지속적인 발전*을 채택했어요. 두 번에 걸쳐 계획을 수정을 통해 복지 국토(국민의 삶의 질 향상)를 추가했고, 대한민국의 새로운 도약을 위한 글로벌 녹색 국토를 실현하고자 하였습니다.

지역 개발은 어떤 게 바람직한 걸까?

성장을 위해 지역 개발은 필수랍니다. **상호 보완적인 지역 개발, 지역의 특성을 살린 지역 개발**이 바람직한 지역 개발을 대표해요. **상호 보완적인 지역 개발은 지역 간의 상호 협력 및 기능 분담을 통해 이루어지는 것입니다.** 예를 들어볼까요? 경기도 구리시와 남양주시의 쓰레기 빅딜, 서울 강서구·구로구와 경기도 광명시의 환경 빅딜 등이 있죠. 구리시와 남양주시의 쓰레기 빅딜이란 남양주시에서 발생한 쓰레기를 구리시 소각장에서 처리하고, 소각재는 남양주시의 매립장에 묻는 것으로, 두 도시 간 상호 협력으로 이루어진 사업입니다. 서울 강서구와 구로구, 경기도 광명시의 환경 빅딜도 있어요. 광명시의 생활하수를 강서구에서 처리하고, 구로구의 쓰레기를 광명시에서 처리해주는 사업이죠. 모두 지역 간 상호 보완을 이룬 대표적 사례예요.

고유한 자연 및 인문 환경을 기반으로, 지역만의 톡톡한 특성과 잠재력을 살린 지역 개발이 있습니다. 예를 들어보죠. 지역의 자연 및 인문(문화) 환경을 기반으로 한 지역 축제들을 살펴봅시다. 안동에서 열리는 국제 탈춤 페스티벌, 갯벌 발달한 보령의 머드 축제, 삼척의 석회 동굴을 이용한 세계 동굴 엑스포, 보성의 녹차 재배지를 중심으로 열리는 다향제, 도자기로 유명한 이천의 세계 도자기 엑스포 등이 있죠. 지역 축제들은 지역만의 자연적, 역사적 혹은 문화적 특성을 기반으로 한 것입니다. 지역 주민들과 지방 자치 단체가 주체가 됩니다. 지역을 알릴 수 있을 뿐만 아니라 지역 경제를 활성화 시키는 데도 많은 도움을 줍니다.

지속 가능한 발전

인간은 자연을 오로지 개발의 대상으로 여기고 인간에게 필요한 자원을 무분별하게 사용했습니다. 이렇게 환경을 변화·파괴 시킨 결과, 지구는 자원 고갈과 지구 온난화와 같은 문제에 직면했어요. 자연은 우리에게 어떤 존재인지 되돌아보게 되었고, 자연은 우리의 공간만이 아닌 다음 세대를 위한 공간임을 인식하게 되었습니다. 생태학적인 시선이 늘었고, 지속 가능한 발전이 대두되었어요.

지속 가능한 발전은 다음 세대의 가능성을 손상시키지 않는 범위 내에서, 현재의 욕구를 충족시키는 발전 방식입니다. 쉽게 말해 다음 세대가 자연을 이용할 수 있도록, 자연을 개발하더라도 파괴시키는 것이 아닌 회복할 수 있을 만큼 개발하자는 것입니다. 지속 가능한 발전은 경제 성장뿐만 아니라 사회 통합, 환경 보전을 함께 이루어가는 거예요. 생태계의 수용 능력을 초과하지 않는 범위 내에서 개발이 이루어져야 하고, 생산과 소비에 있어 자원을 소모하는 방식을 자원을 순환하는 방식*으로 전환시켜야하며, 재활용 체계를 구축하고 청정에너지인 신재생 에너지 생산량을 늘려야 합니다. 효율적인 사회적 분배를 통한 사회 통합도 필요하고요.

우리나라에서는 온실 기체 배출과 환경오염을 줄이는 저탄소 녹색 정상 정책으로 지속 가능한 발전을 실현하고자 합니다. 저탄소 녹색 성장을 위해서는 청정에너지의 사용과 보급이 확대되어야 하죠. 에너지 절약 기술의 도입과 신재생 에너지 사업, 자원 순환 산업 등을 통한 녹색 산업의 성장도 중요합니다. 생활 속에서는 녹색 소비 및 녹색 생활양식이 널리 퍼져야 합니다.

*
자원을 순환하는 방식 : 자원의 재활용과 재사용을 의미한다. 재사용은 쓰고 버린 물건을 손질하여 그 용도대로 다시 사용하는 것으로 컴퓨터, 세탁기, 헌옷, 유리병 등을 다시 사용하는 것이다. 재활용은 쓰고 버린 물건을 다른 방법으로 손질하여 다른 물건으로 되살려 사용하는 것을 의미한다. 예를 들어 신문 폐지를 박스 등의 종이 물품으로 다시 만들거나 페트병을 가공해 건축자재 부가물로 사용하는 것 등이다.

  다양한 환경 단체의 로고들

엣지쌤의 완벽 요점 정리

1. 인구 성장 모형

① 1단계 : 다산다사의 고위 정체기(출생률·사망률 모두 높음), 농업 중심 사회

　　　　　(우리나라) 일제 강점기 이전

② 2단계 : 다산감사의 초기 팽창기(의학발달, 위생개선, 인구 부양력 증가로 사망률 감소)

　　　　　출생률과 사망률 격차가 벌어져 인구가 급격히 팽창함

　　　　　(우리나라) 일제 강점기

③ 3단계 : 감산소사의 후기 팽창기

　　　　　(여성의 지위 향상 및 사회진출, 생활수준 향상, 산아 제한 등으로 출생률 감소)

　　　　　출생률·사망률의 격차 감소로 인구 증가율 둔화, 그러나 총 인구 계속 증가

　　　　　(우리나라) 1960~90년대

④ 4단계 : 소산소사의 저위 정체기(출생률과 사망률이 모두 낮은 상태로 안정됨)

　　　　　인구 증가율 매우 낮음, 총인구는 가장 많은 시기

　　　　　유소년층 비중 감소, 노년층 비중 증가, 노인복지문제, 노동력부족, 저출산 문제

　　　　　(우리나라) 1990년대 이후부터 지금까지

⑤ 광복 이후~1950년 : 해외 동포 귀국과 북한 주민 월남으로 남한 인구의 사회적 증가

⑥ 1950년~1953년 : 6·25 전쟁으로 인한 인구의 자연적 감소(사망률>출생률)

⑦ 1953년~1960년 : 출산 붐으로 인해 인구의 자연 증가율 최고

2. 인구의 성별 구조

① 성비 : 여자 100을 기준으로 한 남자 수

② 성비가 100을 넘으면 남자 수가 100을 넘는 것이므로 여자 초과 → 여초

　성비가 100을 넘지 않으면 남자 수가 100을 넘지 않는 것이므로 남자 초과 → 남초

③ 여초 지역(경공업 도시, 관광도시 등), 남초 지역(중화학공업 도시, 군사도시 등)

④ 유아기에는 남초 현상(남아선호 사상), 노년층에는 여초 현상(평균 수명-여자>남자)

3. 인구의 연령 구조

① 인구 피라미드로 표현

② 피라미드형 : 인구의 자연적 증가, 유소년층 비율 높음, 노년층 비율 낮음, 1960~70년대

③ 종형 : 인구 정체형, 유소년층 비율 감소, 노년층 비율 증가, 현재 우리나라는 종형

④ 방추형 : 인구의 자연적 감소, 사망률 〉 출생률(저출산)

⑤ 별형 : 인구의 사회적 증가, 도시형 인구 피라미드, 청장년층의 유입(전입형)

⑥ 표주박형 : 인구의 사회적 감소, 농촌형 인구 피라미드, 청장년층의 유출(전출형)

　→ ②~④은 인구의 자연적 증감, ⑤~⑥은 인구의 사회적 증감과 관련된 인구 피라미드

4. 인구 구조의 문제

① 가족 계획의 변화 : 산아 제한 정책 → 출산 장려 정책(저출산 심각)

② 저출산·고령화로 인한 문제

　: 경제성장 둔화, 국가 경쟁력 악화, 경제 활동 위축, 국가 재정 수입 감소

　　노동력 부족, 사회 복지 비용 증가 등 문제 발생

③ 고령 사회(노년층 인구 7~14%), 고령화 사회(노년층 인구 14~20%), 초고령 사회(노년층

　인구 20% 이상)

④ 현재 유소년층의 감소로 유소년 부양비는 감소, 노년층의 증가로 노년층 부양비는

　증가 → 총부양비는 감소(유소년층 감소가 노년층 증가보다 크기 때문)

⑤ 총부양비 : (유소년층 인구 + 노년층 인구)/청장년층 인구×100

　　　　　　= 유소년 부양비 + 노년 부양비

⑥ 유소년 부양비 : 유소년층 인구/청장년층 인구×100

⑦ 노년 부양비 : 노년층 인구/청장년층 인구×100

⑧ 유소년층 감소와 노년층 증가로 노령화 지수·중위 연령·평균 연령 모두 증가

　: 노령화 지수 = 노년층 인구/유소년층 인구×100

　중위 연령 – 전체 인구는 나이순으로 일렬로 세웠을 때 한 가운데 위치한 사람의 나이

　평균 연령 – 전체 인구 나이의 합/전체 인구

5. 다문화 사회

① 외국인 근로자 증가

 : 국내 저임금 노동력 부족, 주로 저임금 단순 기능직종에 종사

　수도권일대 중소기업 제조업체에 종사, 중국과 동남아시아 인들이 대부분

② 국제결혼 증가

 : 농촌의 청장년층 극심한 남초 현상으로 국제결혼 비율 증가

　(동남아시아 등 개도국 국적 며느리↑)

　도시는 국제결혼 건수↑, 농촌은 국제결혼 비율↑

6. 지역 개발(성장 거점 개발 & 균형 개발)

① 성장 거점 개발

 : 국가 주도로 성장 가능성 높은 곳에 집중 투자, 성장 이익 분산 추진

　하향식 개발, 효율성·성장의 극대화, 개발도상국에서 채택

　역류 효과가 나타나면 지역 격차 심화됨, 1970년대 1차 국토 종합 개발 계획에서 채택

② 균형 개발

 : 지역주민과 지방자치단체 주도로 낙후 지역을 우선 투자·개발하여 지역간 균형 성장
　도모

　상향식 개발, 균형성장·형평성, 선진국에서 채택

　중복 투자로 인한 효율성↓, 지역 이기주의 초래, 1990년대 이후부터 채택

③ 광역 개발 : 성장 거점 개발 + 균형 개발

7. 국토 개발 계획

① 1차 국토 종합 개발 계획

 : 1970년대, 성장 거점 개발 방식 채택, 산업화·공업화(생산 환경 조성), 고속 국도 건설
　물 자원 종합 개발(다목적 댐 건설), 남동 임해 공업 지역 조성, 그린벨트 설정
　지역 격차 심화, 환경오염 심화

② 2차 국토 종합 개발 계획

 : 1980년대, 광역 개발 방식 채택, 지역 불균형 해소 및 국민 생활환경 개선

   인구의 지방분산 유도·성장 가능성의 분산, 환경 보전

   전국으로 개발이 확대되어 국토의 난개발 발생, 지역 격차 해소×

③ 3차 국토 종합 개발 계획

 : 1990년대, 균형 개발 방식 채택, 지방의 경쟁력 강화, 신산업 지대 조성

   수도권 집중 억제, 국민 복지 향상, 환경 보전, 남북 교류

   국토 불균형 해소×

④ 4차 국토 종합 계획

 : 2000~2020년(두 번에 걸쳐 수정), 균형 개발·지속가능한 개발 채택

   개발이란 용어 제외(개발 일변도 국토 발전에서 탈피)

   21세기 통합 국토 실현 : 균형 국토·개방 국토·녹색 국토·통일 국토·복지 국토

8. 바람직한 지역 개발

① 상호 보완적인 지역 개발

② 지역의 특성을 살린 지역 개발

9. 지속 가능한 발전

① 다음 세대의 가능성을 손상시키지 않는 범위 내에서 현재의 욕구를 충족시키는 발전

② 경제 성장+사회 통합+환경 보전

1. 그래프는 A, B 지역의 인구 부양비 변화를 나타낸 것이다. 이에 대한 옳은 분석을 〈보기〉에서 고른 것은?(2010년 통계청)

	(가)		(나)	
	2000년	2010년	2000년	2010년
노년 부양비	8	12	19	32
총 부양비	43	36	50	57

〈 보 기 〉

ㄱ. (가)는 2010년에 청장년층 인구가 노년층 인구의 10배를 넘지 않는다.

ㄴ. (나)는 2000년보다 2010년에 노령화 지수가 감소하였다.

ㄷ. (가)는 (나)보다 두 시기 모두 중위 연령이 낮다.

ㄹ. (가)는 (나)보다 두 시기 모두 청장년층 인구 비중이 낮다.

① ㄱ, ㄴ   ② ㄱ, ㄷ   ③ ㄴ, ㄷ   ④ ㄴ, ㄹ   ⑤ ㄷ, ㄹ

* 정답 : ②

자료는 (가)와 (나) 지역의 노년 부양비와 총 부양비 변화를 나타낸 것으로 ㄱ. (가)의 2010년 노년층, 유소년층, 청장년층 인구 비율은 부양비를 통해 확인이 가능합니다. 총 부양비가 36일 때 노년 부양비가 12라면 유소년 부양비는 24입니다. 총부양비 공식에 이를 넣어보면 36(총부양비)=(12+24)/청장년층×100 으로 쓸 수 있습니다. 이 계산식에서 청장년층은 100입니다. 그럼 유소년 24, 청장년층 100, 노년층 12, 그림 총인구는 136으로 볼 수 있고 비율로 계산하면 청장년층은 100/136×100(73.5%), 노년층은 12/136×100(8.8%)입니다. ㄴ. (나)의 노령화 지수를 확인하려면 유소년층 부양비를 확인하면 됩니다. (나)의 2000년 노년 부양비는 19, 총 부양비는 50이므로 유소년 부양비는 31. 2010년은 노년 부양비는 32, 총 부양비는 57이므로 유소년 부양비는 25입니다. 노령화 지수는 노년층 인구/유소년층 인구×100입니다. 이 공식에 노년층 인구에 노년 부양비, 유소년층 인구에 유소년 부양비를 넣으면 됩니다. 그럼 노년 부양비/유소년 부양비×100이 되겠죠. 그런데 이것을 풀어서 쓰면 (노년층 인구/청장년층 인구×100)/(유소년층 인구/청장년층 인구×100)*100이 됩니다. 여기서 분모와 분자에 공통적인 청장년층 인구와 괄호 안의 ×100을 지우면 노년층 인구/유소년층 인구×100이 되니 노령화 지수를 구할 수 있습니다. 이렇게 계산하면 노령화 지수는 증가합니다. ㄷ. (가)와 (나)의 중위 연령은 부양비로 확인이 가능합니다. 총 부양비와 노년 부양비가 높으면 노년층 인구가 많다는 것으로 중위 연령이 높음을 예상할 수 있습니다. 실제로 계산해 보면 (가)는 2000년 노년 부양비는 8, 유소년 부양비는 35, 총 부양비는 43, 2010년은 노년 부양비는 12, 유소년 부양비는 24, 총 부양비는 36입니다. 그리고 (나)는 노년 부양비는 19, 유소년 부양비는 31, 총 부양비는 50, 2010년 노년 부양비는 32, 유소년 부양비는 25, 총 부양비는 57입니다. (가)와 (나)를 비교했을 때 총 부양비가 높고 노년 부양비가 높은 (나)의 중위 연령이 높고 (가)의 중위 연령이 낮습니다. ㄹ. 청장년층 인구 비중은 (가) 2000년은 (8+35)/청장년층×100으로 계산하면 청장년층 인구는 100, 총인구는 143. 그림 청장년층 인구 비율은 100/143×100(70%), 2010년 청장년층 인구 비율은 73.5%입니다. (나)는 2000년은 (19+31)/청장년층×100으로 계산하면 청장년층 인구 100, 총인구 150. 그림 청장년층 인구 비율은 100/150×100(66.7%), 2010년은 (32+25)/청장년층×100이므로 청장년층 100, 총인구 157, 청장년층 인구 비율은 100/157×100(63.7%)이므로 두 시기 모두 청장년층 인구 비율은 (가)가 (나)보다 높습니다.

ㄴ. (나)는 2000년보다 2010년에 노령화 지수가 증가하였습니다.

ㄹ. (가)는 (나)보다 두 시기 모두 청장년층 인구 비중이 높습니다.

2. 자료가 나타내는 지역 개발 방식에 대한 옳은 설명을 〈보기〉에서 고른 것은?

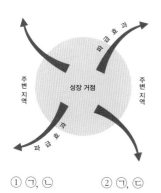

〈 보 기 〉

ㄱ. 상향식 개발에 해당한다.

ㄴ. 중앙 정부가 개발의 주체가 된다.

ㄷ. 투자의 형평성 보다 효율성을 강조한다.

ㄹ. 우리나라의 2차 국토 종합 개발 계획에서 채택 및 시행되었다.

① ㄱ, ㄴ   ② ㄱ, ㄷ   ③ ㄴ, ㄷ   ④ ㄴ, ㄹ   ⑤ ㄷ, ㄹ

* 정답 : ③

자료는 정부 주도의 성장 거점 개발을 나타낸 것입니다. 성장 거점 개발은 위로부터의 개발로 하향식 개발에 해당하고 투자의 효율성, 성장의 극대화를 추구합니다. 주로 개발도상국에서 채택하며 우리나라는 1차 국토 종합 개발 계획에서 채택 및 시행되었습니다. 파급 효과를 통해 성장 거점의 성장 이익은 주변으로 분산을 추진하지만 오히려 역류 효과가 나타나 지역 격차를 심화시키기도 합니다.
ㄱ. 하향식 개발입니다. ㄹ. 우리나라의 1차 국토 종합 개발 계획에서 채택 및 시행되었습니다.

3. 자료는 우리나라의 국토 종합 계획에 관한 것이다. A~D 시기에 해당하는 특징으로 옳은 내용을 〈보기〉에서 고르면?

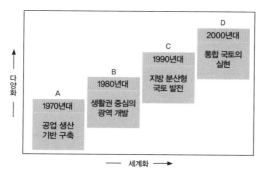

〈 보 기 〉

㉠ (가)시기에는 대도시 일대에 스프롤 현상을 막기 위한 제도가 마련된다.

㉡ (나)시기에는 균형 개발에 의한 생활 환경 개선에 많은 노력을 기울였다.

㉢ (다)시기에는 지방 도시를 육성하고 수도권의 기능과 시설 분산을 추진하였다.

㉣ (라)시기에는 내륙 중심의 개방형 통합 국토축을 조성하여 국토의 균형 발전을 꾀하였다.

① ㉠, ㉡   ② ㉠, ㉢   ③ ㉡, ㉢   ④ ㉡, ㉣   ⑤ ㉢, ㉣

자료는 우리나라 1~3차 국토 종합 개발 계획과 4차 국토 종합 계획에 대한 설명입니다. 1차 국토 종합 개발 계획은 성장 거점 개발 방식을 채택, 공업 생산 기반을 구축하고 고속국도 다목적 댐 등을 건설하였으며 그린벨트를 지정하여 대도시 스프롤 현상을 방지하려 하였습니다. 2차 국토 종합 개발 계획은 광역 개발 방식을 채택하여 지역 격차를 좁히려 했고 개발을 전국으로 확대시켰지만 국토의 난개발 문제가 발생하였습니다. 3차 국토 종합 개발 계획은 균형 개발 방식을 채택하여 지역 격차 해소를 위해 노력하고 지방도시를 육성하고 기능 및 시설 분산을 추진하였습니다. 4차 국토 종합 계획은 균형 개발 방식과 지속 가능한 발전 방식을 채택하였고 세계화·개방화에 대비하여 해안을 중심으로 한 개방형 통합 국토축을 조성하였습니다.

ㄴ. B 시기에는 광역 개발에 의한 지역 격차를 줄이려는 노력을 기울였습니다.

ㄹ. D 시기에는 해안 중심의 개방형 통합 국토축을 조성, 국토의 균형 발전을 꾀하였습니다.

4. 그래프는 어느 군(郡)의 인구 변화를 나타낸 것이다. 이 지역의 변화에 대한 추론으로 적절한 것을 〈보기〉에서 고른 것은?

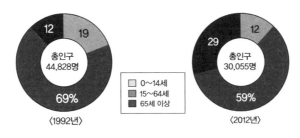

〈 보 기 〉

ㄱ. 노령화 지수가 낮아졌을 것이다.

ㄴ. 노년 부양비가 증가하였을 것이다.

ㄷ. 초등학교 통·폐합이 이루어졌을 것이다.

ㄹ. 청장년층의 사회적 증가가 나타났을 것이다.

① ㄱ, ㄴ   ② ㄱ, ㄷ   ③ ㄴ, ㄷ   ④ ㄴ, ㄹ   ⑤ ㄷ, ㄹ

그래프를 통해 이 지역은 20년 동안 인구는 감소하였고, 유소년층·청장년층은 감소, 노년층은 증가하였습니다. 청장년층의 감소로 총부양비는 증가하였고, 유소년층 감소와 노년층 증가는 노령화 지수의 증가를 의미합니다. 청장년층의 감소는 인구의 사회적 감소와, 유소년층 감소로 초등학교 통폐합이 이루어지고 있음을 확인할 수 있습니다.

ㄱ. 노령화 지수는 증가하였습니다.

ㄹ. 청장년층의 사회적 감소가 나타났을 것입니다.

5. 다음 글을 통해 파악할 수 있는 지역 개발의 공통적인 방향으로 가장 적절한 것은?

(가) 경남의 산청·함양·하동, 전북의 남원·장수, 전남의 구례·곡성 등 7개 지자체는 지리산을 활용, 지역 발전을 위해 '지리산권 관광개발조합'을 만들었다. 이를 통해 지리산권에 산재한 관광 자원과 연계하는 관광 코스를 개발하고, 관광 기반 정비, 관광 상품 개발 등의 사업을 공동으로 추진하고 있다.

(나) 이천, 광주, 하남, 여주, 양평 등 경기도 동부권 5개 시·군은 생활 쓰레기의 안정적 처리를 위해 동부권 광역 자원 회수 시설을 공동 건립하였다. 부지는 이천시가 제공하고 처리 시설은 나머지 시·군이 비용을 부담하였다. 이 시설은 5개 시·군이 공동으로 위원회를 결성, 운영·관리하고 있다.

① 지역의 특성을 살린 지역 개발
② 지역 간 상호 협력을 통한 지역 개발
③ 낙후 지역에 우선 투자하는 지역 개발
④ 중앙 정부가 주도하는 대규모 지역 개발
⑤ 성장 가능성 높은 지역에 집중 투자하는 지역 개발

* 정답 : ②

자료의 (가)와 (나)는 모두 지역 간의 공동 개발 및 상호 협력의 모습을 보여주고 있습니다. 이렇듯 지역 개발에 있어 지역 간 상호 협력 및 기능 분담을 통한 개발을 지역 간 상호 협력을 통한 지역이라고 합니다.

6. 지도는 외국인 근로자 분포를 나타낸 것이다. 이와 관련하여 외국인 근로자에 대한 설명으로 옳은 것은?

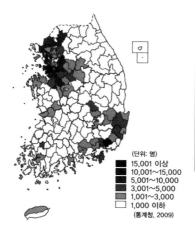

(단위: 명)
■ 15,001 이상
■ 10,001~15,000
■ 5,001~10,000
■ 3,001~5,000
■ 1,001~3,000
□ 1,000 이하
(통계청, 2009)

〈 보 기 〉

ㄱ. 주로 고소득의 전문 노동력이다.
ㄴ. 농촌의 부족한 일손을 위해 주로 유입된다.
ㄷ. 국내 외국인 근로자는 수도권 일대에 집중한다.
ㄹ. 중국과 동남아시아 국적의 노동자들이 주를 이룬다.

① ㄱ, ㄴ   ② ㄱ, ㄷ   ③ ㄴ, ㄷ   ④ ㄴ, ㄹ   ⑤ ㄷ, ㄹ

* 정답 :⑤

지도는 외국인 노동자 분포를 나타낸 지도입니다. 외국인 노동자들은 우리나라의 임금 상승으로 인한 노동력 부족으로 그 수가 증가하게 되었습니다. 이들은 주로 동남아시아와 중국 등 동남아시아에서 왔으며 저임금의 단순 노동력이며 수도권 일대의 중소 제조업체에 종사합니다.
ㄱ. 주로 저임금의 단순 노동력에 해당합니다.
ㄴ. 중소 제조업체의 노동력 부족 해결을 위해 유입되었습니다.